"十四五"高等职业教育机电类专业系列教材

机电设备维修技术

张念淮 吕维勇◎主 编
张 睿 陈光伟 索小娟 金伟成◎副主编
李 勇◎主 审

中国铁道出版社有限公司
CHINA RAILWAY PUBLISHING HOUSE CO., LTD.

内 容 简 介

本书共分为 6 个项目，分别为机电设备维修的工序、机械零件的检修、液压设备的检修、通用机械的检修、电梯的检修、轨道交通屏蔽门的检修。全书以常规维修技术为主体，在掌握概念与原理的同时，突出教学过程中的素质教育和专业技术应用相结合，适应新时代专业教学改革的要求。

本书适合作为高等职业院校机械设计与制造、模具设计与制造、机电一体化技术等装备制造大类专业的教材，也可供相关专业技术人员参考。

图书在版编目（CIP）数据

机电设备维修技术／张念淮，吕维勇主编. —3 版. —北京：中国铁道出版社有限公司, 2023.5

"十四五"高等职业教育机电类专业系列教材

ISBN 978-7-113-30083-8

Ⅰ.①机… Ⅱ.①张… ②吕… Ⅲ.①机电设备-维修-高等职业教育-教材 Ⅳ.①TM07

中国国家版本馆 CIP 数据核字（2023）第 051261 号

书　　名：机电设备维修技术
作　　者：张念淮　吕维勇

策　　划：何红艳	编辑部电话：（010）63560043

责任编辑：何红艳　绳　超
封面设计：付　巍
封面制作：刘　颖
责任校对：苗　丹
责任印制：樊启鹏

出版发行：中国铁道出版社有限公司（100054，北京市西城区右安门西街 8 号）
网　　址：http://www.tdpress.com/51eds/
印　　刷：河北京平诚乾印刷有限公司
版　　次：2014 年 1 月第 1 版　2023 年 5 月第 3 版　2023 年 5 月第 1 次印刷
开　　本：787 mm×1 092 mm　1/16　印张：14.25　字数：343 千
书　　号：ISBN 978-7-113-30083-8
定　　价：39.80 元

版权所有　侵权必究

凡购买铁道版图书，如有印制质量问题，请与本社教材图书营销部联系调换。电话：（010）63550836
打击盗版举报电话：（010）63549461

前 言

本书面向高等职业院校装备制造大类专业课程，系统、全面地体现高等职业院校教学改革、教材建设的需求，以培养社会主义合格建设者和接班人为目的，以学生就业所需的专业知识和操作技能作为着眼点，在素质教育和适度的专业知识与理论体系覆盖下，突出高等职业院校教学的实用性和可操作性，同时强化在实训和案例教学中融入思政元素，通过实际训练提高学生综合素质。本书注重思想性、实践性、基础性、科学性和先进性；突破传统教材模式体系，尝试多方面知识的融会贯通；注重知识层次的递进，同时在具体内容上突出生产实际知识的运用能力，使教材做到"教师易教，学生乐学，技能实用"。

编者在编写前进行了长时间、广泛的调研，吸收运输、制造等行业的机械设备现行维修理论和实际应用技术，按照高等职业院校装备制造大类专业的教学要求，兼顾行业特征要求进行编写。全书共有6个项目（14个任务）。每个项目设有知识目标、能力目标、素质目标、项目总结、知识巩固练习、技能评价等部分；每个任务设有任务导入、知识准备、任务实施、素质提升和任务拓展。项目和任务的设置符合现代企业的工作需求，遵循"资讯信息—制订计划—做出决策—具体实施—检查—评价"的行动模式。每个任务基于完整的工作过程，具有可操作性和可行性，内容安排合理。在教学过程中，建议不同院校根据本学校不同专业的设置和教学学时情况，选择适当的任务进行教学。

本版在内容的取舍及深度的把握上相对上一版做了适当调整，去掉了一些理论过深、专业性太强以及与实际应用关系不大的内容，加强了实用性内容，以适应高等职业院校教育教学改革的需要。

本书由郑州铁路职业技术学院张念淮、吕维勇任主编；郑州铁路职业技术学院张睿、陈光伟、索小娟，郑州工务机械段金伟成任副主编；郑州铁路职业技术学院胡宽辉、郑州地铁集团有限公司沙海流参与编写。其中，全书素质提升部分由张睿编写；项目1和项目2由张念淮编写；项目3由金伟成、索小娟编写；项目4由胡宽辉编写；项目5由吕维勇编写；项目6由陈光伟、沙海流编写。

全书由李勇主审，他对全书的教学体系和内容提出了许多宝贵建议，使本书更为严谨，在此深表感谢。

在本书的编写过程中，得到了许多专家和同行的热情支持，在此深表谢意。同时，也向书后所列文献资料的作者表示衷心的感谢。

由于时间仓促，编者水平有限，书中难免存在不妥或疏漏之处，恳请广大读者批评指正。

编 者
2022年10月

目 录

项目 1　机电设备维修的工序 … 1
　任务 1.1　机电设备的故障诊断 … 1
　任务 1.2　机械零件的拆卸、清洗及检测 … 7
　任务 1.3　机电设备的装配调试与验收 … 16

项目 2　机械零件的检修 … 27
　任务 2.1　传动零件的检修 … 27
　任务 2.2　轴承的检修 … 46
　任务 2.3　润滑材料的选用 … 59

项目 3　液压设备的检修 … 72
　任务 3.1　液压系统的检修 … 72
　任务 3.2　液压元件的检修 … 78

项目 4　通用机械的检修 … 104
　任务 4.1　风机的检修 … 104
　任务 4.2　离心式水泵的检修 … 115

项目 5　电梯的检修 … 128
　任务 5.1　自动扶梯的检修 … 128
　任务 5.2　升降电梯的检修 … 156

项目 6　轨道交通屏蔽门的检修 … 176
　任务 6.1　屏蔽门的日常维护 … 176
　任务 6.2　屏蔽门的检修 … 203

参考文献 … 222

项目 ❶ 机电设备维修的工序

通过学习机电设备维修工序，掌握各工序的操作技能，最终达到具备维修方案的制定、维修和验收全过程的实施能力。

知识目标

1. 掌握机电设备维修前的工作程序；
2. 掌握机电设备零件拆卸、清洗、检查的工作方法；
3. 掌握零件的修复技术；
4. 掌握零件的装配、调试技术；
5. 掌握试车与验收的基本程序。

能力目标

1. 能进行机电设备维修前的技术准备，具有为机电设备维修提供技术支持的能力；
2. 能进行故障的初步诊断并完成零件的拆卸、清洗、检查工作，具有根据不同设备采用不同的维修工艺，保证维修质量的能力；
3. 具有识别零件失效形式、分析失效原因的能力；
4. 具有完成零件的装配、设备的调试、试车和验收的能力；
5. 具有良好的协作能力和主动认真工作的自觉性。

素质目标

1. 在知识学习、能力培养中，弘扬民族精神、爱国情怀和社会主义核心价值观；
2. 培养实事求是、尊重自然规律的科学态度，勇于克服困难的精神，树立正确的人生观、世界观及价值观；
3. 通过学习机电设备的维修，懂得"工匠精神"的本质，提高道德素质，增强社会责任感和社会实践能力，成为社会主义事业的合格建设者和接班人。

任务1.1 机电设备的故障诊断

任务导入

由于机电设备种类繁多、功能各异、新旧不同，而且绝大多数设备尚未配置自动监测、检测、报警、预防和排除故障的装置,对于机修人员所面临的故障处置对象多为事后被动性的,这就给问题的解决带来了一定程度上的复杂性与多样性。但总体来讲,机电设备的故障诊断包括识别现状和预测未来两个方面,其诊断过程分为状态监测、识别诊断和决策预防3个阶段,其故障模式及分析方法又具有相对典型性。这就更要求设备修理人员必须熟悉常见故障类型,掌握故障诊断的方法和操作步骤。

知识准备

1. 机电设备维修工作的安全规范

1)机电设备维修前

(1)劳保用品的准备。进入车间前必须穿戴好工作服装、劳保手套、防护眼镜等劳动保护用具。

(2)分析将要进行的维修工作,针对可能存在的风险隐患采取相应措施。

(3)需要登高作业的,必须佩戴登高安全用具,登高作业下方必须摆放警示牌,提醒路人注意高空坠物。

(4)机电设备维修前,先检查电、液、气动力源是否断开,且在开关处挂"正在修理"、"禁止合闸"等警示牌或专人监护,监护人不得从事操作或做与监护无关的事。

(5)机电设备维修前必须检查、分析、了解设备故障发生的原因及现状。

(6)机电设备在维修、保养、维护前,必须要切断设备主电源及光电开关、行程开关、接近开关、气动元件等控制元件、辅助元件的电源、气源,只有确认设备不会误动作后才可进行维修、保养、维护。

2)机电设备维修中

(1)严禁直接接触维修处于运动状态下的设备及部件。任何机电设备在拆卸前必须切断电源,并挂上"正在修理"的警示牌,以免发生工伤事故。

(2)工作过程中采用人力移动机件时,人员要相互配合,需多人搬抬时应有一人指挥,动作一致,稳起、稳放、稳步前进。

(3)工作中注意周围人员及自身的安全,防止挥动工具、工具脱落、工件飞溅造成伤害。两人以上工作时要注意配合,工件放置整齐、平稳。

(4)使用电动工具时,注意随时检查紧固件、旋转件的紧固情况,确保其完好后,再进行使用。

(5)登高作业中,要随时检查安全带是否牢靠,确保安全使用。修理时注意安全,不准上下投递工具和零件,以免失手造成事故或损坏工具。

(6)一般情况下,禁止在旋转、移动的设备及其附属回路上进行工作。如果必须对旋转、移动的设备进行检查、清理等工作,必须注意扣紧袖口、戴好工作帽,防止被旋转部分卷入绞伤或碰伤。

(7)如果在机电设备下方工作,则应在修理的设备上挂上"正在修理,切勿转动机器"的警示牌。修理带车轮的机械,应用三角铁塞住车轮,防止滚动。用千斤顶顶升时,千斤顶应放平稳。垫高机器或部件前先找到垫高工具,严禁使用砖头、碎木或其他容易碎裂的物体来塞垫

(8) 大型零件起吊时，绳索应牢固，要扎得牢靠，吊起时不能倾斜，安放时要平稳。

(9) 禁止带电拆卸自动化控制设备，如 PLC 模块、在线仪表、气动阀的线路板等，以免损坏电子元器件。

(10) 禁止在设备未停止时对设备进行维护保养。

3）机电设备维修后

(1) 机电设备开动前，先查看防护设施、紧固螺钉，电、液、气动力源开关是否无缺，然后进行试车查验，运转合格后才能投入运用，操作时严格遵守设备的安全操作规程。

(2) 维修作业完结后，及时打扫现场卫生，保持洁净规整，油液、污水不得留在地上，以防滑倒伤人。

(3) 维修人员完成巡检、修理作业后，应及时仔细填写巡检、维修记录，不得出现漏填、错填现象，记录留用备检。

(4) 设备管理负责人应仔细查验维修人员填写的巡检、维修记录，保证记录真实有效。

2. 机电设备维修前的准备工作

机电设备主修工程技术人员根据年度机电设备修理计划或修理准备工作计划负责修理前的技术准备工作，对实行状态监测维修的设备，可分析过去的故障修理记录、定期维护（包括检查）和技术状态诊断记录确定修理内容和编制修理技术文件；对实行定期维修的设备，一般应先调查修理前机电设备的技术状态，然后分析确定修理内容和编制修理技术文件。对大型、高精度、关键设备的大修理方案，必要时应从技术和经济角度做可行性分析。

3. 机电设备故障的定义

所谓故障是指：

(1) 机电设备在规定条件下，不能完成规定的功能。

(2) 机电设备在规定的条件下，一个或几个性能参数不能保持在规定的上下限值之间。

(3) 机电设备系统在规定的载荷范围内工作时，设备不能完成其功能，设备零部件出现破裂、断裂、卡死等损坏状态。

所以，从机电设备维修的角度，故障可定义为：设备运行的功能失常，或者设备的系统或局部的功能失效。从诊断对象出发，故障又可以认为是系统的观测值与由系统的行为模型所得的预测值之间存在的差值。依状态识别的观点，则定义设备的故障为其不正常状态。也有的人认为，设备故障是设备在运行过程中出现异常，不能达到预定的性能要求，或者表征其工作性能的参数超过某一规定界限，有可能使设备部分或全部丧失功能的现象。

尽管以上几种对设备故障的定义是从不同角度出发的，但其中均包含一个共同的观点，那就是一旦设备出现故障，其性能将达不到规定的要求，因而不能完成正常工作。在工程应用中，一般习惯于用机械设备的状态来定义故障。机电设备的基本状态通常有三种，即正常状态、异常状态和故障状态。可见故障也属于机械设备的一种状态。

所谓机电设备正常状态，是指它在执行规定的动作时没有缺陷，或者虽有缺陷但也是在允许的限度范围之内。异常状态则是指设备的缺陷开始产生或已经有一定程度的扩展，使设备的状态信号发生变化，设备的工作性能逐步劣化但仍能维持工作，而故障状态则是指设备的性能指标严重降低，并低于正常要求的最低极限值，设备已无法维持正常工作。

机电设备的故障类型一般包括：

(1) 引起设备系统立即丧失功能的破坏性故障。

(2) 与降低设备系统性能相关联的性能故障。

机电设备的故障往往是由于某种缺陷不断扩大并经由异常后再进一步发展而形成的。这就是说，故障的形成一般是有一个过程的。

4. 机电设备故障的诊断

机电设备故障诊断是指查验设备的运行状态，确定其整体或局部是否正常或异常，早期发现故障及其原因，并能预报故障发展趋势的技术。主要的诊断技术如下：

(1) 振动诊断技术：对机电设备主要部位的振动值，如位移、速度、加速度、转速及相位值等进行测定，并对测得的振动量在时域、频域、时-频域进行特征分析，判断机械故障的性质和原因。

(2) 噪声诊断技术：对机电设备噪声的测量可以了解机电设备运行情况并寻找故障源。

(3) 温度、压力等常规参数诊断技术：机电设备的某些故障往往反映在一些工艺参数，如温度、压力、流量的变化值。例如，火车轴温在线监控系统，就是利用车轴轴承的温度来监控轴承的运行状态。常规参数检测的特点是价格便宜、形式多样。

(4) 无损诊断技术：包括超声波探伤法、X射线探伤法、渗透探伤法和磁粉探伤法等，这些方法多用于材料表面或内部的缺陷检测，应用很广。

(5) 油液分析技术：油液分析技术可分为两大类，一类是油液本身的物理、化学性能分析；另一类是对油液污染程度的分析。具体的方法有光谱分析法和铁谱分析法。

5. 机电设备故障诊断的过程与步骤

1) 机电设备故障诊断的过程

(1) 状态监测。对机电设备进行故障诊断，首先是采集设备运行中的各种信息，并通过传感器将信息变成一定的电信号（电流、电压），然后将采集的电信号进行数据处理，得到能反映机电设备运行状态的参数，从而实现对机电设备运行状态的监测。

(2) 识别诊断。根据状态监测所提供的运行状态特征参数的变化，识别机电设备的运转是否正常，并预测机电设备的可靠性和性能变化的趋势。

(3) 决策预防。当识别诊断出异常状态，要对其原因、部位和危险程度进行评估，并确定其修理和预防的办法。

2) 机电设备故障诊断的步骤

(1) 对故障对象的现场调查。

(2) 全面分析，对故障提出进一步的精细分析与处置的基本对策。

(3) 检测试验，查清故障原因。

任务实施

车削加工中的外径圆度超差

1. 故障现象

车削中工件的外径出现圆度误差。

2. 故障原因的分析

（1）主轴的轴承间隙过大，主轴旋转精度有径向跳动及轴向窜动。

（2）床头箱主轴中心线，对溜板移动导轨的不平行度超差。

（3）主轴轴承的外径或主轴箱体的轴孔呈椭圆形或相互配合间隙过大。

（4）卡盘后面的连接盘的内孔、螺纹配合松动，修配连接盘。

（5）主轴锥孔中心线和尾座顶尖套锥孔中心线不在同一直线上。工件用两顶尖安装时，中心孔接触不良或后顶尖顶得不紧，使回转顶尖产生振动，工件在两顶尖间安装需松紧适当，发现回转顶尖产生扭动须及时修理或更换。

（6）床身导轨倾斜度超差或装配后发生变形。

（7）床身导轨面严重磨损，溜板移动时在水平面内的不直度和溜板移动时的倾斜度均已超差。

（8）床头箱温升过高，引起机床热变形：床头箱中的主轴、轴承摩擦离合器、齿轮等传动件，由于运动而产生摩擦热量，其热量被润滑油所吸收，成为一个较大的次生热源，热量从床头箱底部传给了床身、床头，使床身结合部位温度升高，发生膨胀，使机床产生热变形。

（9）刀具的影响，刀刃不耐磨。

3. 解决方法

（1）重新校正床头箱主轴中心线的安装位置，使工件在允许误差范围之内。

（2）用调整垫铁来重新校正床身导轨的倾斜度。

（3）溜板移动在水平面内的不直度和溜板移动时的倾斜度超差较小时，其导轨面无大面积划痕，可用刮研导轨来修复。如超差较大，应精刨或磨导轨。

（4）调整尾座两侧的螺钉，消除锥度。

（5）修整刀具，正确选择主轴转速和进给量。

（6）在车床冷态加工时工件精度合格，而车床运转数小时之后加工工件超差，这是因为主轴热变形引起的，应适当调整主轴前轴承润滑油的供油量，更换合适的润滑油，检查油泵进油口是否堵塞。

（7）轴承间隙大，调整主轴轴承间隙；轴承外圈与孔的间隙大，更换轴承外套或修正主轴箱轴孔。

素质提升

培养科学严谨的工作作风

机电设备的检修包括修前的技术准备、故障的初步诊断等检修工序，只有保证各个环节工作准确无误，才能保证检修质量，这就需要我们具有严谨细致、一丝不苟的工作作风。

严谨细致就是对一切事情都有认真、负责的态度，一丝不苟、精益求精，于细微之处见精神，于细微之处见境界，于细微之处见水平；就是把做好每件事情的着力点放在每一个环节、每一个步骤上，不心浮气躁，不好高骛远；就是从一件件的具体工作做起，从最简单、最平凡、最普通的事情做起，特别注重把自己岗位上的、自己手中的事情做精做细，做得出彩，做出成绩。严谨细致是一种工作态度，反映了一种工作作风。

平时工作学习中要注重培养自己做事的科学严谨性，要注意以下几点：

第一，计划。在做任何事之前，一定要制订一个计划。而这份计划出自对所要做的这件事的目的、做这件事的方式方法以及相关资料的了解，所以也就意味着在做这件事以前需要大量的准备工作。正所谓，知己知彼百战不殆。

第二，细化。工作细化、管理细化，特别是执行细化。将计划细化，达到最大限度的细化。

第三，严控。严格控制偏差，严格执行标准和制度。

第四，克服。要克服困难，持之以恒。在做事的过程中，肯定会出现一些意想不到的情况，遇到一些困难。当这些情况发生时，决不能气馁，而要靠顽强的意志，想方设法把困难解决，不能半途而废。

任务拓展

机电设备故障诊断技术的趋势

机电设备故障诊断技术是一门新兴的科学技术，我国在三十多年前就已开始了此项技术的研究与应用，历经多年的发展，各类诊断技术已经得到了较大程度的改进与完善，并形成了相对完善的学科体系。而以大数据、人工智能、云计算等为代表的新一代信息技术，给工业生产活动带来了新的思路，机电设备的故障诊断也逐渐朝着自动化、智能化的方向发展。20世纪80年代，基于计算机技术的故障诊断得到了相关学者的重视，一时之间，机电设备故障诊断技术呈现出以信息处理技术为主的趋势。无论是在航空航天还是在民用汽车行业，此项技术都发挥了重要作用。现如今，人工智能技术的发展备受关注，人工智能技术开始被引入机电设备故障诊断技术中，并处于快速发展的阶段，其发展前景非常广阔。

1. 传感技术

传感技术是信息技术的三大支柱之一，我国从20世纪60年代开始对传感技术进行了一系列的研究与探索。回顾其发展历程，我国自主研发了速度传感器等多种类型的传感器，这为机电设备故障的诊断提供了重要的检测工具。而在人工智能诊断技术发展的过程中，传感技术的应用仍然占据着较为重要的地位。不难想象，在未来的研究活动中，传感技术仍然是重要的研究课题。

2. 人工智能和专家系统

人工智能和专家系统是机电设备故障诊断技术发展的主流，其主要强调的是先进性、实用性以及可靠性。分析现有各类诊断技术方法的结构组成、推理方法、功能特点等，迅速做出反应，并且推算出机电设备是否出现故障及其故障根源，进而提供有效的解决措施，是未来人工智能诊断技术的重要目标。但现阶段人工智能和专家系统在机电设备故障诊断技术中的应用还处在研究阶段，还并未达到人们所预期的目标。

3. 专门化、便携式诊断仪器与设备的开发

在自动化技术快速发展的同时，工业生产的安全性问题以及设备运行的稳定性问题逐渐得到了相关从业人员的重视。基于此，众多的学者开展了机电设备故障诊断技术的理论分析与实践研究，为诊断技术的发展以及诊断设备的改进提供了重要的理论基础与实践方法。鉴于传统诊断设备、仪器的诊断服务多基于计算机平台搭建，其研发与使用成本以及诊断系统的体积等因素极大地限制了诊断服务的发展，而移动终端的引入，以及便携式诊断仪器的开发在故障诊断领域展现的优势与前景，成为领域内的研究热点。研制出针对机电设备检测和诊断的专门仪器，用以代替过去相对落后的技术设备，也是机电设备故障诊断领域发展的重要趋势。

总之，机电设备故障诊断技术在生产活动以及机电设备的运行过程中扮演着极为重要的角色，加强诊断技术的研究以及相应仪器的研发，具有重要意义。现如今，我国的机电设备诊断技术正处于蓬勃发展的阶段，其与人工智能和专家系统的交融，必将使机电设备故障诊断的质量、效率得到飞跃，而人工智能在机电设备故障诊断技术中的应用，将成为今后发展的必然趋势。

任务1.2　机械零件的拆卸、清洗及检测

任务导入

机电设备出现故障后，修理人员先是在现场进行初步判断，然后要进行具体检查与修理。因此，设备零件拆卸与清洗的主要目的是进一步检查零件缺陷的性质，为制定合理的修理方案提供依据。因此，掌握机电设备的零件拆卸操作、一般原则、注意事项，以及清洗、检测的常用方法是高效率、高质量地完成机电设备检修工作的有力保障。

知识准备

1. 机械零件的失效形式

机械零件的失效是指零件在使用过程中，零件部分或完全丧失了设计功能。零件完全被破坏不能继续工作；或零件已严重损坏，若继续工作将失去安全；或虽能安全工作，但已失去设计精度等现象都属于失效。为了预防零件失效，需要对零件进行失效分析，即通过判断零件失效形式，确定零件失效机理和原因，有针对性地进行选材，确定合理的加工路线，提出预防失效的措施。

机械零件的主要失效形式：

1）静强度失效

机械零件在受拉、压、弯、扭等外载荷作用时，由于某一危险截面上的静应力超过零件的强度极限而发生断裂或破坏。例如，螺栓受拉后被拉断和键或销的剪断或压溃等均属于此类失效。

2）疲劳强度失效

大部分机械零件是在变应力条件下工作的，变应力的作用可以引起零件疲劳破坏而导致失效。

疲劳破坏是机械零件随工作时间的延续而逐渐发生的失效形式，是引起机械零件失效的重要原因。例如，轴在设备运行受载后由于疲劳裂纹扩展而导致断裂、齿根的疲劳折断和点蚀以及链条的疲劳断裂等都是典型的疲劳破坏。机械零件的静强度失效是由于静力超过了屈服极限，并在断裂发生之前，往往出现很大的变形，因此静强度失效往往是可以发现，并可以预知的。

疲劳强度失效是逐步形成的，但很难事先预知，因此它危害很大。

3）摩擦失效

摩擦失效主要是由腐蚀、磨损、胶合、接触疲劳、打滑等原因造成的。

腐蚀是发生在金属表面的一种电化学或化学侵蚀现象，其结果将使零件表面产生锈蚀而使零件的抗疲劳能力降低。

磨损是两个接触表面在做相对运动的过程中，表面物质丧失或转移的现象。

胶合是由于两相对运动表面间的油膜被破坏，在高速、重载的工作条件下，发生局部粘在一起的现象。当两表面相对运动时，使相黏结的部位被撕破而在接触的表面上沿相对运动方向形成沟痕，称为胶合。

接触疲劳是指零件受到变应力长期作用，零件表面产生裂纹或微粒剥落的现象。

有些零件只有在满足某些工作条件下才能正常工作。例如，液体摩擦的滑动轴承，只有形成润滑油膜时才能正常工作，否则滑动轴承将发生过热、胶合、磨损等形式的失效，属于摩擦失效。

又如，带传动的打滑和螺纹的微动磨损也属于摩擦失效。

4）其他失效

除了以上指出的主要失效形式，机械零件还有其他一些失效形式，如变形过大的刚度失效、不稳定失效等。

此外，机械零件的具体失效形式还取决于该零件的工作条件、材质、受载状态及所产生的应力性质等多种因素。即使同一种零件，由于工作情况及机械的要求不同，也可能出现多种失效形式。例如，齿轮传动可能出现轮齿折断、磨损、齿面疲劳点蚀、胶合或塑性变形等失效形式。

2. 机械零件的拆卸

1）拆卸前的准备工作

（1）拆卸场地的选择与清理。拆卸前应选择好工作地点，不要选在有风沙、尘土、泥土的地方，工作场地应是避免闲杂人员频繁出入的地方，以防造成意外的混乱。

（2）备齐拆卸设备、工具并做好保护措施。事先准备好拆卸设备及工具，如压力机、退卸器、拔轮器、扳手和锤子等；预先拆下电气元件，以免受潮损坏；对于易氧化、锈蚀等零件要及时采取相应的保护保养措施。

（3）拆前放油。尽可能在拆卸前将机电设备中的润滑油趁热放出，以利于拆卸工作的顺利进行。

（4）了解机电设备的结构。为避免拆卸工作中的盲目性，确保修理工作的正常进行，在拆卸前，应详细了解机器设备各方面的状况，熟悉设备各个部分的构造。

2）拆卸的一般原则

首先要弄清设备的基本构造和工作原理，然后按照正确的拆卸顺序由辅到主、由外到内。先把主机拆成总成，再由总成拆成部件，最后拆成零件。这样逐级拆卸，避免混乱。

3）拆卸注意事项

（1）按需要有针对性地进行拆卸，该拆的必须拆，能不拆的尽量不拆。例如机油泵经试验，如果油压和在一定转速下的供油量符合技术要求,就无须拆卸。这样既可以延长零件的使用寿命,也可以减少拆卸工作量。对于初步检查后认为有问题的零件那就必须拆,以便进行进一步检查和判定。

(2) 选用的拆卸工具要合适,避免猛敲狠打,以免使零件变形或损伤。

(3) 拆卸时要为以后的装配做好准备。如气门、轴瓦和配重等不能互换的同类零件的标号,拆卸时应注意核对记号、做好标记。配合件相互位置的标号,如定时齿轮、曲轴和飞轮、连杆和连杆瓦盖等,以便装配时按记号配对,保证原来的配合关系。

(4) 零件拆卸后,应根据材料性质、零件精密度分类存放;不应互换的零件应分组存放。

(5) 过盈配合零件的拆卸:

①加力要均匀,受力部位必须正确。如从轴上拆下滚动轴承时,受力部位应在轴承内圈上;从轴承座上拆下滚动轴承时,受力部位应在外圈上。

②应先检查连接件上有无销钉、螺钉等补充固定装置,以防零件被拆坏。

③注意拆卸的方向,如有些过盈配合零件只能从一边压出来。

(6) 铆接件的拆卸。铆接件修理时一般不拆开,只有当铆钉松动或铆接材料需要更换时才拆。拆卸时,一般是将铆钉凿除或用电钻钻掉,同时,要注意防止损坏零件。

(7) 螺钉连接件的拆卸:

①螺钉连接件的拆卸要点:

a. 注意螺纹的方向,按正确的松动方向拆。

b. 尽量少用活扳手,采用合适的固定扳手,不可以随意加接力杆。对于紧度比较大的螺钉、螺母,应使用套筒扳手和专用扳手。双头螺栓要用专用工具或两个螺母上紧的方法拆卸。

②锈死的螺钉、螺母的拆卸:

a. 用锤子敲击螺母、螺钉四周,震散锈层后再拧。或徐徐拧进1/4圈再退出来,如此反复即可慢慢拧出。

b. 用煤油浸湿螺纹,等待 20~30 min 后再拧动,或用喷灯加热螺母,待螺母受热膨胀后迅速拧出。

③断头螺钉的拆卸:

a. 将刃口较钝的錾子放在螺钉断面,用锤子沿着旋松方向敲击,可将锈死螺钉慢慢剔出。

b. 如果断面高于机体表面,可用钢锯锯槽后用螺丝刀拧出;也可以在螺钉上端焊接一个螺母后拧出。

c. 在断头螺钉上面钻一个孔,用断面为四方形的淬火钢杆打入,转动钢杆就可以拧出螺栓。

d. 没有经过淬火的螺钉,如果螺孔允许加大,可用钻头将整个螺栓钻掉,重新攻螺纹配螺栓。

④螺钉组的拆卸:

a. 将螺钉组的螺钉都拧松 1~2 圈,然后逐个拆卸,避免力量都集中到一个螺钉上,造成难以拆下或螺钉变形,如缸盖的拆卸。

b. 按照先难后易的顺序,先将位置不易拆卸的螺钉拧松或拆下。

c. 为防止零件损坏和变形,也可以沿对角线方向拆卸。

d. 拆卸悬臂部件的环形螺钉组时要特别注意安全。除了要认真检查是否垫稳或起重绳索是否捆牢外，在拧松螺钉时，应先从下面开始，按照对称位置逐个拧松，最上面的一个或两个螺钉要最后取走，否则容易造成事故或者使零件变形损坏。

e. 外部不易看到的螺钉很容易被疏忽，一定要仔细检查，在确认所有螺钉完全拆除后，再用撬杠、螺丝刀等工具将连接件分离开。

3. 机械零件的清洗

零件清洗方法和清洗质量对鉴定零件故障性质的准确性、维修质量、维修成本和零件使用寿命等均产生重要影响。清洗包括清除油污、水垢、积炭、锈层和旧漆层等。

根据零件的材质、精密程度、污物性质和各工序对清洁程度的要求不同，必须采用不同的清洗方法，在选择适宜的设备、工具、工艺和清洗介质，以便获得良好的清洗效果。

1）拆卸前的清洗

拆卸前的清洗主要是指拆卸前的外部清洗。外部清洗的目的是除去机械零件外部积存的大量尘土、油污、泥沙等脏污，以便于拆卸和避免将尘土、油泥等脏污带入设备内部。外部清洗一般采用自来水冲洗，即用软管将自来水引到待清洗部位，用水流冲洗油污，并用刮刀、刷子配合进行；高压水冲刷，即采用 1~10 MPa 压力的高压水流进行冲刷。对于密度较大的厚层污物，可加入适量的化学清洗剂并提高喷射压力和水的温度。

2）拆卸后的清洗

（1）清除油污。凡是和各种油料接触的零件在解体后都要进行清除油污的工作，即除油。常用的清洗液有有机溶剂、碱性溶液和化学清洗液等。清洗方式有人工式和机械自动式。

①清洗液：

a. 有机溶剂常见的有煤油、轻柴油、汽油、丙酮、酒精和三氯乙烯等。有机溶剂除油是以溶解污物为基础，它对金属无损伤，可溶解各类油脂，不需要加热，使用简便，清洗效果好。但有机溶剂多数为易燃物，成本高，主要适用于规模小的单位和分散的维修工作。

b. 碱性溶液是碱或碱性盐的水溶液。利用碱性溶液和零件表面上的可皂化油起化学反应，生成易溶于水的肥皂和不易浮在零件表面上的甘油，然后用热水冲洗，很容易除油。对不可皂化油和可皂化油不容易去掉的情况，应在清洗溶液中加入乳化剂，使油垢乳化后与零件表面分开。常用的乳化剂有肥皂、水玻璃（硅酸钠）、骨胶、树胶等。清洗不同材料的零件应采用不同的清洗溶液。碱性溶液对于金属有不同程度的腐蚀作用，尤其是对铝的腐蚀较强。

用碱性溶液清洗时，一般需将溶液加热到 80~90 ℃。除油后用热水冲洗，去掉表面残留碱液，防止零件被腐蚀。碱性溶液应用最广。

c. 化学清洗液是一种化学合成水基金属清洗剂，以表面活性剂为主。由于其表面活性物质降低界面张力而产生润湿、渗透、乳化、分散等多种作用，具有很强的去污能力。它还具有无毒、无腐蚀、不燃烧、不爆炸、无公害、有一定防锈能力、成本较低等优点，目前已逐步替代其他清洗液。

②清洗方法：

a. 擦洗。将零件放入装有柴油、煤油或其他清洗液的容器中，用棉纱擦洗或毛刷刷洗。这种方法操作简便，设备简单，但效率低，用于单件小批量生产的中小型零件。一般情况下不宜用汽油，因其有脂溶性，会损害人的身体且易造成火灾。

b. 煮洗。将配制好的溶液和被清洗的零件一起放入用钢板焊制而成的适当尺寸的清洗池中，在池的下部设有加温用的炉灶，将零件加温到80~90 ℃煮洗。

c. 喷洗。将具有一定压力和温度的清洗液喷射到零件表面，以清除油污。此方法清洗效果好，生产效率高，但设备复杂。适于零件形状不太复杂、表面有严重油垢的清洗。

d. 振动清洗。将被清洗的零件放在振动清洗机的清洗篮或清洗架上，浸没在清洗液中，通过清洗机产生振动来模拟人工漂刷动作，并与清洗液的化学作用相配合，达到去除油污的目的。

e. 超声清洗。超声清洗是靠清洗液的化学作用与引入清洗液中的超声波振荡作用相配合达到去污目的。

（2）清除水垢。水垢的主要成分是碳酸钙、硫酸钙或硅酸盐等。

①对于含硫酸钙和碳酸钙较多的水垢，可用8%~10%的盐酸溶液清洗。为防止零件腐蚀，可在每升清洗液中加3~4 g乌洛托品，并将溶液加热至50~60 ℃，清洗50~70 min，盐酸溶液清洗后，还应用加有重铬酸钾的水清洗。

②对于含硅酸盐较多的水垢，可用2%~3%的苛性钠溶液清洗，溶液加热至80 ℃。

③3%~5%的磷酸三钠加热至60~80 ℃将零件浸泡，适当时间能清除任何成分的水垢，清除后要用清水清洗一下。

④发动机的清洗最好在送修前的最后几个工作日进行。先将节温器取下，再按冷却水容量每升加入5~10 mL浓度为10%的磷酸三钠溶液，同量隔12 h再加一次，视水垢情况可再加1~2次，最后将冷却水放出，并用清水冲洗。

⑤铝合金零件不能用碱性溶液清洗。用硅酸钠15 g、液态肥皂2 g、水1 L，以此比例配制的溶液加热至30 ℃，将零件浸泡30~60 min，取出用清水冲洗，然后在温度为80~100 ℃含有0.3%重铬酸钾的水溶液内清洗，最后吹干零件。

（3）清除积炭。清除积炭有机械法和化学法两种。机械法是用金属丝刷和刮刀清除。化学法是将配好的清洗液加热至80~95 ℃，将零件放入浸泡2 h左右，用毛刷或布擦拭，清除积炭后用热水冲洗晾干。

4. 机械零件的检测

1）经验鉴定法

通过人为的观察、敲击和感觉来检查零件较为明显的缺陷的方法。

（1）观察：用于检查零件表面严重的磨损或损坏，如折断、破碎、剥落、烧损、刮痕、较大的裂纹、橡胶老化等。

（2）敲击：利用敲击发出的声音，可判断零件内部有无裂纹、连接是否紧密等。若零件完好，敲击时发音清脆，否则发音哑浊。

（3）感觉：可粗略判断配合件的间隙、零件的温度、螺纹的旋紧力矩等。

以上3种方法都是从检验者的经验出发而进行判断的，因此有一定的局限性。在实际工作中，应尽量避免作为零件检验的唯一方法（明显缺陷除外）。但是为了工作方便，检验人员应对长度、间隙、紧度、力矩、质量、温度等有一定的感性体会。

2）测量检验法

测量检验法是利用各种量具来测量零件由于磨损和变形所引起的尺寸与几何形状的变化情况。

测量检验法检测质量的高低取决于两大因素：一是测量工具的测量精度；二是测量方法。在柴油机零件的测量检验中，常用的测量工具如下：

（1）游标卡尺：中等精度的量具，用于测量工件的内表面、外表面和深度尺寸。

（2）外径千分尺：精密的量具，按用途分为外径、内径、深度、螺纹中径和齿轮公法线等千分尺。

（3）百分表：较精密的量具，主要用来检验工件的形状误差、位置误差和安装工件与刀具时的精度找正。

（4）塞尺（厚薄规）：用来测量各种微小间隙的测量工具，如气门间隙、活塞环间隙、齿轮侧隙等。

3）机械仪器检验法

此法可用来检验零件的弹力、平衡情况及配合件的严密性等，如弹簧弹力的检查、曲轴飞轮组的动平衡检查、气门与气门座的密封性检验等。

4）探伤法

利用电磁、超声波等探伤仪器设备，检测零件表面及其内部有无裂纹与空洞等缺陷的方法。

任务实施

普通车床刀架的拆卸

普通车床刀架的组成：包括床鞍、横向溜板、转盘、刀架溜板和方刀架等。

功用：安装车刀，并由溜板带动其做纵向、横向和斜向进给运动。

普通车床刀架拆卸的注意事项：

（1）看懂普通车床刀架结构再动手拆，并按先外后里，先易后难，先上后下的顺序拆卸。

（2）先拆普通车床刀架紧固件、连接件、限位件（顶丝、销钉、卡圆、衬套等）。

（3）拆前看清组合件的方向、位置排列等，以免配时搞错。

（4）拆下的零件要有秩序地摆放整齐，做到键归槽、钉插孔、滚珠丝杠盒内装。

（5）拆卸时要注意防止箱体倾倒或掉下，拆下零件要往桌案里边放，以免掉下砸人。

（6）拆卸普通车床刀架零件时，不准用铁锤猛砸，当拆不下或装不上时不要硬来，分析原因，搞清楚后再拆装。

（7）在扳动手柄观察传动时，不要将手伸入传动件中，防止挤伤。

拆卸步骤：

（1）首先拆除方刀架。

（2）拆除小滑板，松开锁紧螺母，再拆下手柄。

（3）松开丝杠的顶丝，旋出丝杠，拆下丝母。

（4）取下衔铁，取下小滑板。

（5）将小滑板的底座轻轻卸下。
（6）拆下中滑板。转动手柄取下丝母。
（7）取下中滑板的丝杠。
（8）清洗检查所有零件。

素质提升

尽心履职，以平凡成就伟大

机械零件拆卸、清洗、检测的日常工作虽然脏累、繁杂而平凡，但干好这项工作需要具有一丝不苟的认真工作态度和高度的责任心。

我们周围就有很多这样的人，他们是广大劳动者的代表，爱岗敬业、不畏艰苦，用汗水浇灌收获；他们开拓创新、锐意进取，为国家赢得荣誉，从他们身上我们看到了什么是劳模精神、劳动精神和工匠精神。

特高压输电线路运检是一项劳动强度大、危险系数高的工作。国网内蒙古东部电力有限公司检修分公司锡林郭勒盟输电工区输电运检七班技术员包文杰自入职以来，一直奋斗在运检工作第一线。在无人机巡检技术方面，他带领班组提出了"人机协作，空间互补，横向分析，纵向对比"的特高压输电线路新型巡视管理办法，编制了无人机巡检标准化指导书，使得特高压输电线路缺陷发现率提升20%以上。

扎根基层的劳动者以奋斗姿态和越是艰险越向前的精神创造了更加美好的生活。江西金力永磁科技股份有限公司坯料工序手动成型操作员温小珍2009年从一个小山村来到城市，成为一名车间工人。十几年如一日兢兢业业，温小珍练就了过硬的生产技术，积累了丰富的操作经验。机械设备有故障，她现场诊断排除故障；新员工不熟悉情况，她手把手传帮带。自工作以来，温小珍累计生产的模具数以万计，从无次品，亲手教出的车间生产骨干达10余人。温小珍还积极带动同村贫困户，跟着她进城务工的村民累计达100余人，分布在各行各业，实现了脱贫致富。2020年12月，温小珍被国务院农民工工作领导小组授予"全国优秀农民工"荣誉称号。

铁路是我国重要的基础设施，也是国民经济的大动脉。广大铁路工作者在铁道线上，坚守岗位、默默奉献。自2005年参加工作至今，王振强安全驾驶机车1 300余趟。经过组织严格选拔、考核，王振强成为中国铁路北京局集团有限公司丰台机务段"毛泽东号"机车组司机长。为了练就过硬驾驶本领，王振强把规章制度熟记在心，依托创新工作室，围绕机车运用、列车操纵、故障处理等方面，带头研发出创新成果10余项，4项成果获得国家专利，用"小创造"解决了安全生产的"大问题"。

拼搏奋斗、争创一流、勇攀高峰，最美职工们在平凡岗位上做出了不平凡的业绩，用智慧和汗水，生动诠释了"劳动最光荣、劳动最崇高、劳动最伟大、劳动最美丽"的时代强音。

任务拓展

常用零件的拆卸方法

常用零件的拆卸应遵循拆卸的一般原则，并结合其各自的特点，采用相应的拆卸手段来达到拆卸的目的。

1. 齿轮副的拆卸

为了提高传动链精度，对传动比为1的齿轮副采用误差相消法装配，即将一外齿轮的最大径向跳动处的齿间与另一个齿轮的最小径向跳动处相啮合。为避免拆卸后再装误差不能相消，拆卸时在两齿轮的相互啮合处做上记号，以便装配时恢复原精度。

2. 轴上定位零件的拆卸

在拆卸齿轮箱中的轴类零件时，必须先了解轴的阶梯方向，进而确定拆卸轴时的移动方向，然后拆去两端轴盖和轴上的轴向定位零件，如紧固螺钉、圆螺母、弹簧垫圈、保险弹簧等零件。先要松开装在轴上的齿轮、套等不能穿过轴盖孔的零件的轴向紧固关系，并注意轴上的键能随轴通过各孔，才能用木锤击打轴端而拆下轴；否则不仅拆不下轴，还会造成对轴的损伤。

3. 螺纹连接的拆卸

1）断头螺钉的拆卸

（1）在螺钉上钻孔，打入多角淬钢锥，将螺钉拧出，如图1-1（a）所示。注意打击力不可过大，以防损坏母体螺纹。

（2）如果螺钉断在机件表面以下，可在断头端中心钻孔，在孔内攻反旋向螺纹，用相应反旋向螺钉或丝锥拧出，如图1-1（b）所示。

（3）如果螺钉断在机件表面以上，可在断头上加焊螺母拧出，如图1-1（c）所示；或在凸出断头上用钢锯锯出一个沟槽，然后用螺丝刀将其拧出。

2）打滑六角螺钉的拆卸

六角螺钉用于固定或连接处较多，当内六角磨圆后会产生打滑现象而不易拆卸，这时用一个孔径比螺钉头外径稍小一点的六方螺母，放在内六角螺钉头上，如图1-2所示。将螺母1与螺钉2焊接成一体，待冷却后用扳手拧六方螺母，即可将螺钉迅速拧出。

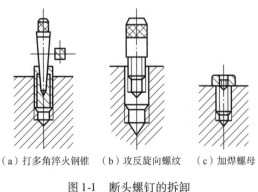

（a）打多角淬火钢锥　（b）攻反旋向螺纹　（c）加焊螺母

图1-1　断头螺钉的拆卸

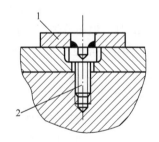

图1-2　打滑六角螺钉的拆卸

1—螺母；2—螺钉

4. 过盈配合件的拆卸

拆卸过盈配合件，应使用专门的拆卸工具，如拔轮器、压力机等，不允许使用铁锤直接敲击机件，以防损坏零部件。在无专用工具的情况下，可用木锤、铜锤、塑料锤或垫以木棒（块）、铜棒（块）用铁锤敲击。

滚动轴承的拆卸属于过盈配合件的拆卸范畴，它的使用范围较广泛，又有其拆卸特点，所以在拆卸时，除遵循过盈配合件的拆卸要点外还要考虑到它自身的特殊性。

1）尺寸较大轴承的拆卸

拆卸尺寸较大的轴承或其他过盈连接件时,为了使轴和轴承免受损害,要利用加热来拆卸,如图1-3所示,给轴承内圈加热而拆卸轴承。加热前把靠近轴承的那部分轴用石棉隔离开,然后在轴上套上一个套圈使零件隔热。用拆卸工具的抓钩抓住轴承的内圈,迅速将加热到100 ℃的油倒入,使轴承加热,然后开始从轴上拆卸轴承。

2）轴承外圈的拆卸

齿轮两端装有单列圆锥滚动轴承外圈,如图1-4所示,在用拔轮器不能拉出轴承外圈时,可同时用干冰局部冷却轴承外圈,迅速从齿轮中拉出轴承的外圈。

3）滚珠轴承的拆卸

拆卸滚珠轴承时,应在轴承内圈上加力拆下;拆卸位于轴末端的轴承时,可用小于轴承内径的铜棒或软金属、木棒抵住轴端,轴承下垫以垫块,再用锤子敲击,如图1-5所示。

图1-3 轴承内圈加热拆卸轴承

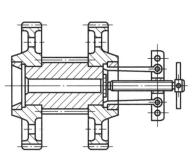
图1-4 干冰局部冷却轴承外圈

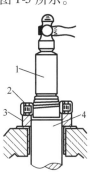
图1-5 用锤子、铜棒拆卸轴承
1—铜棒；2—轴承；3—垫块；4—轴

若用压力机拆卸,可用图1-6所示的垫块方法,将轴承压出。用此方法拆卸轴承的关键是必须使垫块同时抵住轴承内外圈,且着力点正确,如图1-7所示,否则,轴承将受损。垫块可用两块等高的方铁或用U形和两半圆形铁组成。

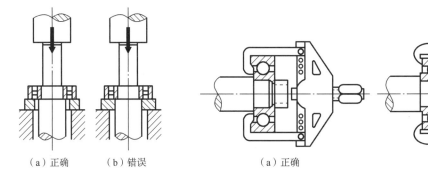

图1-6 用压力机拆卸时的垫块方法　　图1-7 拆卸轴承时的着力点

4）锥形滚柱轴承的拆卸

拆卸时一般将外圈分别拆卸。如拆卸轴承6020时,用图1-8(a)所示的拔轮器将外圈拉出。先将拔轮器张套放入外圈底部,然后放入张杆使张套张开,勾住外圈,再扳动手柄,使张套外移,即可拉出外圈。用图1-8(b)所示的内圈拉头来拆卸内圈。先将拉套套在轴承内圈上,转动拉套,使其收拢后,下端凸缘压入内圈沟槽,然后转动把手,拉出内圈。

5) 报废轴承的拆卸

如因轴承内圈过紧或锈死而无法拆下时则应破坏轴承内圈而保护轴,如图1-9所示。操作时应注意安全。

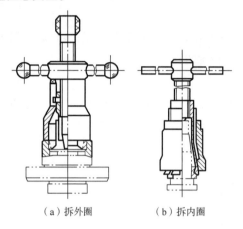

图1-8 锥形滚柱轴承的拆卸
(a) 拆外圈　(b) 拆内圈

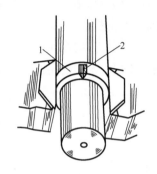

图1-9 报废轴承的拆卸
1—轴承内圈；2—开缺口

任务1.3　机电设备的装配调试与验收

任务导入

检查已拆卸的零件,分析零件失效的原因,制定合理的修理方案后严格按照工艺要求进行机械零件装配、调整,这是机电设备修理的最后程序,也是决定机电设备修理后质量好坏最为关键的程序。最后进行试车验收工作,这是机电设备修理完成后投入使用前的一次全面的、系统的质量鉴定,是保证机电设备交付使用后有良好的动力性能、经济性能、安全可靠性能及操纵性能的重要环节。

知识准备

装配是把许多个机械零件按技术要求连接或固定起来,以保持正确的相对位置和相互关系,成为具有一定性能指标的机械。

机电设备修理后质量的好坏,与装配质量的高低有密切关系。装配工艺是一项很复杂、很细致的工作。即使有高质量的零件,若装配工艺不当,轻则机械性能达不到要求,造成返工,重则造成机电设备或人身事故。所以,应严格按照装配的工艺技术要求进行工作。

1. 机械零件修复工艺的选择

1) 机械零件修复工艺的分类

在机械修理中,用来修复零件的工艺很多,较普遍使用的修复工艺分类图如图1-10所示。

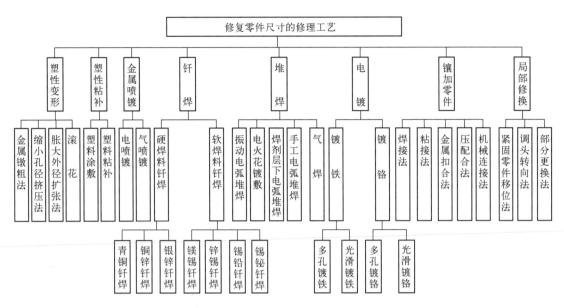

图 1-10 修复工艺分类图

2）机械零件修复工艺的选择原则

（1）工艺合理：

①满足机械零件的工况条件。包括承受载荷的性质和大小、工作温度、运动速度、润滑条件、工作面间的介质以及环境介质等。

②满足机械零件技术要求和特征。如零件材料成分、尺寸、结构、形状、热处理和金相组织、力学和物理性能、加工精度和表面质量等。每一种修复工艺都有其适应的材质，在选择修复工艺时，首先应考虑待修机械零件的材质对修复工艺的适应性。

（2）经济性好。在保证机械零件修复工艺合理的前提下，考虑单个零部件修复的经济合理性和修复后机械零件的使用寿命，同时还应注意尽量组织批量修复，这有利于降低修复成本，提高修复质量。

（3）效率要高。修复工艺的生产效率可用自始至终各道工序时间的总和表示。总时间越长，效率就越低。

（4）生产可行。许多修复工艺需配置相应的工艺设备和一定的技术人员，而且会涉及整个维修组织管理和维修生产进度，所以选择修复工艺时，要注意本单位现有的生产条件、修复用的装备状况、修复技术水平、协作环境等，综合考虑修复工艺的可行性。要注意不断更新现有修复工艺技术，通过学习、开发和引进，结合实际采用先进的修复工艺。

由上可见，选择零件的修复工艺时，往往不能只从一个方面，而是综合地从几个方面来分析比较，才能得到较合理的修理方案。

2. 机械零件的装配调试

1）装配前的准备工作

（1）应当熟悉各机械零件的相互连接关系及装配技术要求。对于那些有配合要求、运动精度较高或有其他特殊技术条件的零件，尤应引起特别重视。

(2) 确定适当的装配工作地点，准备好必要的设备、仪表、工具和装配时所需的辅助材料，如纸垫、毛毡、铁丝、垫圈、开口销等。

(3) 按清单清理检测各备装零件的尺寸精度与制造或修复质量、核查技术要求。凡有不合格者一律不得装入。对于螺栓、键及销等标准件稍有滑丝、损伤者应予以更换，不得勉强留用。

(4) 在装配前，要对有平衡要求的旋转零件按要求进行静平衡或动平衡试验，合格后才能装配。这是因为某些旋转零件如带轮、飞轮、风扇叶轮等新配件或修理件可能会由于金属组织密度不匀，加工误差，本身形状不对称等原因，使零部件的重心与旋转轴线不重合，在高速旋转时，会因此而产生很大的离心力，引起机器震动，加速零件磨损。

(5) 零件装配前必须进行清洗。在装配前，对于经过钻孔、铰削、镗削等机加工的零件，要将金属屑末清除干净；润滑油道用高压空气或高压油吹洗干净，相对运动的配合表面要保持洁净，以免因脏污或尘粒等进入其间而加速配合件表面的磨损。

2）装配工艺要点

一般来说，装配时的顺序应与拆卸顺序相反。装配要根据零件的结构特点，采用合适的工具或设备严格仔细按序装配，注意零件之间的方位，配合精度要求。工艺要点如下：

(1) 对于过渡配合和过盈配合零件的装配，如滚动轴承的内外圈等，必须采用相应的铜棒、铜套等专门工具和器件进行手工装配，或按技术条件借助设备进行加温加压装配。如遇有装配困难的情况，应先分析原因，排除故障，提出有效的改进方法再继续装配，千万不可鲁莽行事。

(2) 对油封件必须使用心棒压入；对配合表面要经过仔细检查和擦净，如若有毛刺应经修整后方可装入；螺栓要按规定的扭矩值分次均匀紧固；螺母紧固后，螺栓的露出丝扣不少于两扣且应等高。

(3) 凡是摩擦表面，装配时均应涂适量的润滑油，如轴颈、轴瓦、轴套、活塞、活塞销和缸壁等。各部件的密封垫（纸板垫、石棉垫、钢皮垫、软木垫等）应统一按规格制作，自行制作时，应细心加工，切勿让密封垫覆盖润滑油、水和空气的通道。机器中的各种密封管道和部件，装配后不得有渗漏现象。

(4) 过盈配合件装配时，应先涂润滑油脂，以利装配和减少配合表面的初磨损。装配时应根据零件拆下来时所做的各种安装记号进行装配，以防装配出错而影响装配进度。

(5) 对某些装配技术要求，如装配间隙、过盈量（紧度）、灵活度、啮合印痕等，应边安装边检查，并随时进行调整，以避免装后返工。装配时，应核对零件的各种安装记号，防止装错。

(6) 所有锁紧制动装置，如开口销、弹簧垫圈、保险垫片、制动铁丝等，必须按机械原定要求配齐，不得遗漏。垫圈安放数量，不得超过规定。开口销、保险垫片及制动铁丝，一般不准重复使用。

(7) 每一部件装配完毕，必须严格仔细地检查和清理，特别是需要固定安装的零部件，防止有遗漏或错装的零件；严防将工具、多余零件及杂物留存在箱壳之中（如变速箱、齿轮箱、飞轮壳等），确认无误后，再进行手动或低速试运行，以防机器运转时引起意外事故。

3）装配工作中的密封性

在机械使用中，由于密封失效，常常出现"三漏"（漏油、漏水、漏气）现象。这种现象轻则造成能量损失，以至降低或丧失工作能力，造成环境污染，重则可能造成严重事故。因此，防止"三漏"极为重要。流体漏损的原因可能由于密封装置的装配不符合要求，也可能是由于密封件磨损、变形、老化、腐蚀所致，而后者也往往与装配因素（包括选用密封件材料、预紧程度、装配位置等）有关。为此，在装配工作中必须给以足够的重视。

（1）正确选用密封材料。一般要根据不同的压力、温度、介质选用。纸质垫片只用于低压、低温条件；橡胶耐压、耐温能力也不高，且要考虑各种橡胶的不同性能，如耐油、耐酸、耐碱等；塑料的耐压能力较好，但也不耐高温；石棉强度较低，却能耐高温；金属则兼有耐高温和高压的能力。

（2）合理装配。要有合适的装配紧度，并且压紧要均匀。当压紧度不足时，会引起泄漏，或者在工作一段时间后，由于震动及紧定螺钉被拉长而丧失紧度，导致泄漏。压紧度过紧，对静密封的垫片来讲，会丧失弹力，引起垫片早期失效；对动密封来讲，会引起发热、加速磨损、增大摩擦功率等不良后果。以O形密封圈为例，正确的装配紧度要求其预紧变形量应在8%~30%之间。

（3）采用密封胶。近年来采用液态密封胶进行静密封，已日益广泛。这类密封胶根据其性能可分为：

①干性附着型。有类似黏合剂的性能，涂敷后因溶剂挥发而牢固地附于结合面上。有较好的耐热、耐压性能，但可拆性差，不耐冲击和振动。

②干性可剥型。涂敷后形成柔软而有弹性的薄膜，附着严密、耐振动，有良好的剥离性，可用于较大和不甚均匀的间隙。

③非干性黏型。涂敷后长期保持黏性，耐冲击振动性好，有良好的可拆性。

④半干性黏弹性型。兼有干性和非干性的优点，能永久保持黏弹性，具有耐压和柔软的特点。密封胶的使用范围一般在-60~+250 ℃之间，耐压能力不大于6 kPa。

4）机械零件装配后的调整

有些机电设备，尤其是其中的关键零部件，不经过严格的仔细调试，往往达不到预期的技术性能甚至不能正常运行。

机械零件的调整与调试是一项技术性、专业性及实践性很强的工作，操作人员除了应具备一定的专业知识外，同时还应注意积累生产实践经验，方可有正确判断和灵活处理问题的能力。

3. 设备的试车验收

1）验收程序及内容

（1）试车验收前的准备：

①对原机电设备及机修后修改的技术文件进行审核，为以后的修理工作提供技术依据做准备。

②对修理后的装配进行检查，特别是涉及安全等方面的装配，如螺纹的紧固、各部件之间的连接是否牢固等。

③检查机电设备的放置是否平稳，工作台面的位置精度是否在技术要求的范围以内。

④机电设备上的各种操作件是否装备完毕，使用是否灵活、可靠，按照机器使用说明书检查其润滑系统是否符合要求。

⑤对机电设备的各个系统进行验收,如液压系统、电气控制系统、调整体操作系统等。

⑥按机电设备使用说明书中的"精度检验标准"对其各项几何精度进行逐项检查,不合格者,必须重新调整至合格。

(2)机电设备的空运转检查验收。在空运转检查时,应将机械的各种运动(如主运动、进给运动等)按其技术要求来进行检查验收,其间对电器元件及传动系统的声响及平稳性、轴承在规定时间内的温升等应特别注意,以防因疏漏而造成事故。

(3)机电设备的负载运转验收。负载试运转是机电设备修理完毕验收的主要步骤。通过负载试运转,可确定机电设备的工作精度、动力性能、经济性能、运转状况以及操纵、调整、控制和安全等装置的作用是否达到其应有的技术要求。不同的机电设备,其负载是不同的,因此验收的方式亦应有所不同。如机电加工的设备应在其上加工试件以加工质量来检验机电设备的工作精度,依照机械技术文件中所规定的工作精度来判断修理的合格性。

(4)机电设备负载运转后的检查。机电设备经过负载运转后,对其各部分可能产生的松动、形变、过热,以及其他,如密封性和摩擦面的接触情况等,必须进行详细检查,以确保机电设备投入正式运转后能正常工作。

2)填写验收卡片

验收完毕,验收人员应在验收卡片上如实填写验收时的检查情况,然后签字盖章。验收卡片格式可参考表1-1。验收卡片应存入设备修理的技术档案中,以供日后核查。

表1-1 验收卡片格式

修理设备名称		修理设备型号	
验收程序	检查结果	验收时间	验收人签字
试车验收前的准备	1.		
	2.		
	3.		
	…		
设备空运转验收	1.		
	2.		
	3.		
	…		
设备负载运转验收	1.		
	2.		
	3.		
	…		
机械负载运转后的检查	1.		
	2.		
	3.		
	…		

任务实施

柴油机曲柄连杆机构连杆组调试方案

连杆组是曲柄连杆机构中传递动力的重要组件。通过它将活塞的往复运动转化为曲轴的旋转运动。连杆组是由连杆体2、连杆瓦盖5、连杆螺栓3、螺母6、连杆轴瓦4和小衬套1等部分组成，如图1-11所示。连杆的变形将给曲柄连杆机构的工作带来严重的影响，连杆一旦断裂，将造成严重事故。连杆组的维修工作量较大，维修质量的好坏不仅影响到柴油机的可靠性和耐用性，而且还影响柴油机的动力性和经济性。

机械调试方案的编制应集中体现两个方面，一是查找出主要的问题，二是针对问题拟订方案。

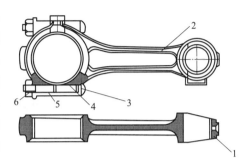

图1-11 连杆的组成

1—小衬套；2—连杆体；3—连杆螺栓；
4—连杆轴瓦；5—连杆瓦盖；6—螺母

1. 查找主要的问题

（1）连杆小头衬套磨损。由于连杆承受冲击载荷，使得衬套容易磨损，引起衬套与轴、销间的间隙增大而造成转动副的运动轴线歪斜。加上润滑条件不佳而加剧发热，转动副胀紧甚至咬死，使发动机不能正常运转而出现异常响声。

（2）连杆大小头的衬套及轴瓦座孔变形。由于连杆的衬套、轴瓦及其座孔的刚性不足，在冲击载荷作用下容易产生变形，或者由于大头螺栓紧固不紧，或者衬套装配过盈量偏小等原因都将引起座孔的拉伤、烧蚀和变形。

（3）连杆弯曲和扭曲。连杆的弯曲和扭曲会引起活塞偏缸和轴瓦、衬套的偏磨，产生恶性磨损、敲击声和偏缸事故。

图1-12所示为测定连杆侧向弯曲的方法。将连杆大小头各装一根尺寸合适的芯棒，然后将大头芯棒置于V形架上，用千分表测量芯棒两端，根据两端的读数差值，可判断连杆弯曲情况，两端读数不等则说明连杆弯曲。

图1-13所示为测定连杆扭曲的方法。测定原理与测定连杆侧向弯曲的原理相同。若小头芯棒两端读数不等则连杆扭曲。

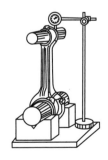

图1-12 测定连杆侧向弯曲的方法

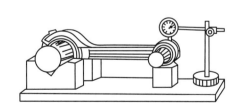

图1-13 测定连杆扭曲的方法

（4）连杆螺栓损伤、螺栓裂纹或断裂。柱部被拉长，产生永久变形，螺纹磨损变形。

2. 拟定调试方案

（1）连杆小头衬套的修配。当活塞销与连杆小头衬套配合间隙超过0.1 mm时，需要更换衬套和选配活塞销。修配方法如下：

将新衬套导正并在压床上将其压入（不得任意打入或采用其他不合理的方法，以免引起衬套变形或其他损伤），根据活塞销直径进行修配，修配方法可采用铰削或镗削。

采用铰销时宜选用死刃铰刀，因活刃铰刀铰削后，表面上易出现相同数目的刀痕，使接触面接触质量变差。接触面好坏是衬套修配的关键问题。

利用镗削方法可较好地保证连杆大头轴瓦座孔的中心线与小头衬套座孔中心线平行，并可获得较好的接触面。

根据衬套表面粗糙度的要求，加工后表面粗糙度 Ra 值不大于 $0.16\sim0.32$ μm，达到这个要求应采用滚压或抛光加工法。因此，无论采用铰削还是镗削加工小头衬套，都应留有一定的滚压（或抛光）余量（$0.01\sim0.03$ mm）。

（2）连杆小头衬套座孔和大头轴瓦座孔变形的修复：

小头衬套座孔变形时，应铰大和镗大座孔，加配外径大的座孔，不准在座孔里打冲眼，敷衍塞责。

大头轴瓦座孔若有变形，应找出其原因，修理好后，在装配时按要求的紧固扭矩拧紧大头螺栓。

（3）连杆弯曲、扭曲的修复连杆弯曲变形的校正。可在压床和台虎钳上进行，校正后应进行复查，直至符合要求。连杆的扭曲变形亦可在台虎钳上进行，大型连杆可自制工具进行扭曲校正。应注意的是，连杆的弯扭变形冷校正后，应复查，重复校正直至满足要求。

（4）连杆螺栓出现损伤，一旦发现应立即更换，以免因小失大而造成事故。

素质提升

精益求精 勇于创新——工匠精神

装配调试工作是机电设备检修工作的最后环节，也是决定设备维修质量的关键一环。

"执着专注、精益求精、一丝不苟、追求卓越。"习近平总书记高度概括了工匠精神的深刻内涵，强调劳模精神、劳动精神、工匠精神是以爱国主义为核心的民族精神和以改革创新为核心的时代精神的生动体现，是鼓舞全党全国各族人民风雨无阻、勇敢前进的强大精神动力。

一把焊枪，能在眼镜架上"引线绣花"，能在紫铜锅炉里"修补缝纫"，也能给大型装备"把脉问诊"……在"七一勋章"获得者、湖南华菱湘潭钢铁有限公司焊接顾问艾爱国的眼里，不管什么材质的焊接件，多么复杂的工艺，基本没有拿不下的活儿。在所有焊接中，大型铜构件难度最大。因为需要在超过700 ℃高温下，在几分钟的时间窗口内，精准找到点位连续施焊，稍不留神就前功尽弃。"焊的时候皮肤绷紧，手不自觉地颤抖，不知道能坚持到第几秒。"面对技术、意志力的多重考验，艾爱国将旁人望而却步的事情变成了自己的绝活。

工匠以工艺专长造物，在专业的不断精进与突破中演绎着"能人所不能"的精湛技艺，凭借的是精益求精的追求。

我国自古就有尊崇和弘扬工匠精神的优良传统。新中国成立以来，中国共产党在带领人民进行社会主义现代化建设的进程中，始终坚持弘扬工匠精神，神州大地涌现出一大批追求极致、精益求精的工匠。

一汽解放大连柴油机有限公司的高级技师鹿新弟，是从普通工人成长为柴油机装调与试验技能人才。鹿新弟有自己的劳模创新工作室、技能大师工作室。他只需在车间缓步走过，就能从机器轰鸣声中准确找出故障原因。过硬的基本功源于带他入行的师傅。"发动机是精密仪器，一分一毫不能马虎。师父严谨的工作态度，为我打下了很好的基础。"工匠精神，在不断接力中传承"中国风范"。

"择一事终一生"的执着专注，"干一行专一行"的精益求精，"偏毫厘不敢安"的一丝不苟，"千万锤成一器"的追求卓越……我们相信，以工匠精神激励更多劳动者争做高技能人才，用实干成就梦想，必将汇聚起推进高质量发展的坚实力量，在新征程上创造新的辉煌！

任务拓展

密封垫片的安装

根据公称压力及介质的最高温度，确定所采用的密封垫片（简称"垫片"）类别：非金属垫片（柔性石墨类、聚四氟乙烯类、橡胶类、无石棉纤维类、金包垫、冲刺垫等）、缠绕垫片、波形活压垫片、椭圆垫、八角垫等。

1. 安装前的检查工作

1) 垫片的检查

(1) 垫片的材质、形式、尺寸是否符合要求。

(2) 垫片表面不允许有机械损伤、径向刻痕、严重锈蚀、内外边缘破损等缺陷。

(3) 选用的垫片应与法兰的密封面形式相适应。

2) 螺栓、螺母的检查

(1) 螺栓及螺母的材质、形式、尺寸是否符合要求。

(2) 螺母在螺栓上转动应灵活，但不应晃动。

(3) 螺栓及螺母不允许有斑疤、毛刺。

(4) 螺纹不允许有断缺现象。

(5) 螺栓不应有弯曲现象。

3) 法兰的检查

检查法兰的形式是否符合要求，密封面是否光滑，有无机械损伤、刨车车痕、径向刻痕、严重锈蚀、焊疤、油焦残迹等缺陷。如不能修整时，应研究具体的处理方法。

4) 管线及法兰安装质量的检查

(1) 偏口：管线不垂直、不同心、法兰不平行。两个法兰间允许的偏斜值如下：使用非金属垫片时应小于 2 mm；使用半金属垫片、椭圆垫、八角垫及与设备连接的法兰，应小于 1 mm。

（2）错口：管线和法兰垂直，但不同心。在螺栓孔直径及螺栓直径符合标准的情况下，以不用其他工具将螺栓自由地穿入螺栓孔，即认为合格。

（3）张口：法兰间隙过大。两个法兰间允许的张口值（除去管线预拉伸值及垫片或盲板的厚度）如下：管线法兰的张口应小于 3 mm；与设备连接的法兰张口应小于 2 mm。

（4）错孔：管线法兰同心，但两个法兰相对应螺栓孔之间的弦距（或螺栓孔中心圆直径等）偏差较大。螺栓孔中心圆半径的允许偏差见表 1-2。

表 1-2　螺栓孔中心圆半径的允许偏差

螺栓孔直径/mm	允许偏差/mm
≤30	±0.5
>30	±1.0

2. 装配

（1）垫片应保管好，不允许随地放置。

（2）两个法兰必须在同一中心线上并且平行。不允许用螺栓或尖头撬杠插在螺栓孔内校正法兰，以免螺栓承受较大的应力。

（3）安装前应仔细清理法兰密封面及水线（密封线）。缠绕式垫片最好用于没有密纹状密封线的法兰，但也可用于有水线（密封线）的法兰。

（4）两个法兰间只能加一个垫片，不允许用多加垫片的办法来消除两个法兰间隙过大的缺陷。

（5）垫片必须安装正，不准偏斜，以保证受压均匀，也避免垫片伸入管内受介质冲蚀及引起涡流。

（6）根据目前现有的工具旋紧螺母时，当螺母在 M22 以下时，采用力矩扳手拧紧，螺母尺寸大于 M27 时可采用电动力矩扳手紧固。

（7）为保证垫片受压均匀，螺栓要对称的均匀分 2～3 次拧紧。

（8）为了避免在拧紧螺母时，螺栓产生弯曲、咬住，凡法兰背面较粗糙的，应在螺母下加装一垫片。

（9）安装螺栓及螺母时，应在螺栓两端涂抹防锈剂、鳞状石墨粉或润滑剂。

（10）不允许混用螺栓及漏装垫片。

（11）因上紧螺栓是在冷态时进行的，当温度升高后会产生松弛。凡介质温度在 300 ℃ 以上、载荷 $P_g ≤ 40$ kg/cm² 的法兰，安装时应将螺栓进行适当热紧。要拆卸、检修法兰时，可在螺栓螺母连接处先用螺栓松动剂松动，然后将螺母预回 30°～60° 再松开。

项目总结

（1）机电设备检修工艺流程的制定与实施可分为几个方面来进行：①技术准备；②初步诊断故障位置并分析成因；③零件拆卸与清洗；④详细检查，准确判断故障位置及失效分析；⑤制定修理方案；⑥零件装配与调试；⑦设备试运行。

（2）技术准备主要是为维修提供技术依据。其内容包括准备现有的或需要编制的机电设备图册；确定维修工作类别和年度维修计划；整理机电设备在使用过程中的故障及其处理记录；调查维修前机电设备的技术状况；明确维修内容和方案；提出维修后要保证的各项技术性能要求；提供必备的有关技术文件等。

（3）机电设备的故障诊断包括识别现状和预测未来两个方面，其诊断过程分为状态监测、识别诊断和决策预防3个阶段。

（4）拆卸的主要目的是便于检查和修理机械零部件。

（5）检查已拆卸零件的目的是识别零件的状态，确认机械故障，结合零件使用的工况条件，分析零件失效的原因，为制定合理的修理方案和使用、维护保养方案奠定基础。

（6）制定修理方案，应分析总结日常检修所发生的问题和故障，结合解体检查，以查出零件实际的磨损情况为重点，合理地选用修复工艺，这是提高修理质量、降低修理成本、加快修理速度的有效措施。

（7）装配前的准备工作包括：研究和熟悉机电设备及各部件总成装配图和有关技术文件与技术资料；根据零部件的结构特点、技术要求确定合适的装配工艺、方法和程序；准备好必要的工量具和材料等；按清单清理检测各备装零件的尺寸精度与制造或修复质量、核查技术要求；零件装配前必须进行清洗。

（8）试车与验收是机电设备修理完成后投入使用前的一次全面的、系统的质量鉴定，是保证机电设备交付使用后有良好的动力性能、经济性能、安全可靠性能及操纵性能的重要环节。验收程序一般可按下列程序进行：试车验收前的准备；机电设备的空运转检查验收；机电设备的负载运转验收；机电设备负载运转后的检查；填写验收卡片。

知识巩固练习

1. 机械设备检修工艺流程的制定与实施分为几个方面来进行？
2. 技术准备内容包括哪些内容？
3. 机械系统的常见故障类型有哪些？故障诊断的基本程序是什么？故障诊断技术有哪些？
4. 拆卸的主要目的是什么？拆卸前的准备工作包括哪些内容？拆卸的一般原则是什么？拆卸时的注意事项包括哪些内容？
5. 检查已拆卸零件的目的是什么？
6. 修理方案的内容包括什么？如何制定修理方案？
7. 装配前的准备工作包括哪些内容？装配时应注意哪些事项？装配后的调整有什么作用？
8. 试车与验收的作用是什么？试车与验收的程序包括哪些内容？

技能评价

本项目的评价内容包括专业能力评价、方法能力评价及社会能力评价3个部分。其中自我评分占30%、组内评分占30%、教师评分占40%，总计为100%，见表1-3。

表 1-3　技能评价表

类别	项目	内容	配分	考核要求	扣分标准	自我评分 30%	组内评分 30%	教师评分 40%
专业能力评价	任务实施计划	1. 态度及积极性； 2. 方案制定的合理性； 3. 安全操作规程遵守情况； 4. 考勤及遵守纪律情况； 5. 完成技能训练报告	30	目的明确，积极参加任务实施，遵守安全操作规程和劳动纪律，有良好的职业道德和敬业精神，技能训练报告符合要求	方案制定占 5 分；遵守安全操作规程占 5 分；考勤及遵守劳动纪律占 10 分；技能训练报告完整性占 10 分			
	任务实施情况	1. 拆装方案的拟定； 2. 机械零件的正确拆装； 3. 机械零件及系统的常见故障诊断与排除； 4. 机械零件装配后的调试； 5. 任务的实施规范化，安全操作	30	掌握机械零件的拆装方法与步骤以及注意事项，能正确分析机械零件及系统的常见故障及修理；能进行装配后的调试；任务实施符合安全操作规程并功能实现完整	正确选择工具占 5 分；正确拆装机械零件占 5 分；正确分析故障原因、拟定修理方案占 10 分；任务实施完整性占 10 分			
	任务完成情况	1. 相关工具的使用； 2. 相关知识点的掌握； 3. 任务的实施完整	20	能正确使用相关工具；掌握相关的知识点；具有排除异常情况的能力并提交任务实施报告	工具的整理及使用占 10 分；知识点的应用及任务实施完整性占 10 分			
方法能力评价		1. 计划能力； 2. 决策能力	10	能够查阅相关资料制订实施计划；能够独立完成任务	查阅相关资料能力占 5 分；选用方法合理性占 5 分			
社会能力评价		1. 团结协作； 2. 敬业精神； 3. 责任感	10	具有组内团结协作、协调能力；具有敬业精神及责任感	团结协作、协调能力占 5 分；敬业精神及责任心占 5 分			
合计			100					

年　　月　　日

项目 ❷ 机械零件的检修

本项目主要学习齿轮传动技术、轴承装配、轴零件质量检查、润滑材料选择的基础知识和操作技能。齿轮传动技术中,掌握齿轮啮合接触质量的检查方法和间隙调整,齿轮各种故障的处理技术;轴承装配中,掌握轴承与轴配合精度的选择,轴承故障处理技术;掌握焊接知识、防变形技术和故障处理技术;轴零件质量检查中,掌握轴磨损后的质量检测和裂纹检测技术;润滑材料选择中,掌握各种润滑材料的性质和实际选择润滑材料的技能。

知识目标

1. 掌握齿轮传动的类型及特点;
2. 掌握齿轮副间隙调整、装配方法,产生齿轮传动故障的原因及解决措施;
3. 掌握轴类零件精度检查方法,常见故障与修理方法,轴的装配;
4. 掌握轴承装配间隙调整,故障现象、原因及解决措施;
5. 掌握机械零件的常用检修方法。

能力目标

1. 会根据设备结构及运行要求选择润滑材料,具有正确使用工具书的能力;
2. 能进行齿轮接触质量检查及间隙调整,会进行齿轮的修复及装配操作;能进行轴的精度测量并能轴的裂纹检查、修理和轴的装配操作;会选择滚动轴承与轴零件的配合精度并进行正确的装配;具有针对不同零件选择相应修理方案并进行修复的能力;
3. 具有良好的团队协作能力。

素质目标

1. 在知识学习、能力培养中,弘扬民族精神、爱国情怀和社会主义核心价值观;
2. 培养实事求是、尊重自然规律的科学态度,勇于克服困难的精神,树立正确的人生观、世界观及价值观;
3. 通过学习各种机械零件的检修,懂得"工匠精神"的本质,提高道德素质,增强社会责任感和社会实践能力,成为社会主义事业的合格建设者和接班人。

任务2.1 传动零件的检修

任务导入

齿轮和轴传动是机电设备应用中最广泛的基础传动零件,它们的传动质量直接影响设备的运行精度。通过理论学习和实际操作，掌握它们在传动中的失效方式、故障诊断方法、修理及装配等实际应用技术。

知识准备

1. 齿轮和轴的功能分析

齿轮和轴在工作中，主要承受交变应力，有些还经常受到冲击载荷的作用。它们被广泛地应用到机械动力传递的系统中，无论是工程机械还是运输机械，以及其他行业机械都需要齿轮和轴的配合完成动力的传递。

2. 齿轮和轴的失效方式

齿轮和轴的失效方式有变形、疲劳破坏、裂纹、磨损、断裂等。因此，在修复中，应合理地选材、设计，正确地加工、修理和装配，这都将直接影响传动系统的工作性能和使用性能。

3. 齿轮检修

1）齿轮传动特点

（1）传递动力大、效率高。

（2）寿命长，工作平稳，可靠性高。

（3）能保证恒定的传动比，能传递任意夹角两轴间的运动。

（4）制造、安装精度要求较高，因而成本也较高。

（5）不宜做远距离传动。

2）齿轮传动类型

常用的齿轮传动装置有圆柱齿轮、圆锥齿轮和蜗轮蜗杆传动装置 3 种。根据齿轮传动的圆周速度可分为最低速（$v<0.5$ m/s）、低速（v 为 $0.5\sim3$ m/s）、中速（v 为 $3\sim15$ m/s）和高速（$v>15$ m/s）等。根据齿轮传动的工作条件又分为闭式传动、开式传动和半开式传动三种。

齿轮传动类型见表 2-1。

表 2-1 齿轮传动类型

图示				
名称	外啮合直齿圆柱齿轮传动	内啮合直齿圆柱齿轮传动	齿轮齿条传动（直齿条）	外啮合斜齿圆柱齿轮传动
图示				
名称	人字齿轮传动	齿轮齿条传动（斜齿条）	直齿圆锥齿轮传动	准双曲面齿轮传动

续表

图示				
名称	螺旋齿轮传动（交错轴斜齿轮传动）	蜗杆传动	曲齿锥齿轮传动	

3）齿轮的失效形式和防止措施

（1）齿轮的失效形式。常见的齿轮失效主要是齿面的损坏和轮齿的折断。齿面的损坏又有齿面的磨粒磨损、疲劳点蚀、胶合和塑性变形等。

① 齿面的磨粒磨损是齿轮在传动中，当齿面间落入铁屑、砂粒、非金属物等磨粒性物质或粗糙齿面的摩擦时，都会发生磨粒磨损。齿面磨损后，引起齿廓变形，产生振动、冲击和噪声，磨损严重时，由于齿厚变薄，可能发生轮齿折断。磨粒磨损是开式齿轮传动的主要失效形式。

② 齿面的疲劳点蚀是由于齿面接触应力脉动循环变化（其工作表面上任一点产生的接触应力由零增加到一最大值），在交变应力多次反复作用下，轮齿表层下一定深度产生裂纹。裂纹逐渐发展扩大导致轮齿表面出现疲劳裂纹。疲劳裂纹扩展的结果是使齿面金属脱落而形成麻点状凹坑。这种现象就称为齿面疲劳点蚀。发生点蚀后，齿廓形状遭破坏，传动的平稳性受影响并产生振动与噪声，造成齿轮不能正常工作而使传动失效。

③ 齿面胶合是比较严重的黏着磨损，一般发生在齿面相对滑动速度大的齿顶或齿根部位。互相啮合的轮齿齿面，在一定的温度和压力作用下，发生黏着，随着齿面的相对运动，黏焊金属被撕脱后，齿面上沿滑动方向形成沟痕，这种现象称为胶合。胶合现象一般发生在高速重载齿轮传动中，当啮合点处瞬时温度过高，润滑失效，致使相啮合两齿表面直接接触并相互粘连在一起，造成热胶合；在重载低速齿轮传动中，不易形成油膜或由于局部超载使油膜破坏，会造成冷胶合，齿面一旦出现胶合，不但齿面温度升高，而且齿轮的振动和噪声也增大，导致失效。

④ 齿面塑性变形属于轮齿变形，是由于在过大的应力作用下，轮齿材料处于屈服状态而产生的齿面或齿体塑性流动所形成的。当轮齿材料较软，载荷很大时，轮齿在啮合过程中，齿面油膜被破坏，摩擦力增大，而塑性流动方向和齿面所受摩擦力的方向一致，齿面表层的材料就会沿着摩擦力的方向产生塑性变形。齿面塑性变形常发生在齿面材料较软、低速重载、频繁启动和过载的齿轮传动中。主动轮齿上所受摩擦力是分别朝向齿顶及齿根作用的，故产生塑性变形后，齿面沿节线处变成凹槽。从动轮齿上所受的摩擦力方向则相反，塑性变形后，齿面沿节线处形成凸脊。

⑤ 轮齿的折断，有以下两种情况：

a. 过载折断：因短时过载或冲击载荷而产生的折断。过载折断的断口一般都在齿根，断口比较平直而且有比较粗糙的特性。

b. 疲劳折断：齿轮在工作过程中，齿根处产生的弯曲应力最大，再加上齿根过渡部分的截面突变及加工刀痕等引起的应力集中，当齿轮重复受载后，齿根处就会产生疲劳裂纹并逐步扩展，致使轮齿疲劳折断，齿面较小的直齿轮常发生全齿折断。齿面较大的直齿轮，因制造装配误差，易产生载荷偏置一端，导致局部齿折断；斜齿轮和人字齿齿轮，由于齿轮的接触线倾斜，一般是局部齿折断。

（2）防止齿轮传动失效的措施：
①提高齿面硬度和表面粗糙度。
②减小模数，降低齿高，供应足够的润滑油，降低滑动系数。
③材料相同时，使大、小齿轮保持适当硬度差。
④避免频繁启动和严重的过载冲击，提高传动平稳性；采用抗胶合能力强的齿轮材料。
⑤选用黏度较高的润滑油或采用适当的添加剂。
⑥提高装配质量，加强日常维护管理。

4) 齿轮传动的故障诊断

齿轮传动中，最常用耳听法和齿轮接触面观察法来判断齿轮传动的质量，从而决定设备是否该检修。

（1）耳听法。设备正常运行时，有其正常的声音，当出现异常声音时，应及时停车检查。可用一根空心铝棒，一端放在耳旁，另一端试接触机械设备某部位，判断齿轮异常的位置。

（2）齿轮接触面观察法。通过观察齿轮接触面的情况，判断齿轮故障的原因，并及时采取处理措施。通过大齿轮上的着色情况判断齿轮装配质量。

①圆柱齿轮、锥齿轮副、蜗轮与蜗杆接触检查操作。

可用着色法检查：
a. 在小齿轮上涂上显示剂。
b. 旋转小齿轮，驱动大齿轮转3~4圈。
c. 检查大齿轮上的接触痕迹。

②圆柱齿轮接触痕迹分析。圆柱齿轮接触痕迹如图2-1所示。齿轮啮合接触精度包含接触面积的大小和接触位置，它是表明齿轮制造和装配质量的重要标志，可用涂色法检查。

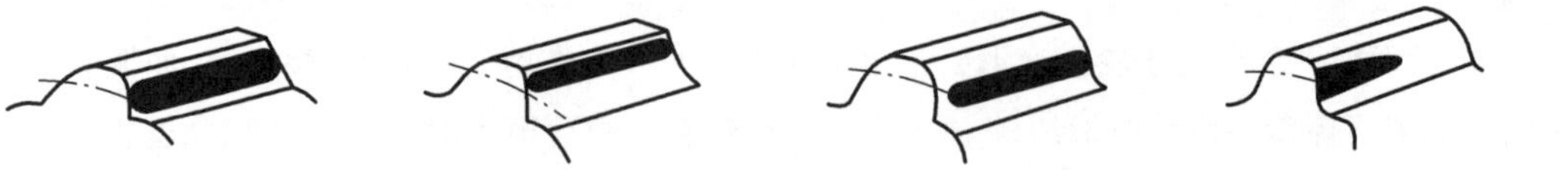

（a）正确　　　（b）错误，中心距太大　　（c）错误，中心距太小　　（d）错误，中心线歪斜

图2-1　圆柱齿轮接触痕迹

③锥齿轮副接触痕迹分析。锥齿轮副接触痕迹如图2-2所示。通过观察大齿轮的着色情况来判断齿轮接触质量。

图2-2（a）两齿轮装配过紧，应按箭头方向调整，主动齿轮进，被动齿轮退。

图2-2（b）两齿轮装配过松，应按箭头方向调整，主动齿轮退，被动齿轮进。

图2-2（c）两齿轮接触不良，应按箭头方向调整，主动齿轮进，被动齿轮进。

图 2-2（d）两齿轮装配稍紧，应按箭头方向调整，主动齿轮退，被动齿轮退。

图 2-2（e）两齿轮装配正确，齿轮啮合情况良好，运转时磨损均匀，噪声小。

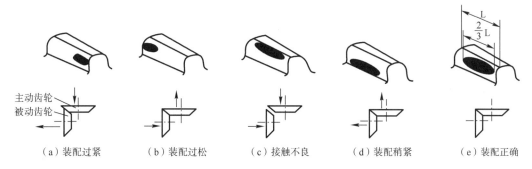

图 2-2　锥齿轮副接触痕迹

④蜗轮与蜗杆接触痕迹分析。蜗轮与蜗杆接触痕迹如图 2-3 所示。通过观察大齿轮的着色情况，来判断齿轮接触质量。正确的接触位置，应在中部稍偏于蜗杆旋转方向，如图 2-3（c）所示。图 2-3（a）、（b）所示为偏离较大的情况，应调整蜗轮的轴向位置。接触斑点的大小，在常用的 7 级精度传动中，痕迹的长度和高度应分别不小于蜗轮齿长的 2/3 和齿高的 3/4。在 8 级精度传动中，应分别不小于蜗轮齿长的 1/2 和齿高的 2/3。

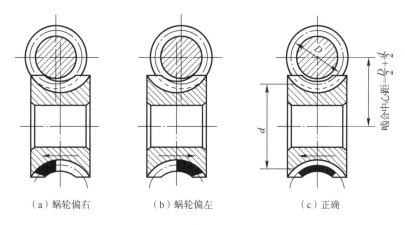

图 2-3　蜗轮与蜗杆接触痕迹

随着现今机器设备高速、高精密的发展，只用上述检测方法是不够的，要用一些先进的仪器，更加方便、准确地找出故障。常用的方法有：

（1）经典谱分析法。经典谱分析法是齿轮传动故障检测当中应用比较经典的方法之一，主要是指对其传动工作过程中发出的信号进行傅里叶展开分析，通过全新分析和高阶分析的方式更加精准地掌握其状态，若存在有齿轮故障时，其发出的波谱信号就会有明显的表现。由于在经典谱的傅里叶展开分析过程中可以利用数学计算的方式对收集到的信号进行高阶处理，能够更好地应对信息传输过程中出现的干扰和畸变，有效提升系统故障检测的精准度。目前经典谱分析法完全可以依靠计算机实现，其工作效率有了明显的提升，尤其是一些齿轮上的局部故障会在工作过程中以周期性的形式体现，能够利用经典谱分析的方式将其运行特征进行提取，对于快速确定故障点和判断故障严重程度有很大帮助。

（2）模式识别法。在对齿轮传动系统的工作情况进行判断时要基于一定的网络结构和模型建立，能够有效提升对系统运转故障的识别效率。在神经网络模型当中能够精准构建滚动齿轮的传动模型和相关参数，将其实际工作情况和模型参数进行对比预测，可以有效判断其工作状态和齿轮情况，结合数据的变化趋势和模型的神经网络预测效果能够较好地提前识别故障发生点，为检修人员的工作指明一定的方向。这种故障模型建立和模式识别的方法在目前齿轮传动系统的检修排障工作当中应用较为广泛，经过技术人员的不断优化处理还研究出了邻域分类和消噪分类等不同的模式识别，通过技术上的提升较好地改善了原有神经网络结构的一些故障鉴别缺陷，有效提升了其故障处理的精准度和效率。

（3）能量诊断法。齿轮在旋转运动中会不断发生振动向外辐射能量，通过对能量波的诊断能够较好地掌握齿轮旋转传动的实际效果，若存在故障，该处的能量与其他位置会有一定差异，无论从波形上还是波的能量上都可以进行有效判断。但能量诊断的方法也有一定的缺陷性，更适合运用在一些输出功率较高的齿轮传动模型当中。若齿轮传动系统本身的能量输出较低，在外界干扰和波损的影响之下，传输的能量波会发生一定的畸变，这会对故障诊断结果产生较大的影响。

根据目前对齿轮传动故障诊断的方法来看，使用能量诊断法的准确率仅能达到60%~70%，还需要检修人员结合齿轮传动的实际工作情况进行合理选择来提高故障鉴别的准确率。

（4）油液分析法。针对一些由于长期使用造成齿轮磨损而导致的传动系统故障，运用油液分析法能够更好地对其故障情况及位置进行判断和确认。在齿轮传动过程中为了减小摩擦力，会向其中添加一些润滑油，传动系统当中会有产生一些细小的磨损微粒，通过油液的分析方式能够较为精准地判断出大量磨损微粒聚集的位置。若某处该参数超过正常范围，则说明齿轮磨损较为严重可能会对传动系统的正常运行造成一定影响，检修人员要及时对其进行处理。但油液分析法也有一定的弊端，在传动系统工作的过程当中对这些磨损的微粒很难进行有效提取，导致实际数据判断可能存在偏差。若使传动系统在静止状态下进行油液分析，则会影响系统实际工作效率，整体的故障检测有效性不强。

2. 轴的检修

1）轴类零件的失效原因分析

由于应力、时间、温度、环境介质及操作失误等因素的作用，会产生种类多样的失效形式。失效分析的目的，就是对机电设备及其零部件在使用过程中发生各种形式失效现象的特征及规律进行分析研究，从中找出产生失效的主要原因并找出防止失效的可行措施。

轴类零件的失效原因可以分为外因和内因。外因包括三维模型设计、原材料优选、机械加工制造、整机装配调试、使用环境条件等；内因包括原材料的成分、组织、性能、缺陷等。

轴类零件的失效常常是内外因共同作用下产生的不良结果。设计方面：工程设计人员未能坚持合理的设计理念和原则，没有清晰的设计思路和方案，在轴的设计中未全面考量选材标准、强度计算、结构功能实现等因素。制造方面：主要包括工艺路线的划分和加工方法的选取不合理。装配方面：轴及其承载零件的安装位置不精确和缺乏相对润滑。使用方面：没有按照使用说明书来操作设备，保养不及时，缺乏定期的维护措施。环境方面：一般是因为机电设备长期处于高温、海水、酸碱、盐雾等恶劣环境中。

2) 轴类零件的主要失效形式

从实际工作中的使用情况来看，轴类零件的失效形式主要有变形、断裂、磨损和腐蚀4种形式。任何一种形式的失效都会有其产生的条件、特征及判断依据，而且轴类零件一旦出现失效，很有可能是几种情况同时发生。

(1) 轴的变形。轴在随时间不断变化的交变应力作用下，承受拉压、弯扭、冲击、振动、疲劳等载荷变化，形状和尺寸都会发生相应的累积变化，从而影响轴的正常功能。

轴在高温、酸碱、海水、腐蚀气体等工作环境和外力作用下，持续地发生弹性变形和塑性变形，高温蠕变还会在轴表面产生裂纹，裂纹的扩展会导致轴的开裂甚至断裂。

(2) 轴的断裂。断裂失效是所有机电设备零件失效形式中危害性最大的，在其他的失效形式中零件可能还可以低效率地使用，但是如果发生断裂失效，就意味着零件无法满足其功能需求，甚至有可能会引发事故。

断裂可以分为塑性断裂、低应力脆性断裂、疲劳断裂、蠕变断裂、环境介质加速断裂等多种断裂失效形式，其中最为常见的一种失效形式是由交变应力引起的疲劳断裂。轴类零件在发生疲劳断裂之前，不会发生显著的塑性变形，但是随着使用时间的累积，轴类零件会在应力集中的部位产生疲劳断裂，随着应力的继续作用和润滑脂的挤压膨胀，裂纹不断扩展进而发生急剧断裂破坏，这种突发性的破坏往往危害也比较大。疲劳断裂又可以分为多种形式：按循环次数，可以将其分为低周疲劳和高周疲劳；按载荷类型，可以分为冲击、扭转、腐蚀疲劳、高温疲劳和热疲劳等。

(3) 轴的磨损。由于轴和轴套、轴承、套筒等其他零件的相互接触，表面产生相对运动，彼此之间发生摩擦而造成磨损。磨损会导致轴的尺寸发生变化，使其丧失原有的几何形状、加工精度和位置精度，降低其工作效能，进而导致失效现象的发生。

磨损的形式多种多样，一般可将其分为摩擦磨损、磨料磨损、微动磨损、腐蚀磨损、冲蚀磨损和疲劳磨损等。

(4) 轴的腐蚀。轴一般采用低温润滑脂或润滑油来进行润滑，这些润滑剂中的某些化学元素会与轴的原材料发生反应，造成表面凹坑、锈蚀等其他各类损伤，尤其是在海水、酸碱、高温、盐雾等工作环境下的轴，更容易因轻微腐蚀的累积而降低工作效能和寿命。

轴的腐蚀按照分布的集中程度分为局部腐蚀和全面腐蚀。我们进行的失效分析往往面对的是局部腐蚀，全面腐蚀则比较容易观察和辨别。

3) 轴类零件的拆卸要求

(1) 拆卸前必须先弄清楚构造和工作原理。轴的种类繁多，构造各异，应弄清所拆部分的结构特点、工作原理、性能、装配关系，做到心中有数，不能粗心大意、盲目乱拆。对不清楚的结构，应查阅有关图样资料，搞清装配关系、配合性质，尤其是紧固件位置和退出方向。否则，要边分析判断，边试拆，有时还需设计合适的拆卸夹具和工具。

(2) 拆卸前做好准备工作。准备工作包括：拆卸场地的选择、清理；拆前断电、擦拭、放油；对电气、易氧化、易锈蚀的零件进行保护等。

(3) 从实际出发，能不拆的尽量不拆，需要拆的一定要拆。为减少拆卸工作量和避免破坏配合性质，对于尚能确保使用性能的零部件可不拆，但需进行必要的试验或诊断，确保无隐患缺陷。若不能确定内部技术状态如何，必须拆卸检查，确保维修质量。

(4) 使用正确的拆卸方法，保证人身和机电设备安全。拆卸顺序一般与装配顺序相反，先拆外部附件，再将整机拆成部件，最后全部拆成零件，并按部件汇集放置。根据零部件连接形式和规格尺寸，选用合适的拆卸工具和设备。对不可拆的连接或拆后降低精度的配合件，必须在拆卸时注意保护。

(5) 对轴孔装配件应坚持拆与装所用的力相同的原则。在拆卸轴孔装配件时，通常应坚持用多大的力装配，用多大的力拆卸。若出现异常情况，要查找原因，防止在拆卸中将零件碰伤、拉毛，甚至损坏。

(6) 拆卸应为装配创造条件。如果技术资料不全，必须对拆卸过程做必要的记录，以便在安装时遵照"先拆后装"的原则重新装配。拆卸精密或结构复杂的部件，应画出装配草图或拆卸时做好标记，避免误装。零件拆卸后要彻底清洗，涂油防锈，保护加工面，避免丢失和损坏。细长的轴要悬挂放置，注意防止弯曲变形。精密零件要单独存放，以免损坏。细小零件要注意防止丢失。对不能互换的零件要成组存放或打标记。

4) 轴类零件的拆卸方法

(1) 击卸法。利用锤子或其他重物在敲击或撞击零件时产生的冲击能量把零件拆下。

① 优点：工具简单、操作方便。

② 不足之处：如果击卸方法不对，零件容易损伤或损坏。

③ 应用：应用场合广泛，一般零件均可用击卸法拆卸。

④ 注意事项：

a. 要根据拆卸件尺寸大小、质量以及结合的牢固程度，选择大小适当的锤子和注意用力的轻重。

b. 要对击卸件采取保护措施，通常使用铜棒、胶木棒、木锤、木板等保护被击卸的轴套、套筒等。

c. 要对击卸件进行试击，目的是考察零件的结合牢固程度，试探零件的走向。如听到坚实的声音，要立即停止击卸，进行检查，看是否由于走向相反或由于紧固件漏拆而引起的。发现零件严重锈蚀时，可适当加一些煤油加以润滑。

(2) 拉拔法。精度要求较高、不允许敲击或无法用击卸法拆卸的零部件应使用拉拔法。它是采用专门拉拔器进行拆卸。采用拉拔法拆卸的，以轴、套类零件居多。

① 优点：拆卸件不受冲击，拆卸比较安全，不易损坏零件。

② 缺点：需要制作专用拉具。

③ 应用场合：适用于精度要求较高，不许敲击的零件和无法敲击的零件。

④ 注意事项：

a. 要仔细检查轴、套上的定位紧固件是否完全拆开。

b. 查清轴的拆出方向。一般总是轴的大端、孔的大端及花键轴的不通端。

c. 防止零件毛刺、污物落入配合孔内卡死零件。

d. 不需更换的套一般不要拆卸，可避免拆卸的零件变形，更换的套不能任意冲打，因端部打毛后会破坏配合孔的表面。

（3）顶压法。利用螺旋 C 型夹头、机械式压力机、液压压力机或千斤顶等工具和设备进行拆卸。适用于形状简单的过盈配合件。在机修拆卸中，许多零件都不能在压力机上拆卸，应用相对较少。

（4）温差法。拆卸尺寸较大、配合过盈量较大或无法用击卸、顶压等方法拆卸时，或为使过盈较大、精度较高的配合件容易拆卸，可用此方法。如拆卸轴承与轴时，往往需对轴承内圈用热油加热才能拆下来。在加热前用石棉把靠近轴承的那部分轴隔离开来，防止轴受热胀大，用拉卸器卡爪勾住内圈，给轴承施加一定拉力，然后迅速将加热到 100 ℃ 左右的热油浇注在轴承内圈上，待轴承内圈受热膨胀后，即可用拉卸器将轴承拉出。

（5）破坏法。若必须拆卸焊接、铆接等固定连接件，或轴与套互相咬死，或为保存主件而破坏副件时，可采用车、锯、錾、钻、割等方法进行破坏性拆卸。

5）轴拆卸后的清洗与检查

（1）清洗。拆卸后的轴类零件，一般用煤油、金属清洗剂等进行手工清洗。清洗完的零件再用碱性溶液清洗冲刷，之后放置干燥、干净的环境中，并用包布盖罩。

（2）检查。轴的磨损主要表现为轴颈表面擦伤、磨损、裂纹、圆度和圆柱度的变化等情况，常用的检查工具有游标卡尺、千分尺、千分表、磁粉探伤仪等。

①圆度 α 的检查。通常采用顶尖测量法、V 形架测量法、游标卡尺和千分尺测量法。

用顶尖和千分表测量圆度误差，如图 2-4 所示，将轴放置在车床上，轴支撑在两个同轴顶尖之间；用 V 形架千分表测量圆度误差，如图 2-5 所示，将轴放置在同标高的 V 形架上或将鞍式 V 形架倒放于轴上；用游标卡尺或千分尺测量圆度误差，如图 2-6 所示，将轴放置在平台上。

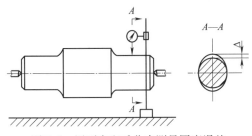

图 2-4 用顶尖和千分表测量圆度误差

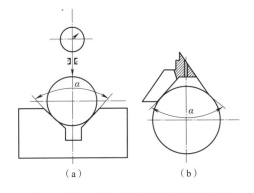

图 2-5 用 V 形架和千分表测量圆度误差

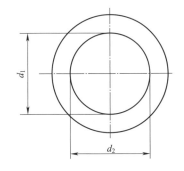

图 2-6 用游标卡尺或千分尺测量圆度误差

操作步骤如下:

a. 将要测磨损轴段分为左、中、右三处截面;

b. 每个截面旋转一周,要测量八个以上的位置,即有八个值,并做记录,取该截面最大值与最小值的差的一半作为这个截面的圆度,三个截面即有三个值 $α_1$、$α_2$、$α_3$;

c. 取这三个截面中($α_1$、$α_2$、$α_3$)的最大值作为这段轴的圆度。

②裂纹的检查。轴产生裂纹后,将会产生机械事故,甚至伤害人的生命。因此,每次大修设备时都要检查轴的裂纹故障。通常用磁粉探伤仪和超声波探伤仪。磁粉探伤仪体积小,操作方便,现场应用广泛,所以着重介绍。超声波探伤仪多应用于铁轨探伤。

磁粉探伤原理:由于磁性材料置于磁场中即被磁化,当将某一材质和其截面不变的铁磁性材料置于均匀的磁场中,则材料内部产生的磁力线也是均匀不变的。当材料内部失去均匀性和连续性时,即存在裂纹或出现非磁性夹杂物等情况时,这些地方的磁阻便增大,磁力线便发生偏转而失去分布的均匀性,如图2-7所示。

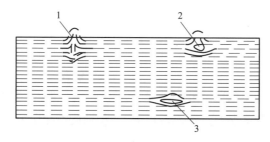

图2-7 铁磁物质中磁力线分布情况

1—表面横向裂纹;2—近表面气泡;3—深层纵向裂纹

当磁力线出现"尖状"(横向或竖向)时,即表示缺陷处是裂纹;当磁力线出现"圆弧状"时,即表示缺陷是凹坑。

操作步骤如下:

a. 将清洗后晾干的轴磁化;

b. 在视觉范围内给轴撒铁粉,均匀细密,继而产生磁力线分布;

c. 分析磁力线分布情况并判断缺陷性质;

d. 将轴旋转一定弧度,重复上述操作,直至将整个轴的圆弧都测完。

6)轴的故障修复

(1)轴上有毛刺。用细油石轻轻研磨。

(2)轴弯曲。理论上可以用矫正的方法矫直,实际上难以矫直,所以采取更换处理。

(3)轴上裂纹。采取更换,切忌用焊接修理。因为焊接后增碳,应力集中,抗疲劳强度下降,甚至出现机械事故危及生命。

(4)轴径磨损。可采用电镀、喷涂等方法修复。

7)轴的装配

(1)轴装配前的检查。装配前,应对轴及其包容件孔的尺寸精度进行校对,确认无误后,方可进行装配。

（2）装配注意事项：

①应在配合表面涂一层清洁润滑油，以减小配合表面的摩擦力。

②装配时应注意轴与孔的中心线对正，不要倾斜，然后逐步施加压力，避免压入时刮伤轴及孔。

③已装好的轴部件，应均匀地支撑在轴承上，并且用手转动时感到轻快。

④检查装配件的平行度、垂直度、同轴度，均应满足要求。

（3）平行度、垂直度、同轴度的检查：

①轴间平行度的检查。轴间平行度有以下两种检查方法。

方法一：用弯针配合挂线检查，如图2-8所示。

a. 首先调整钢丝线1与弯针4之间的间隙 a，使其与转动180°后形成的间隙 a' 相等，此时，轴2垂直于挂线。

b. 再测量轴1与挂线之间的间隙 b 与 b'，如平行，则 b 与 b' 相等（误差越小越好）。

方法二：用内径千分尺检查，如图2-9所示。

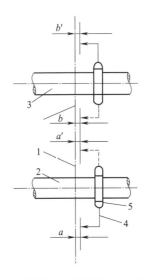

图2-8　用弯针配合挂线检查轴的平行度
1—钢丝线；2、3—轴；4—弯针；5—卡子

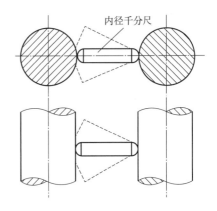

图2-9　用内径千分尺检查轴的平行度

用内径千分尺测量轴间距离，要测两处，其距离应尽量远一些。测得两处轴间距离如果相等，则说明两轴平行。

②轴间垂直度的检查。可用直角尺或弯针进行检查，如图2-10所示，a 与 b 差值越小，说明两轴的垂直性越好。

③同轴度的检查。如图2-11所示，用塞尺量得的间隙 a 不变，则说明两轴是同轴的。

3. 轴的平衡检测

由于回转件的结构形状不对称、制造安装不准确或材质不均匀等原因，在转动时产生的离心力和离心力偶矩不平衡，致使回转件内部产生附加应力，在运动副上引起了大小和方向不断变化的动压力，降低了机械效率，产生振动，影响设备工作质量和寿命。

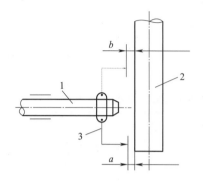 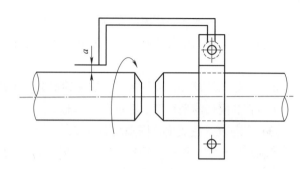

图 2-10 轴间垂直度检查   图 2-11 轴的同轴度检查
1、2—轴或样轴；3—弯针

回转件平衡的目的就是：调整回转件的质量分布，使回转件工作时离心力系达到平衡，以消除附加动压力，尽可能减轻有害的机械振动。所以，对于高速旋转的轴类零件在检修完之后，要进行平衡检测。

1）静平衡

对于轴向尺寸很小的回转件，如轴上装配的叶轮、飞轮、砂轮等圆盘类零件，其质量的分布可以近似地认为在同一回转面内。因此，当该回转件匀速转动时，这些质量所产生的离心力构成同一平面内汇交于回转中心的力系。如果该力系不平衡，则它们的合力不等于零，根据力系平衡条件可知，如欲使其达到平衡，只要在同一回转面内加一质量（或在相反方向减一质量），以便使它产生的离心力与原有质量所产生的离心力之总和等于零，此回转件就达到平衡状态。因此，静平衡的条件是：回转件的质心与回转轴线重合。

测定被平衡零件的偏重方位：首先让被平衡件在平衡工装上自由滚动数次，若最后一次是顺时针方向旋转，则零件的重心一定位于垂直中心线的右侧（因摩擦阻力关系），此时在零件的最低点处用白粉笔做一个标记，然后让零件自由滚动，最后一次滚摆是在逆时针方向完成，则被平衡零件重心一定位于垂直中心线的左侧，同样再用白粉笔做一个记号，那么两次记录的重心就是偏重方位。进行静平衡，必须在滚轮支承上支承工件，利用重力进行静平衡。

确定平衡重的大小：首先将零件的偏重方位转到水平位置，并且在对面对称的位置最大圆处加上适当的适重。选择加适重时应该考虑到这一点的部位，将来是否能进行配重和减重，并且在适重加上后，仍保持水平位置或轻微摆动，然后再将零件反转 180°，使其保持水平位置，反复几次，适重确定不变后，将适重取下称重，这就确定了平衡重的重力大小。

2）动平衡

对于轴向尺寸较大的轴类零件，如多缸发动机曲轴、电动机转子、汽轮机转子和机床主轴等，其质量的分布不能再近似地认为是位于同一回转面内，而应看作分布于垂直于轴线的许多互相平行的回转面内。这类回转件转动时所产生的离心力系不再是平面汇交力系，而是空间力系。因此，单靠在某一回转面内加一平衡质量的静平衡方法并不能消除这类回转件转动时的不平衡。

对于动不平衡的轴类零件，必须选择两个垂直于轴线的校正平面，并在这两个面上适当附加（或去除）各自的平衡质量，使各质量产生的离心力与力偶矩都达到平衡，这种平衡称为动平衡（双面平衡）。

一个轴类零件究竟要进行静平衡还是动平衡，要根据具体情况，如转子质量、形状、转速、支座条件及用途等而定。一般按下列原则考虑：当转子外径 D 与长度 L 满足 $D/L \geq 5$ 时，不论其工作转速高低都只需进行静平衡；当 $L \geq D$ 时，只要工作转速大于 1 000 r/min，都要进行动平衡。

以上只是一般原则，有特殊要求的转子必须特殊考虑，如人造卫星，其转速只不过每分钟几十转，也需要进行动平衡。

任务实施

1. 齿轮的修复

1）齿轮齿面磨损的修复

（1）调整换位法：适用于因单向运转而造成齿面磨损未超差的齿轮传动机构的修复。对于对称结构的单面磨损齿轮，可直接翻转 180°重新安装使用；对于非对称结构的齿轮，可以将影响安装的非对称结构（非轮齿）去掉，在另一端用焊接和铆接的方法增加相应的结构，然后反转 180°安装使用。也可以不加结构，在安装齿轮的轴上加调整垫圈，将齿轮调整到正确的位置，但要成对翻转，或更换新的齿轮，以保证齿轮的正常啮合。锥齿轮或正反转齿轮不能通过调整换位进行修理。

（2）堆焊修复法：当齿轮崩坏，齿端磨损超限，严重表层剥落时，都可以使用堆焊法修复。齿轮堆焊修复的一般工艺为：焊前退火；焊前清洗；施焊；焊缝检查；焊后机械加工与热处理；精加工；最终检查及修整。

①轮齿局部堆焊：当齿轮的个别齿断齿，遭到严重损坏时，可以用电弧堆焊法进行局部堆焊。为防止齿轮过热、避免热影响，可把齿轮浸入水中，只将被焊齿露于水面以上进行堆焊。轮齿端面磨损超限，可用粉末自动堆焊机进行修复。

②齿面多层堆焊：当齿轮少数齿面磨损严重时，可用齿面多层堆焊。施焊时，从齿根逐步焊到齿顶，每层重叠量为 2/5～1/2，焊一层经稍冷后再焊下一层。如果有几个齿面需堆焊，应间隔进行。

对于堆焊后的齿轮，要经过加工处理以后才能使用。最常用的加工方法有两种：

a. 磨合法：按应有的齿形进行堆焊，以齿形样板随时检验堆焊层厚度，基本上不堆焊出加工余量，然后通过手工修磨处理，除去大的凸出点，最后在运转中依靠磨合磨出光洁表面。这种方法工艺简单、维修成本低，但配对齿轮磨损较大、精度低。它适用于转速很低的开式齿轮修复。

b. 切削加工法：齿轮在堆焊时留有一定的余量，然后在机床上切削加工。这种方法能获得较高的精度，生产效率也较高。

2）齿轮断齿的修复

（1）堆焊法修复断齿。对于个别断齿，该齿轮上其他轮齿完好（特别应注意断齿的相邻齿的情况）；同时，对该齿轮精度要求不很高、工作速度较低的情况下，可用堆焊法修复。用堆焊法修复个别断齿时，在焊前必须认真判别断齿模式，对于断口面上的裂纹，特别是疲劳裂纹必须清理至裂纹前端，再予施焊。为避免焊接过程的热影响，可将齿轮浸入水中，仅将施焊部分露出水面，并对其邻近堆焊处的表面用石棉布遮盖。齿轮断齿的堆焊修复如图2-12所示，其工艺如下：

①清洗断齿周围的杂物；

②选择合适的焊条；

③在断齿残根的适当位置装上螺钉桩；

④沿螺钉桩堆焊，并注意齿形；

⑤进行齿形整理；

⑥对堆焊齿轮机械加工；

⑦对加工完的齿轮进行热处理。

（2）镶齿法修复断齿。当齿轮出现单个断齿后，可采用此法修复，如图2-13所示。镶齿工艺如下：

①在断齿的根部铣出合适的燕尾槽；

②铸造或堆焊一个与原齿相同的齿形，并带有镶块；

③将铸造或堆焊齿轮镶嵌在燕尾槽中；

④镶嵌齿轮的焊接；

⑤修整齿槽宽度及其他技术参数；

⑥对齿轮机械加工；

⑦对齿轮热处理。

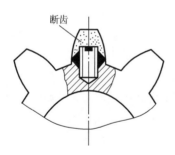

图2-12 齿轮断齿的堆焊修复

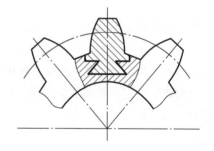

图2-13 齿轮断齿的镶齿法修复

（3）更换齿圈法。先将磨损的齿轮退火，车去全部轮齿，压入齿圈。为防止松动，可沿配合圆周点焊或钻孔安装固定钉。

3）齿轮塑性变形的修复

（1）齿轮轻微塑性变形的修复。不太严重的损伤，如飞边、小压痕、起脊等，可将其塑性变形凸起部分予以锉刮修整。如轮齿材料过软，可予以表面强化（或局部硬化处理），如采用表面喷丸强化处理。若由于齿轮润滑不良引起的轻微变形，可改善润滑，例如对于起脊损伤的齿轮，可使用含极压添加剂的高黏度润滑油以改善润滑条件。

（2）齿轮严重塑性变形的修复。较重损伤如端面冲击塑性变形，则在轴向可调头的条件下，对此损伤齿轮采用端面换向法。或在有价值（如批量较大）并有条件热锻时，可采用热锻法修复。对于严重塑性变形损伤的齿轮，除采取上述措施修复外，还应排除具体的载荷或（和）环境等导致损伤的因素。

③轴齿轮严重弯曲塑性变形的修复。轴齿轮的轴发生弯曲塑性变形时，可用压力（用压力机）矫直和冷却矫直的方法进行修复。为克服弹性失效的影响，对于直径（最大有效直径）小于 50 mm 的轴齿轮的轴，可将其加热到 400~500 ℃并保温 0.5~1 h；而对于直径更大和（或）变形较大的轴齿轮的轴，则加热温度还要适当提高（500~600 ℃），因为在这样热态条件下进行矫直，可以保证矫直复原的稳定性。

4）齿轮轮缘、轮毂的修复

齿轮轮缘上的裂纹，用于较小负载时，可直接用固定夹板连接的方法修复，如图 2-14 所示。当负载较大时，应采用焊接修理。对不易拆卸的齿轮，先整体或局部预热（300~700 ℃），再进行焊接，焊后必须进行热处理，以消除内应力。轮毂上的裂纹，先整体或局部预热 300~700 ℃，再进行焊接，焊后必须进行热处理。

2. 轴的修复

轴的材料大多数采用的是低碳钢、中碳钢、合金钢和铸铁。在使用中产生轴径磨损、轴的弯曲变形、断轴、裂纹等应及时处理。轴径磨损的修复一般可以用下列几种方法。

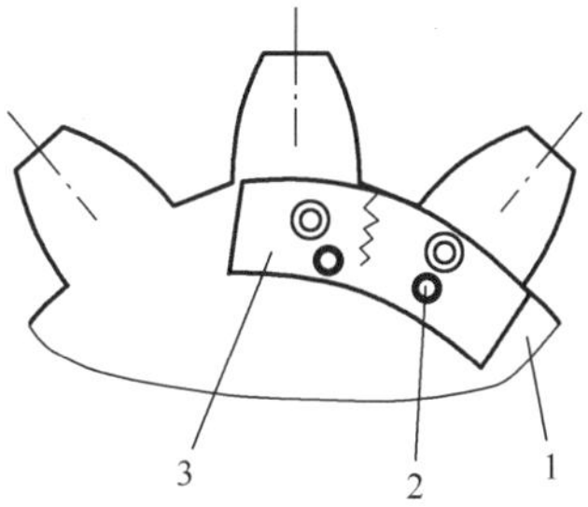

图 2-14 用夹板修复破裂的轮毂
1—齿轮；2—螺钉；3—夹板

1）电镀

利用电解原理在某些金属表面镀上一薄层其他金属或合金，从而起到防腐，提高耐磨性、导电性、反光性及增进美观等作用。修复轴的电镀材料可以采用铬。铬是一种坚硬而带光泽的金属，经常受到摩擦的轴类常用镀铬的方法来延长它们的使用寿命。铬在潮湿的大气中，碱、硝酸、硫化物、碳酸盐的溶液中以及有机酸中非常稳定，易溶于盐酸及硫酸，铬层附着力强，硬度高，耐磨性好，有较高的耐热性。镀铬厚度一般在 0.05~0.3 mm 范围内，有时也达到 1 mm。

2）金属热喷涂

利用压缩空气将熔融状态的金属雾化成微粒，喷射在预先准备好的工作表面上，形成金属覆盖层的一种热黏合的工艺方法称为金属喷镀。它能用来热喷涂绝大多数的金属和合金，基本上不受设备零件形状的限制，喷涂层硬度高，耐磨性高，可得到 0.02~10 mm 厚的金属覆盖层，喷涂时零件温度要低于 70~80 ℃，涂层金属的组织结构未变，强度不会降低。

3）焊补

利用电弧放电时所产生的热量作为热源，加热、熔化焊条和焊件并使之相互熔化，形成牢固接头的焊接过程称为焊补。焊补时应将施焊处清理干净，施焊处越清洁，电弧越易稳定，如出现磨损的沟槽，应将突出部位磨掉，尽量使待焊补表面平滑。选择焊条，应根据轴所使用材料而定。常使用的轴的材料为 45#钢，可以用 THJ422 碳钢焊条焊补。焊补方法：采用圈焊方法，切不可用轴向焊法，以免受热不均匀而使轴弯曲变形，焊补电流要适当选小些，焊补轴径尺寸应比技术要求的公称尺寸高出 1~1.5 mm，不可焊的太厚。如焊补过厚，势必加长焊补时间，容易使金属内部结构过热而使结构组织产生变化,将影响轴的使用寿命。焊补完成后,应将轴冷却到正常温度,然后再按照图样要求进行车削加工。

4) 镶套

从车削加工方面考虑,在车床上将轴磨损处车去 5~6 mm,也就是在直径上车去 10~12 mm,镶套壁厚度应为 5~6 mm,不能太薄。镶套壁厚太薄,镶套受振动易脱落;镶套壁厚太厚,轴的直径截面减少,轴的强度就会降低,甚至会发生断轴现象。采用 H7/s6 的公差配合(此法适用于一般钢体材料的轴或用于薄壁镶套的冷缩配合情况),镶套的毛坯壁厚可以厚一点,在车床上加工外径至图样所要求的尺寸;从切削加工配合孔方面考虑,利用现有轴的尺寸,不切削加工轴径,可以保证轴的强度不变,扩大配合孔的尺寸,镶嵌相应厚度的套,根据配合特性选取合适公差配合。

这几种轴类修复方法都有一些缺点。

(1) 电镀:硬、脆,容易脱落,承受多变的冲击负荷时更为明显。适用于磨损不大,体积较小的零件,使用范围小。

(2) 金属热喷涂:涂层本身的抗拉、抗剪切和抗冲击强度都低(抗压强度高,为 75~85 kg/mm^2。因此只能增加零件的几何尺寸,而不能增加或恢复零件的强度,涂层与基体金属的结合强度不如电镀牢固,而且喷涂层孔隙率大。

(3) 焊补:焊补时,焊补厚度不好掌握与控制,焊接过厚,时间就要过长,易使轴的金属内部结构过热而使结构组织产生变化,影响轴的寿命。焊接过程中常伴有焊接缺陷,焊接缺陷会导致应力集中,降低承载能力,缩短使用寿命,甚至造成轴脆断。焊补修复法对电焊工操作技术要求高,操作中要经常更换焊条,清理焊道熔渣。

(4) 镶套:使轴的断面减少,容易产生断轴;选取公差不合适,容易造成装配困难。综上对比,电镀和金属热喷涂都需要专用设备,对于生产单位,如引进设备,使用率也不是很高,如需电镀和金属热喷涂处理,可以到附近修理厂加工处理,所以在生产实际中常采取焊补与镶套这两种修复方法。

素质提升

爱岗敬业放光彩

齿轮、轴等这些机电设备的基础零件,直接决定了设备的运行质量。所以,对这些零件的检修是维修工作的重要环节。只有以精益求精的"工匠精神",一丝不苟的工作态度完成检修,才能保证机电设备的高质量运行。

工匠的出现几乎与人类的历史一样久远。在中国传统文化语境中,工匠是对所有手工艺(技艺)人,如木匠、铁匠、铜匠等的称呼。随着工业化时代的到来,现代工艺已经从手工艺发展到机械技术工艺和智能技术工艺。技艺水平的发展也标志着人类文明的进步。中国自古以来就是一个工艺制造大国,无数行业工匠的创造,是灿烂的中华文明的标志。在我国的工艺文化历史上,产生过鲁班、李春、李冰、沈括这样的世界级工匠大师,还有遍及各种工艺领域里像庖丁那样手艺出神入化的普通工匠。我国要成为世界范围内的制造强国,面临着从制造大国向智造大国的升级转换，对技能的要求直接影响到工业水准和制造水准的提升，因而更需要将中国传统文化中所深蕴的工匠文化在新时代条件下发扬光大。

工匠精神首先就是热爱劳动、专注劳动、以劳动为荣的精神。习近平总书记指出："一切劳动者，只要肯学肯干肯钻研，练就一身真本领，掌握一手好技术，就能立足岗位成长成才，就都能在劳动中发现广阔的天地，在劳动中体现价值、展现风采、感受快乐。"工匠精神是对职业劳动的奉献精神。就是干一行爱一行，在干中增长技艺与才能。发扬工匠精神，就要提高我们的爱岗敬业精神，正如习近平总书记所说："劳动没有高低贵贱之分，任何一份职业都很光荣。"劳动最崇高，劳动最光荣，在平凡的岗位干出不平凡的业绩，就是工匠精神的体现。无论是三峡大坝、高铁动车，还是航天飞船，都凝结着现代工匠的心血和智慧。

工匠精神是一丝不苟、精益求精的精神。重细节、追求完美是工匠精神的关键要素。几千年来，我国古代工匠制造了无数精美的工艺美术品，如历代精美陶瓷以及玉器。这些精美的工艺品是古代工匠智慧的结晶，同时也是中国工匠对细节完美追求的体现。现代机械工业尤其是智能工业对细节和精度有着十分严格的要求，细节和精度决定成败。大国工匠令人感动的地方之一，就是他们对精度的要求。如大国工匠彭祥华，能够把装填爆破药量的呈送控制在远小于规定的最小误差之内；高凤林，我国火箭发动机焊接第一人，能把焊接误差控制在 0.16 mm 之内，并且将焊接停留时间从 0.1 s 缩短到 0.01 s；胡双钱，中国大飞机项目的技师，仅凭他的双手和传统铣钻床就可产生出高精度的零部件。无数动人的故事告诉人们，我国作为制造大国，弘扬工匠精神、培育大国工匠是提升我国制造品质与水平的重要环节。

工匠精神的核心要素是创新精神。习近平总书记指出："创新是一个民族进步的灵魂，是一个国家兴旺发达的不竭动力。"一个民族的创新离不开技艺的创新。我们要以大国工匠和劳动模范为榜样，做一个品德高尚、追求卓越的人，积极投身于中华民族伟大复兴的宏伟事业中。

任务拓展

齿轮的装配

1. 齿轮的装配技术要求

（1）齿轮孔与轴的配合要适当，能满足使用要求。空套齿轮在轴上不得有晃动现象；滑移齿轮不应有咬死或阻滞现象；固定齿轮不得有偏心或歪斜现象。

（2）保证齿轮有准确的安装中心距和适当的齿侧间隙。齿侧间隙是指齿轮非工作表面法线方向距离。侧隙过小，齿轮传动不灵活，热胀时会卡齿，加剧磨损；侧隙过大，则易产生冲击、振动。

（3）保证齿面有一定的接触面积和正确的接触位置。

（4）在变速机构中应保证齿轮准确的定位，其错位量不得超过规定值。

（5）对转速较高的大齿轮，一般应在装配到轴上后再做动平衡检查，以免振动过大。

2. 圆柱齿轮的装配

圆柱齿轮的装配一般分两步进行：先将齿轮装在轴上，再把齿轮轴组件装入箱体。

1）齿轮与轴装配

（1）装配要求。齿轮在轴上的连接有空转、滑移和固定 3 种。在轴上空转或滑移的齿轮与轴为间隙配合，装配后的精度主要取决于自身的加工精度，在轴上不能晃动。在轴上固定的齿轮与轴多为过渡配合，带有一定的过盈。在装配时，如过盈量不大，可用锤击法装配；过盈量较大时，应用压力机或加热装配。

（2）齿轮装配轴上的缺陷有齿轮偏心、歪斜和端面未紧贴轴肩，如图 2-15 所示。

（3）精度高的齿轮传动机构，在装配后需要检验其径向和端面跳动，如图 2-16 所示。

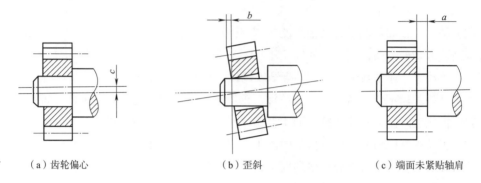

图 2-15　齿轮在轴上的装配缺陷

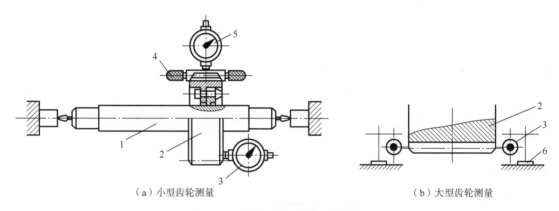

图 2-16　齿轮径向和端面跳动测量

1—轴；2—齿轮；3、5—千分表；4—量规；6—固定支架

将一圆柱形量规放在齿间，两个千分表分别置于齿轮的径向和端面位置，一边转动齿轮，一边进行测量。测量齿轮径向跳动、端面跳动偏差与标准允许偏差对比，是否超差。

2）齿轮轴与箱体装配

将装配好的齿轮轴部件装入箱体，其装配方式应根据它们的结构特点而定，一对相互啮合的圆柱齿轮装配后，其轴线应相互平行，且保持适当的中心距，因此，在齿轮轴未装入箱体前，应用特制的游标卡尺测量出箱体孔的中心距，如图 2-17 所示。

3）齿轮啮合质量检查

（1）滑移齿轮应没有啃住和阻滞现象。变换机构应保证准确的定位，啮合齿轮的轴向错位不应超过下列数值：

齿轮轮缘宽　　　允许错位

$b \leqslant 30$ mm　　　$0.05b$

$b > 30$ mm　　　　$0.03b$

若变换机构不能保证齿轮变速的准确位置，即啮合齿轮的轴向错位超差，则必须重新改变手柄所对应的定位基准，使变速盘数字、定位基准、齿轮的轴向滑移错位量三者统一。

（2）齿轮啮合间隙。齿轮在正常啮合时，齿间必须保持一定的齿顶间隙和齿侧间隙。其主要作用是存储润滑油，减少磨损，补偿轮齿在负荷作用下的弹性变形和热膨胀变形，防止齿间发生干涉。

当齿顶间隙和齿侧间隙过小时，运转将产生很大的挤压应力，发出嗡嗡碾轧声。同时，润滑油被排挤，引起齿间缺油，齿面磨损加剧。当齿侧间隙过大时，则产生齿间冲击，加快齿面的磨损，引起振动和噪声，并可能发生断齿事故。齿侧间隙 C_n 可按模数 m 来确定。

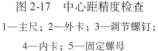

图 2-17　中心距精度检查
1—主尺；2—外卡；3—调节螺钉；
4—内卡；5—固定螺母

（3）齿轮啮合间隙的检查方法。齿轮啮合间隙检查方法有塞尺法、千分尺法、压铅丝法。

① 塞尺法：可直接测出齿顶间隙和齿侧间隙。

② 千分尺法：如图 2-18 所示，将一个齿轮固定，在另一个齿轮上安装拨杆 1，由于有齿侧间隙，装有拨杆的齿轮可转动一定的角度。从而推动千分表的测头，得到表针摆动的读数差 ΔC、分度圆半径 R、圆心到测点的距离 L，便可计算出齿侧间隙 C_n：

$$C_n = \Delta C \frac{R}{L} \tag{2-1}$$

③ 压铅丝法：如图 2-19 所示，先将铅丝过火变软，再将铅丝弯曲成齿形形状并放在齿轮上，然后使齿轮啮合滚压，用卡尺或千分尺测量压扁后的铅丝，最厚部分的厚度值为齿顶间隙 C_0，相邻较薄部分厚度值之和为齿侧间隙 C_n。

$$C_n = C_n' + C_n'' \tag{2-2}$$

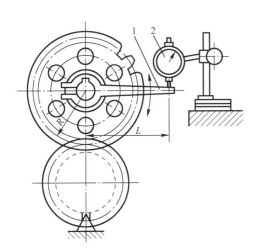

图 2-18　用千分尺测量齿侧间隙
1—拨杆；2—千分尺

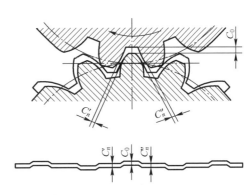

图 2-19　压铅丝法测量齿轮啮合的齿顶间隙和齿侧间隙

任务 2.2　轴承的检修

任务导入

轴承是机电设备中用来支撑轴旋转的重要零件，它能使轴旋转时确保其几何轴线的空间位置，承受轴上的作用力，并把作用力传到机座上。正确安装轴承，可以减少轴承的磨损，延长使用寿命，提高设备的运行精度和工作效率，反之轴承磨损加大，甚至高温咬死，造成停机致使生产中断。

知识准备

1. 滚动轴承

1）滚动轴承的组成

滚动轴承一般由外圈、内圈、滚动体和保持架组成。在外圈的内表面和内圈的外表面上，通常都制有凹槽滚道，它起着降低接触应力和限制滚动体轴向移动的作用。滚动体就沿着这个滚道运动，滚动体的大小和数量直接影响轴承的承载能力。保持架使滚动体等距离分布并减少滚动体间的摩擦和磨损。如果没有保持架，相邻滚动体将直接接触，且相对摩擦速度是表面速度的两倍，发热和磨损都较大。一般内圈与轴配合较紧，随轴转动。外圈与轴承座或机壳上的孔配合较松，但不转动。特殊情况下，也可以是外圈旋转而内圈不转动。

2）滚动轴承的类型

（1）按轴承承受载荷方向可分为：

①向心轴承：只承受径向载荷。

②向心推力轴承：既能承受径向载荷，又能承受轴向载荷。

③推力轴承：只承受轴向载荷。

（2）按滚动体的形状可分为（滚动体可以是单列、双列和多列）：

①球轴承：滚动体是球体；

②滚子轴承：包括短圆柱滚子、圆锥滚子、鼓形滚子、螺旋滚子、长圆柱滚子、滚针。

（3）按轴承结构类型可分为（见图 2-20）：

①深沟球轴承（0000 型）：间隙不可调整。

②调心球轴承（1000 型）：间隙不可调整，应用于轴承不能精确对中的场合。

③圆柱滚子轴承（2000 型）：间隙不可调整。

④调心滚子轴承（3000 型）：间隙不可调整。

⑤滚针轴承（4000 型）：间隙不可调整。

⑥角接触球轴承（6000 型）：间隙可调整，一般成对使用。

⑦圆锥滚子轴承（7000 型）：内外圈可分离，安装时易于调整间隙。

⑧推力球轴承（8000 型）：该轴承有两个套圈，其内径与孔径配合要求不同，一紧一松，松环比紧环的内径大 0.2 mm 以上。

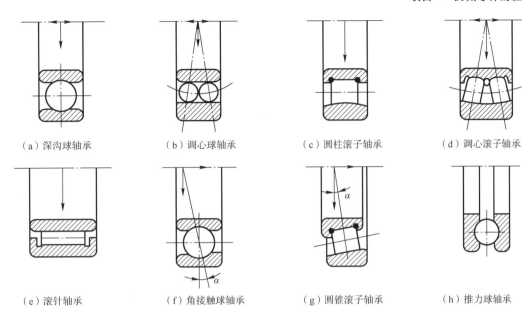

图 2-20 滚动轴承的主要类型

3）滚动轴承的配合选择

滚动轴承是互换性的标准件，当与轴孔配合时均以滚动轴承为基准件，即滚动轴承的内圈内径与轴配合时为基孔制，外圈外径与外壳孔配合时为基轴制。要获得不同性质的配合，只能采取不同极限的外壳的孔和轴来实现。

由于滚动轴承配合的特殊要求和结构特点，滚动轴承的配合一般按所承受的负荷类型、大小和方向、轴承的类型来选择。图 2-21 所示为轴承承受的负荷类型。

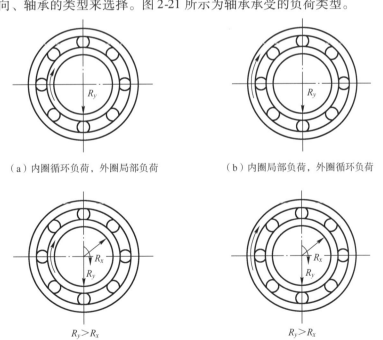

图 2-21 轴承承受的负荷类型

（1）局部负荷的特点：作用于轴承上的合成径向负荷始终不变地作用在套圈的局部滚道上。受局部负荷的轴承内外圈与孔（或轴）的配合应松一些，一般为间隙配合或过渡配合，配合公差为 J7（j7）、H7（h7）、G6（g6），以防止受力点固定停留在套圈的某一个位置，使滚道受力不均匀，造成磨损太快。配合较松可使轴承内外圈在滚动体摩擦力的带动下产生一微小的周向位移，消除轴承内外圈的局部磨损，改变滚道受力最大点的位置，从而延长了受局部负荷的轴承内外圈寿命。

（2）循环负荷的特点：作用于轴承上的合成径向负荷顺次作用在轴承内外圈的整个圆周滚道上。

受循环负荷的轴承内外圈与轴（或孔）的配合应紧一些，一般选用过盈配合，配合公差为 n6（N6）、m6（M6）、k5（K5）、k6（K6），以保证整个滚道上的每个接触点都能依次地通过受力最大点，使受循环负荷的轴承内外圈磨损均匀。

（3）摆动负荷的特点：作用于轴承上的合成径向负荷连续摆动地作用在轴承内外圈的局部滚道上。摆动负荷的轴承内外圈与孔（或轴）的配合，一般与循环负荷的轴承内外圈相同或稍松一些，应避免间隙配合或轴承内外圈同时使用较大的过盈配合。

4）滚动轴承的类型选择

选择滚动轴承类型时，应考虑轴承的工作载荷（大小、性质、方向）、转速及其他使用要求。

（1）转速较高、载荷较小、要求旋转精度高时，宜选用球轴承；转速较低、载荷较大或承受冲击载荷时则选用滚子轴承。

（2）轴承同时承受径向和轴向载荷，一般选用角接触球轴承或圆锥滚子轴承；若径向载荷较大、轴向载荷小，可选用深沟球轴承；而当轴向载荷较大、径向载荷小时，可选用推力角接触球轴承或选用推力球轴承和深沟球轴承的组合结构。

（3）各类轴承使用时，轴承内、外圈间的倾斜角应控制在允许偏差值之内，否则会增大轴承的附加载荷而降低轴承使用寿命。

（4）刚度要求较大的传动轴支撑，宜选用双列球轴承、滚子轴承等。载荷特大或有较大冲击力时可在同一支点上采用双列或多列滚子轴承。轴承系统的刚度增加可提高轴的旋转精度、减少振动噪声。

（5）为便于安装拆卸和调整间隙，常选用内、外圈可分离的分离型轴承（如圆锥滚子轴承、四点接触球轴承）。

（6）选择轴承时应注意经济性，如球轴承比滚子轴承便宜。

5）滚动轴承使用的注意事项

滚动轴承是精密零件，因而即便使用了高性能的轴承，如果使用不当，也不能达到预期的性能效果。滚动轴承损坏的特点是表现形式多，原因复杂，轴承的损坏除了轴承设计和制造的内在因素外，大部分是由于使用、安装不当，润滑不良，密封不好等外部因素引起的。所以，使用轴承时应注意以下事项：

（1）保持轴承及其周围环境的清洁。即使肉眼看不见的微小灰尘进入轴承，也会增加轴承的磨损、振动和噪声。

(2)使用安装时要认真仔细,不允许强力冲压,不允许用锤子直接敲击轴承,不允许通过滚动体传递压力。

(3)正确使用安装工具,严格遵守操作流程。

(4)防止轴承的锈蚀。直接用手拿取轴承时,要充分洗去手上的汗液,并涂以优质矿物油后再进行操作,在雨季和夏季尤其要注意防锈。

6)滚动轴承的拆卸、清洗、检查

(1)拆卸。滚动轴承的拆卸以不损坏轴承及其配合精度为原则,拆卸力不应直接或间接地作用在滚动体上。

滚动轴承常用锤击法、压卸法、拉拔法、温差法。应用时操作要求如下:

①锤击法、压卸法、拉拔法拆卸时拆卸力应均匀作用于配合较紧的座圈上,即应作用在承受循环载荷的内圈上。

②当轴承内圈承受摆动载荷时,作用力应同时作用在内、外圈上,以防损坏轴承。

③当遇到轴承内圈与轴颈锈死或配合较紧的情况时,可先用煤油浸渍配合处,然后加热,再用锤击或压卸法拆卸。

(2)清洗和检查。拆卸下的轴承先用清洗液清洗,将内外圈、滚道和保持架上的污垢全部清洗干净后擦干,准备检查。

①滚动轴承常见的损坏形式有滚动体或内圈滚道上的点蚀,还有由于润滑不足造成的滚动体表面烧伤;滚动体和滚道间的磨损造成的间隙增大;装配不当造成的轴承卡死、胀破内圈、敲碎内外圈和保持架变形等形式。

②如果发现滚动轴承旋转时噪声太大或有卡紧现象,说明滚动轴承运转质量不好。当发现轴承间隙因磨损超过规定值、滚动体和内外圈有裂纹、滚道有明显斑点、变色疲劳脱皮、保持架变形等现象,轴承就不能继续使用。

③滚动轴承间隙的检查要根据不同的结构进行。间隙可调整类滚动轴承拆卸后不需要检查,而在装配时进行调整;不可调整类滚动轴承在清洗后,可用塞尺法或经验检查法进行径向间隙的检查,以定取舍,标准见表2-2。

表2-2 滚动轴承的径向间隙及磨损极限间隙

单位:mm

滚动轴承直径	径向间隙		磨损极限间隙
	新球轴承	新滚子轴承	
20~30	0.01~0.02	0.03~0.05	0.1
35~50	0.01~0.02	0.05~0.07	0.2
55~80	0.01~0.02	0.06~0.08	0.2
80~120	0.02~0.03	0.08~0.10	0.3
130~150	0.02~0.04	0.10~0.12	0.3

2. 滑动轴承

1)滑动轴承的工作原理

轴在滑动轴承中旋转时,如果没有润滑油润滑就会导致轴与轴瓦之间的干摩擦,造成轴承的迅速磨损，使轴承急剧发热而导致轴承合金熔化与轴胶接，增大电动机负荷而发生严重事故。因此，在重要场合，滑动轴承必须在完全液体摩擦条件下工作。

动压向心滑动轴承完全液体摩擦的建立过程有3个阶段：

（1）静止阶段。如图2-22（a）所示，此时轴颈与轴瓦之间存在配合间隙，轴颈和轴瓦在 A 点接触形成一个自然楔形间隙，满足了产生液体摩擦的主要条件。因轴颈还未旋转，故不发生摩擦和磨损。

（2）启动阶段。如图2-22（b）所示，当轴颈开始旋转时，速度极低，这时轴与轴瓦完全是金属相接触，产生直接摩擦，轴颈对轴瓦的摩擦力方向与轴颈圆周速度方向相反迫使轴向右滚动偏移，随着转速的增大，被带入油楔内的油量逐步增多，将轴与轴瓦分开，轴颈爬行最高点为 B 点，以后轴颈开始向左下方移动。此阶段中，轴颈与轴瓦间发生的摩擦是干摩擦和界限摩擦，并产生了一定的磨损，这也是滑动轴承磨损的主要原因。

（3）稳定阶段。如图2-22（c）所示，当转速增加到一定值并有一定流速的润滑油的充分供给，油被带入油楔中，油在油楔中流动而产生的压力随间隙的减小而增大，使油流产生一定的压力将轴颈向旋转方向（向左）推动。当油流在油楔内的总压力能支撑轴颈上外加载荷时，轴颈被悬浮在油面上旋转，使轴承处于液体摩擦状态。此时轴颈与轴瓦间形成油楔油层，其厚度为 h。

轴颈中心的位置将随着转速与载荷的不同而不断变化。

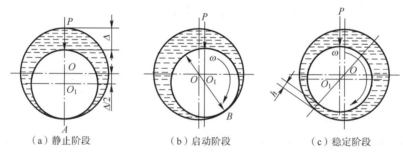

图2-22 完全液体摩擦的建立过程

2）滑动轴承的类型

①按受力情况分，有向心轴承和推力轴承。

②按润滑分，有不完全润滑轴承、动压液体润滑轴承和静压液体润滑轴承。

③按结构分，有整体式滑动轴承、对开式滑动轴承、油环轴承和多瓦轴承等，如图2-23、图2-24所示。

3）滑动轴承的失效形式

（1）机械损伤。滑动轴承机械损伤是指轴承的合金表面出现不同程度的沟痕，严重时在接触表面发生金属剥离以及出现大面积划伤。一般情况下，接触面损伤与烧蚀现象同在。造成轴承机械损伤的主要原因是轴承表面难以形成油膜或油膜被严重破坏。

（2）轴承穴蚀。滑动轴承在冲击载荷的反复作用下，表面层发生塑性变形和冷作硬化，表面的局部变形，逐步发展形成裂纹并不断扩展，随着磨屑的脱落，在受载表面层形成空穴。一一般发生穴蚀时，先出现陷坑，然后这种陷坑逐步扩大引起合金层界面开裂，裂纹沿着界面平行方向扩展，直到剥落为止。滑动轴承穴蚀的主要原因是油槽和油孔等结构的横断面突然改变引起油液流动紊乱，在油流紊乱的真空区形成气泡，随后由于压力升高，气泡溃灭产生穴蚀。穴蚀一般发生在轴承的高载区，比如曲轴主轴承的下轴瓦。

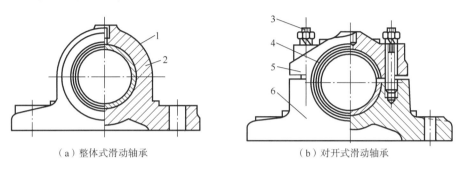

图 2-23　整体式滑动轴承和对开式滑动轴承
1—轴孔；2、6—轴承座；3—双头螺柱；4—轴瓦；5—轴承盖

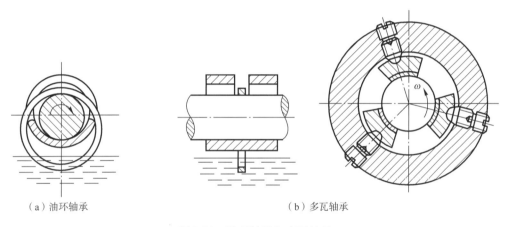

图 2-24　油环轴承和多瓦轴承

（3）疲劳点蚀。滑动轴承疲劳点蚀是由于设备超负荷工作，使轴承工作过热及轴承间隙过大，造成轴承中部疲劳损伤、疲劳点蚀或者疲劳脱落。这种损伤的原因大多是因为超载、轴承间隙过大或者润滑油不清洁，混有异物所致，因此，使用时应该注意避免轴承超载工作，不要以过低或过高的转速运转；设备怠速要调整到平稳状态；确保正常的轴承间隙，防止发动机转速过高或过低。

（4）轴承合金腐蚀。轴承合金腐蚀一般是因为润滑油不纯，受润滑油所含的化学杂质（酸性氧化物等）氧化轴承合金生成酸性物质，引起轴承合金部分脱落，形成无规则的微小裂孔或小陷坑。

（5）轴承烧熔。轴颈和轴承的摩擦副之间有微小的突起金属面直接接触，形成局部高温，在润滑不足、冷却不良的情况下，轴承合金发黑或局部烧熔。造成轴承合金发黑或局部烧熔常因轴颈与轴瓦配合过紧所致，润滑油流量不足也容易烧毁轴承。

（6）轴承走外圆。轴承走外圆就是轴承在机座孔内有相对的转动。轴承走外圆，不仅影响轴承的散热，容易使轴承内表面合金烧蚀，而且会使轴承背面损伤，严重时烧毁轴承。其主要原因是轴承润滑不良、加工或者安装不符合要求等。

4）造成滑动轴承早期损坏的原因

（1）颗粒物造成的早期损坏：

①微小颗粒异物导致的轴承早期损坏。这是由于微小颗粒异物进入轴承合金层的运动表面造成的，虽然对轴承没有造成严重的损伤，但是此类现象若继续发展下去，不但导致轴承早期损坏，轴也会受到严重的损伤，所以必须找出故障的原因及时排除，避免造成零件损坏。

②较大颗粒异物和劣质润滑油导致轴承早期损坏。在机壳中发现有较大颗粒的合金块或薄片时，必须立即停机拆检和修复，如果继续使用会造成更多零件损坏。较大颗粒异物进入的原因主要是安装时零件没有清洗干净，如加工连杆衬套内孔时产生的金属屑存留在连杆油道内、零件及油道内粘有切屑或其他杂屑等。所以，在维修安装时要认真仔细地清洗和检查。

劣质润滑油的杂质较多，容易堵塞机油滤芯，导致润滑油不经滤清直接进入轴承运动表面，进一步加速了轴和轴承的损坏，所以购买和更换润滑油时，一定要按规定严格地控制润滑油的质量，按规定牌号选用润滑油。

③不移动的异物导致轴承早期损坏。有较大的异物夹在轴与轴承内壁之间，轴承的运动表面就会产生凸点。当轴运转时，异常磨损就会从凸点开始，而且向周边扩展，造成轴和轴承的早期损坏。另外，轴、轴承及安装孔等与其相关的零件有如有碰磕形成凹凸点，都会对轴和瓦造成损坏或损伤。

所有，轴承安装前要认真检查清洗，特别是油道和油管内腔；安装时必须远离有尘土飞扬或碎屑飞溅的场地；安装使用的工具要清洁干净并采取必要的保护措施，以免再次污染，同时在装配中使用的润滑油要清洁，防止混入杂质；轴、轴承及轴承孔的存放和安装，要保证不与任何金属物体有任何磕碰。

（2）润滑系统造成的早期损坏。如果润滑油失效或压力不符合要求，运动表面就形不成润滑油膜，造成轴运转时和轴承表面直接接触，形成干摩擦。随着摩擦温度升高，轴承的合金层熔化。若不及时停机，会产生"抱瓦"的现象，造成更严重的零件损坏。

（3）违规操作造成的早期损坏。违规进行设备操作，造成轴承受力表面与轴表面的轻微干摩擦，使轴承的合金层表面损伤，在损伤的同时产生的磨屑加速轴和轴承的磨损和损坏。

5）预防滑动轴承早期损坏的预防措施

（1）改进轴承设计和制造工艺。设计或选用轴承时，要考虑轴承的热平衡以控制温升。在结构设计上，从轴承的上轴瓦（非承载区）顶部开进油孔，使润滑油从非承载区引入；在轴瓦内表面以进油孔为中心沿纵向或横向开油槽，利于润滑油均匀分布在轴颈上，控制温升。根据轴承工作情况，要求轴承轴瓦材料应具备下述性能：摩擦因数小；导热性好，热膨胀系数小；耐磨、耐蚀及抗胶合能力强；要有足够的机械强度和可塑性。因此，轴承轴瓦材料常选用巴氏合金。巴氏合金在稳定载荷时能够保持性能稳定，但在冲击载荷下，极易发生气蚀，所以在大功率承受冲击载荷的设备中不宜采用。高锡铅基合金和低锡铅基合金的强度及硬度较高，抗疲劳和抗气蚀能力较强，在大功率承受冲击载荷的设备中使用效果较好。此外，将轴瓦圆油槽改为半圆油槽或部分油槽，不仅可改善滑动轴承的润滑状态，而且可提高其承载能力。

（2）提高轴承的装配质量。提高轴承装配时表面的铰配质量，保证轴承背面光滑无斑点，定位凸点完整无损；自身的弹性变形量为 0.5~1.5 mm，这可保证装配后，轴瓦借自身弹力与轴承座孔配合质量；装在轴承座的轴承上下两片轴瓦，每端均应高出轴承座平面 0.03~0.05 mm，高出量可保证按规定扭矩拧紧轴承盖螺栓后，轴承与轴承座紧密配合，产生足够的摩擦自锁力，轴承不致松动，散热效果好，防止轴承烧蚀和磨损。

（3）合理地选用和加注润滑油。在使用过程中，要选用油膜表面张力小的润滑油，可有效地预防轴承穴蚀；润滑油的黏度等级不可随意增加，以免增加轴承的焦化倾向；润滑油的油面，必须在规定的标准范围内；润滑油和加油用的工具必须清洁，防止任何污物和水的混入；注意定期检验和更换润滑油，避免被水分和其他杂质污染；加注润滑油的场所应无污染物、无风沙，防止一切污物混入；不同品质、不同黏度等级以及不同使用类型的润滑油禁止混用，加注润滑油前的沉淀时间一般不应小于 48 h，并严格控制加注数量。

任务实施

滚动轴承的装配、检修与安装

1. 滚动轴承的装配

1）装配前的准备工作

在安装滚动轴承前有清洗、干燥、（润滑脂封装）试运转等工序，这些工作应在遵守各项操作规程的基础上进行。另外，由于带密封轴承的内部封装有润滑脂，因此不得对其进行清洗和干燥，应使用干净的抹布将外部防锈油擦拭干净后进行组装。滚动轴承装配前的准备工作工序如下：

第一步：清洗轴承，除去防锈油。

用精制煤油或萘酚等挥发性高的溶剂浸泡轴承并用手转动清洗后，用汽油或乙醇除去精制煤油等。用气枪吹掉清洗油时，应注意空气的清洁度。采用油气润滑方式时，可直接使用，但建议在清洗后涂上或浸泡在润滑油或低黏度的油类后使用。

第二步：晾干轴承，无水分残留。

使用润滑脂润滑时，为了防止润滑脂流出，需要使轴承充分干燥，可用暖空气进行烘干（需注意空气的清洁度），也可在恒温槽中进行烘干。另外，轴承应在干燥后立即封入润滑脂。

第三步：封装润滑脂。

轴承封装润滑脂时用手转动滚动部分，使润滑脂充分涂满涂匀。滚珠轴承可用注射器或乙烯基塑胶袋对准内圈滚动面，在滚动体之间等量封装润滑脂。当轴承装有导向保持架时，建议使用抹刀等小工具涂抹在保持架导向面上。由于内圈空间狭窄，无法封入内圈滚动面时，则封入外圈滚动面。此时，用手转动轴承内圈使润滑脂渗透到内圈。在滚子轴承的滚子外径面或内径面涂抹润滑脂时，用指尖转动滚子，使润滑脂渗入内圈或外圈。

第四步：试运转。

①油气、油雾润滑。油气、油雾润滑中，轴承温度在达到峰值前便在较短时间内达到平稳状态，因此，试运转比较简单。建议在 2 000~3 000 r/min 的转速下保持 30 min 左右，再逐步提高到工作转速。

②脂润滑。在脂润滑中，为使温升稳定，试运转十分重要。进行试运转时，转速增加后，显示温升较快，达到峰值后，温度会缓慢稳定。需要一定的时间达到稳定。

2）滚动轴承的装配方法

装配滚动轴承时，最基本的要求是要使加的轴向力直接作用在所装轴承的套圈的端面上（装在轴上时，使加的轴向力要直接作用在轴承内圈上；装在孔上时，加的作用力要直接作用在轴承外圈上），尽量不影响滚动体。装配时，依据配合性质的不同，采用的方法有锤击法、压力机装配法、热装法、冷冻装配法等。

①锤击法

用锤子垫上紫铜棒以及一些比较软的材料后再锤击的方法，要注意不要使铜末等异物落入轴承滚道内，不要直接用锤子或冲筒直接敲打轴承的内外圈，以免影响轴承的配合精度或造成轴承损坏。

②压力机装配法。对于过盈公差较大的轴承，可以用螺旋压力机或液压压力机装配。在轴承压装前，要将轴和轴承放平，并涂上少许润滑油，压入速度不宜过快，轴承到位后要迅速撤去压力，防止损坏轴承或轴。当轴承内圈与轴为紧配合，外圈与轴承座孔是较松配合时，可用压力机将轴承先压装在轴上，然后将轴连同轴承一起装入轴承座孔内。压装时，在轴承内圈端面上，垫一软金属材料做的装配套管（铜或软钢材料制作），装配套管的内径应比轴颈直径略大，外径直径应比轴承内圈挡边略小，以免压在保持架上。当轴承外圈与轴承座孔为紧配合，内圈与轴为较松配合时，可将轴承先压入轴承座孔内，这时装配套管的外径应略小于座孔的直径。如果轴承内外圈分别与轴及座孔都是紧配合时，安装时内圈和外圈要同时压入轴和座孔，装配套管的结构应能同时压紧轴承内圈和外圈的端面。

③热装法。这是在油箱里通过加热轴承或轴承座，使轴承内圈的热膨胀将紧配合转变为松配合的安装方法。此法适于过盈量较大的轴承的安装，热装前把轴承或可分离型轴承的内圈放入 80～100 ℃油箱中均匀加热（油箱中必须有温度计，严格控制油温不得超过 100 ℃，以防止发生回火效应），然后从油中取出尽快装到轴上。为防止冷却后内圈端面和轴肩贴合不紧，轴承冷却后可以再进行轴向紧固。轴承外圈与轴承座紧配合时，采用加热轴承座的热装方法，可以避免配合面受到擦伤。用油箱加热轴承时，在距箱底一定距离处应有一网栅，或者用钩子吊着轴承，轴承不能放到油箱底，以防沉杂质进入轴承内或加热温度不均匀。

④圆锥孔轴承的装配。圆锥孔轴承可以直接装配在有锥度的轴颈上，或装配在紧定套和退卸套的锥面上，其配合的松紧程度可用轴承径向游隙的减小量来衡量，因此，装配前应测量轴承径向游隙，装配过程中应反复测量游隙以达到所需要的游隙减小量为止，装配时一般采用锁紧螺母安装，也可采用加热装配的方法。

⑤推力轴承的装配。推力轴承的轴圈与轴的配合一般为过渡配合，座圈与轴承座孔的配合一般为间隙配合，因此这种轴承较易装配。双向推力轴承装配时中轴圈应在轴上固定，以防止相对于轴转动。

3）轴承的轴向固定

为防止滚动轴承在轴上和外壳孔内发生不必要的轴向移动，轴承内圈或外圈应做轴向固定。轴向固定包括轴向定位和轴向紧固。

轴向定位是保证轴承在轴中占有正确的位置,轴向紧固是保证轴承不发生轴向移动。当轴向很小或无轴向力且配合较紧时,可不采取任何紧固方法。

4)滚动轴承座的装配

装配同一轴上的两个或多个滚动轴承时,必须保证中心线重合并在一条线上。轴承座的装配要求与滑动轴承相同。

轴承内外圈的轴向固定,一般靠轴和外壳孔的挡肩或弹性挡圈,如图2-25所示。轴承内圈与轴的固定,常采用锁紧螺母及止动垫圈、弹性挡圈、双螺母、紧定套和退卸套等。轴承外圈的固定常采用弹性挡圈、轴承压盖。用轴承压盖时不能压得太紧,以防轴承间隙减小,运转时发热。

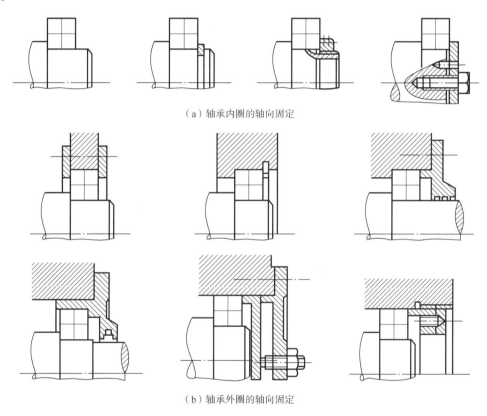

(a)轴承内圈的轴向固定

(b)轴承外圈的轴向固定

图2-25 轴承内外圈的轴向固定

2. 滑动轴承的装配

1)整体式滑动轴承的装配

整体式滑动轴承俗称轴套,也是滑动轴承中最简单的一种形式,主要采用压入或锤击的方法来装配,特殊场合采用热装法。多数轴套是用铜合金或铸铁制成,装配时应细心,可用木锤或锤子垫木块击打的方法装配,过盈尺寸公差较大时则用压力机压入。无论敲入或压入都必须防止轴承偏斜,装配后,轴承油槽和油孔应处在所要求的位置。

若轴承装配后发生变形,应进行内孔修整,尺寸较小的孔可用铰刀铰削修整;尺寸较大孔的则采用刮削方法修整。同时,注意控制轴承孔与轴的配合间隙在公差范围内,为防止轴承工作时转动，轴承和箱体的接触面上装有定位销或骑缝螺钉。由于箱体和轴承材料的硬度不一样，钻孔时，很容易使钻头偏向软材料一边。解决方法：一是钻孔前先用样冲在靠近硬材料一边冲出冲压痕；二是选用短钻头，以增加钻孔时钻头的刚性。

2）剖分滑动式轴承的装配

剖分滑动式轴承又称对开轴承，具有结构简单，调整和拆卸方便的特点，在接合处通过加装垫片来调整出合理的间隙。

（1）轴瓦与轴承座的装配。轴承装配时，要保证轴承上下两轴瓦与轴承座内孔的配合质量。如不符合要求，以厚壁轴瓦的轴承座内孔为基准，刮研轴瓦背部，同时应使轴瓦的两端台阶紧靠轴承座两端。薄壁轴瓦只要使轴瓦的中分面比轴承体的中分面高出 0.1mm 左右即可，不必进行修刮。

（2）轴瓦安装在轴承座中，无论径向或轴向都不允许有位移，通常用轴瓦两端的台阶面来进行轴向止动定位或采用定位销轴向定位。

（3）轴瓦的配刮。对开式轴瓦一般都用与其相配合的轴进行研点，一般是先刮研下轴瓦，然后再刮研上轴瓦。为了提高工作效率，在刮研下轴瓦时可不装上轴瓦及上盖，当下轴瓦的接触点基本符合要求时，再将上轴瓦及上盖压紧，并在刮研上轴瓦时，进一步修正下轴瓦的接触点。配刮时，轴的松紧程度可随刮研次数的增加而变化，通过改变中分面垫片的厚度来调整轴和轴瓦的配合间隙。当轴承盖紧固后，轴能轻松地转动而无明显间隙，接触点符合配合要求即配刮完成。

（4）轴承间隙的测量。轴承间隙的大小可通过中分面处的垫片调整，也可通过直接修刮轴瓦获得。测量轴承间隙通常采用压铅法，取几段直径大于轴承间隙的铅丝，放在轴颈和中分面上，然后拧紧螺母使中分面压紧，再拧下螺母，取下轴承盖，细心取出被压扁铅丝，每取一段用千分尺测出厚度，根据铅丝的平均厚度就可以知道轴承间隙。一般轴承的间隙应为轴直径的 1.5‰ ~ 2.5‰（mm），轴直径较大时取较小的间隙值。如轴直径是 60 mm，轴承间隙应在 0.09 ~ 0.15 mm 之间。

素质提升

敬业绘就"最美"人生

不管我们从事的是齿轮维修、轴的维修或其他机电设备的维修工作，它不是简单的体力活动，也不是单一的脑力活动，是需要脑体结合的工作。要做好本职工作不仅要求我们有健康的身心而且要具备爱岗敬业的精神。

"最美医务工作者""最美公务员""最美志愿者""最美铁路人"……一段时间以来，"最美"成为互联网上的热词。一个个"最美"人物，犹如一颗颗璀璨的明珠，辉映在各条战线。他们以精彩的故事、不凡的业绩，展现了砥砺奋进的姿态、绚丽出彩的人生，生动诠释了令人感佩的敬业精神。

爱岗敬业，是习近平总书记倡导的劳模精神的重要内涵。共和国宏伟大厦是由一个个行业、一个个岗位的"砖瓦"筑就的。立足平凡岗位、人人争先创优，"百职如是，各举其业"，方能众志成城、集聚众力。三百六十行，倘若每个人都能立足平凡岗位、齐心协力、履职尽责、勤勉奉献，我们就能汇聚起强大正能量，为社会主义现代化事业注入蓬勃生机与活力。正因此，敬业精神既关乎个人成长成才，更关乎国家的兴盛、民族的复兴。奋进新征程，我们应该怎样以行动诠释敬业精神？从某种意义上讲，敬业之道蕴含爱业、勤业、精业之精神，值得我们为之践行。

敬业，首在爱业。对本职工作的热爱，是一种朴素的职业情感。爱之愈深，则敬之愈真。爱岗，彰显的是乐业，展现的是执着。葆有这样的职业观，就会自觉把工作当事业干，将小我融进大我，在小舞台上演出大戏剧。从奋战在脱贫攻坚一线的驻村书记，到无惧风险、完成特高压带电作业的"禁区勇士"……观察那些"最美"人物，他们皆是干一行爱一行的榜样，把本职工作做到极致，达到了"山登绝顶我为峰"的境界。事实证明，"专心致志，以事其业"，才能平淡中见奇、寻常中出彩，在新时代的大舞台上绽放个人梦想。

敬业，要在勤业。业精于勤荒于嬉，立足本职岗位勤勉工作，是一种职业操守、职业品格。勤劳、勤勉、勤恳，意味着务实奋斗。事业的成功，不是等得来、喊得来的，而是拼出来、干出来的。无论从事何种行业，都需要用奋斗铸就"最美"，以拼搏实现理想。获评全国"最美公务员"的浙江"九〇后"科技警察钟毅，为了跟疫情赛跑，争分夺秒攻关，使"健康码"成功投入抗疫，并迅速推广到全国。唯拼搏者不凡，唯实干者出彩，唯奋斗者英勇。一勤天下无难事，勤勉奋斗谱写最美壮歌。

敬业，还需精业。精通业务，体现着职业上的价值追求。在科技日新月异、竞争日趋激烈的今天，应当努力求精通、谋创新、出精品。这需要涵养"择一事终一生"的倾心专注，"偏毫厘不敢安"的一丝不苟，"千万锤成一器"的坚持不懈。各行各业的"最美"人物，往往都是追求卓越、业务精进。全国劳模、"最美职工"潘从明能从铜镍冶炼的废渣中提取8种以上稀贵金属，只看溶液颜色便能精确判断99.99%的产品纯度。他获得国家科技进步奖的背后，是数十年如一日"找难题、啃难点、攻难关"的呕心沥血。经验表明，在精益求精的道路上，只有坚韧不拔的勇者，才能登上风光无限的顶峰。

如果说事业是航船，那么敬业就如同风帆。敬业笃行，推进人生实现从平凡到伟大、从优秀到卓越。激扬敬业精神，扬帆远航、乘风破浪，我们必能抵达梦想的彼岸。

任务拓展

滚动轴承的游隙

滚动轴承的游隙是指在未安装于轴或轴承箱时，将轴承的内圈或外圈一方固定，然后使未被固定的一方做径向或轴向移动时的移动量。根据移动方向的不同，滚动轴承的游隙可分为径向游隙和轴向游隙。

1. 径向游隙的选择

轴承的径向游隙并非越小越好，不是所有的轴承都要求最小的径向游隙，必须根据条件选用合适的游隙。基本径向游隙组适合于一般的运转条件、常规温度及常用的过盈配合；在高温、高速、低噪声、低摩擦等特殊条件下工作的轴承则宜选用较大的径向游隙；对精密主轴用轴承等宜选用较小的径向游隙；对于滚子轴承可保持较小的径向游隙。另外，对于分离型的轴承则无所谓游隙；最后，轴承装机后的径向游隙，要比安装前的原始游隙小，因为轴承要承受一定的负荷旋转，还有轴承配合和负荷所产生的弹性变形量。

锥孔轴承径向游隙的大小取决于紧定套或退卸套与轴承内圈和轴之间配合的松紧程度。若轴承直接安装在带有锥面的轴头上，径向游隙的大小即取决于轴承内孔与轴配合的松紧。为保证锥孔球面滚子轴承能在正确的径向游隙下使用，安装前要测量其安装前后的游隙。一般可用塞尺测量滚子与内圈或外圈的间隙，只有轴承较小或空间狭窄的情况下，才用轴向移动量来测量轴承与轴的配合精度。锥孔自动调心球轴承的内部径向游隙较锥孔球面滚子轴承的小，因此安装和使用时更要注意。安装轴承时，可用旋紧角度或轴向位移来衡量轴承与轴的配合程度。将轴承套在紧定套上，并保证其内孔与紧定套在整个圆周上都接触，将紧固螺母旋紧至规定角度，轴承就会压紧在紧定套的锥面上，安装后应再检查轴承游隙。

2. 轴向游隙的选择

向心推力轴承和圆锥滚子轴承，通常以面对面或背靠背方式安装，以某一个轴承圈的轴向位置来决定内部游隙或预压。游隙和预压的选择取决于对轴承性能和运行状况的要求。这类轴承的轴向游隙和径向游隙之间存在着一定的关系，只要满足其中某一个值，通常是轴向游隙便已足够。从零间隙状况开始，通过旋松或旋紧轴上的紧固螺母或调整轴承外圈上垫片的厚度，就可获得指定的游隙。

3. 游隙的检测

轴承径向游隙的检查可用几种方法。最简单的检查方法是用手转动轴承进行检查。安装正确的轴承能灵活平稳地旋转，没有制动现象；另一种检查方法用手摇晃轴承外圈，即使有 0.01 mm 的径向间隙，轴承上最上面一点也要有 0.01～0.15 mm 的轴向移动量。这种方法只适于检查单列向心球轴承，对其他类型的轴承并不十分有效。

轴承的径向游隙也可用塞尺检测。将塞尺插入轴承未承受负荷部位的滚动体与外圈（或内圈）之间进行测量。这种方法广泛用于检测调心轴承和圆柱（锥）滚子轴承。

轴承的径向游隙还可用百分表检测。检测时，将轴承外圈顶起，用百分表测量。

轴承安装后要检测的游隙就是安装游隙。安装游隙等于原始游隙减去安装引起的游隙减小值。

滚动轴承的游隙，有的是可调的，有的是不可调的。游隙可调的轴承有角接触球轴承、圆锥滚子轴承、推力球轴承和推力滚子轴承。其余类别的轴承游隙均不可调。

游隙不可调的轴承，在装配后和使用过程中仍要检查游隙。根据检查结果决定是否需要重装、维修或更换。

对游隙可调的轴承，在安装后和使用过程中都应进行调整。通过使用过程中的调整，能部分地补偿轴承磨损所引起的轴承游隙的增大。

游隙可调的轴承，如圆锥滚子轴承，既有径向游隙又有轴向游隙，而且两者之间有一定的几何关系。对推力轴承来说，仅轴向游隙有实际意义。

4. 轴向游隙的调整

滚动轴承轴向游隙的调整方法很多，有垫片调整法、螺母调整法、螺钉挡盖调整法和内外套调整法等。垫片调整法是最常用的调整方法，如图 2-26 所示。调整时，一般先不加垫片，拧紧侧盖的固定螺钉，直到轴不能转动时为止（此时轴承内无游隙），此时，用塞尺测量侧盖与轴承座端面之间的距离（K），然后加入垫片，垫片厚度等于 K 值加上轴向游隙。应该注意，采用垫片调整法调整的精度取决于侧盖和垫片的质量。轴承侧盖凸缘端面 A 和侧盖端面 B 应该平行。一套垫片应由多种不同厚度的垫片组成，垫片应平滑光洁，其内外边缘不得有毛刺。用螺母调整轴承的轴向游隙有两种方法、一种是用装在轴上的螺母调整，另一种是用装在轴承座孔上的螺母调整。调整时，先将螺母拧紧到轴难以旋转时为止（此时轴承内无间隙，注意在拧紧螺母时应转动轴承，以便使滚动体在滚道上处于正确位置），然后再将螺母拧松到轴能自由转动为止，调整后用止动螺母锁死，最后还要检查轴向游隙。

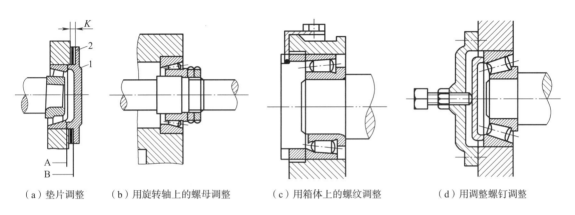

（a）垫片调整　　（b）用旋转轴上的螺母调整　　（c）用箱体上的螺纹调整　　（d）用调整螺钉调整

图 2-26　用垫片调整轴向间隙
1—侧盖；2—垫片

任务 2.3　润滑材料的选用

任务导入

摩擦是普遍存在的基本物理现象之一，只要有相对运动的表面，就会产生摩擦造成磨损。摩擦是机械耗能的主要方式之一，也是机械失效的主要原因之一。合理使用润滑材料是减少摩擦磨损的有效手段。因此，机械零件的润滑工作也是很重要的工作。在本任务中，主要介绍三方面的实用技术：

（1）根据摩擦副的条件和作用性质，选择适当的润滑材料；
（2）依据摩擦副的工作条件，确定正确的润滑方式；
（3）做好机械零件的日常润滑维护。

知识准备

1. 机械零件润滑的主要作用

1）冷却降温

通过润滑剂的循环带走机械零件运转产生的一部分热量，对机械零件起到散热冷却作用，进而避免因零部件温度升高，发生密封圈损坏或抱瓦等故障。

2）密封

润滑脂可以有效防止空气中的水分、灰尘和其他杂质的进入设备内部，使设备内部机械零件转动部件保持清洁，有效降低机械零件的磨损。

3）清洗杂质

当机械零件运转时，转动部件由于磨损就会产生一些磨粒，还有从外界进入的杂质等，这些磨粒或杂质通过润滑剂的循环流动被带走，从而起到对转动机械零件的清洗效果。

4）降低磨损

由于机电设备使用润滑油后，在机械零件的摩擦副表面形成一定的润滑油膜，这样就可以降低机械零件间的摩擦因数，降低磨损，同时还可以起到阻尼和缓震的功效，延长设备使用寿命。

5）防止腐蚀

机械零件摩擦表面上有润滑剂覆盖时，就可以防止或避免因空气、水蒸气、腐蚀性气体及液体、尘土、氧化物等所引起的腐蚀、锈蚀等。

2. 润滑的要求

（1）润滑质量要好，可靠性要高。

（2）耗油量要少，以提高机器运行的经济性。

（3）要保证润滑各项作用充分发挥。

（4）润滑装置简单实用，维护工作量少。

（5）要尽量采用标准化、通用化润滑装置。

3. 润滑材料的种类及润滑的方式

1）按润滑介质分

有气体润滑、液体润滑、润滑脂润滑、固体润滑和油雾润滑等。

2）按润滑剂供应方式分

有分散或单独式润滑和集中润滑。

在这里重点介绍一下分散润滑及其润滑装置。

（1）间歇润滑。间歇润滑方式如不及时加润滑剂，会造成零件损伤，故可靠性差。间歇润滑装置有压配式压注油杯、旋转式注油杯等。

（2）连续润滑。连续润滑比间歇润滑方式可靠。常用的连续润滑方式有：滴油润滑、芯捻润滑、油环润滑和飞溅润滑。

①滴油润滑主要使用铝或黄铜等金属材料制成的油杯向润滑点滴注润滑，目前此装置使用较少。

②芯捻润滑装置有芯捻式油杯，用毛线或棉纱制成芯捻，利用芯捻毛细管作用，将油从油杯中吸入轴承，其缺点是供油量不能调节。

③油环润滑是在设备转动轴上安装一个油环，油环下部浸入油池，油环应浸入油池约四分之一。通过设备运转时，把润滑油导入设备的轴承上，起到对设备的润滑作用。

④飞溅润滑是利用旋转（齿轮、曲轴）或轴上溅油盘旋转时的离心力，将油溅成油星以润

滑轴承。溅油零件的圆周速度不宜超过 12.5 m/s，否则能耗太大。

润滑脂的常用装置有旋转油杯，利用旋盖的施压使杯中油脂定期挤入轴承内，也可用压配式压注油杯，通过黄油枪加注黄油脂，或者使用油脂加注车对设备定期进行加注。

3）按润滑剂的供给系统分

有不循环和循环润滑。

（1）不循环润滑。供应到摩擦面的润滑剂只润滑一次，不回收。如车床的大小刀架和滑轨等处的润滑。这种方法用于简单、分散、低速、轻载、需要润滑油量小而油箱安装有困难的机器润滑部件。

（2）循环润滑。供应到摩擦面的润滑油，在润滑后，又返回油池，经过过滤冷却后，继续多次使用。这种方法用于高速、重载、机件集中、需要润滑油量大的设备，如减速箱等。

4）按供给时间分

有间歇润滑和连续润滑。

5）按压力要求分

有无压润滑和压力润滑。

3. 润滑剂的种类及选用方法

1）润滑剂种类

（1）矿物油：由石油提炼而成，主要成分是碳氢化合物并含有各种不同的添加剂。根据碳氢化合物分子结构不同可分为烷烃、环烷烃、芳香烃和不饱和烃等。

矿物油分为馏分润滑油、残渣润滑油、调和润滑油三大类。

①馏分润滑油：黏度小、质量小，通常含沥青和胶质较少。如高速机械油、汽轮机油、变压器油、仪表油、冷冻机油等。

②残渣润滑油：黏度大，质量较大。如航空机油、轧钢机油、气缸油、齿轮油等。

③调和润滑油：由馏分润滑油与残渣润滑油调和而成的混合油。如汽油机油、柴油机油、压缩机油、工业齿轮油等。

（2）合成油（合成脂）：用有机合成的方法制得的具有一定特点结构与性能的润滑油。合成油比天然润滑油具有更为优良的性能。在天然润滑油不能满足现有工况条件时，一般都可改用合成油，如硅油、氟化酯、硅酸酯、聚苯醚、氟氯碳化合物等。

（3）水基润滑油：两种互不相溶的液体经过处理，使液体的一方以微细粒子（直径为 0.2~0.5 μm）分散悬浮在另一方液体中，称为乳化油或乳化液。如油包水或水包油乳化油等。它们的主要作用是抗燃、冷却、节油等。

（4）润滑脂：将稠化剂均匀地分散在润滑油中，得到一种黏稠半流体散状物质，这种物质就称为润滑脂。它是由稠化剂、润滑油和添加剂三大部分组成，通常稠化剂占 10%~20%，润滑油占 75%~90%，其余为添加剂。润滑脂又称黄油或干油，润滑脂在常温和静止状态下是半流体，具有较好的承载能力及润滑能力，能在苛刻的条件下保持一定的油膜，具有较好的适应性、缓冲性和密封性。

常用润滑脂及其性能：

①钙基润滑脂。它是一种浅黄色或暗褐色的润滑油。其耐潮但不耐高温，常用于工业、农

业的运输机械及潮湿环境下机械的润滑。

钙基润滑脂的使用寿命较短,需经常加补新脂。其中 1 号润滑脂常用于集中润滑系统;2 号、3 号适用于中小负荷的中转速的中小机械;4 号、5 号适用于重负荷、低速机械。

②钠基润滑脂。其具有耐高温但不耐潮的特点,寿命较钙基润滑脂长,适用于干燥环境下的机械润滑。

③复合钙基润滑脂。其具有良好的耐潮、耐高温性能,但有表面硬化趋势,不易长期储存。

④钙钠基润滑脂。其具有耐潮、耐温性能,用于湿度不大、温度较高的场合,但不适合低温环境。

⑤锂基润滑脂。锂基润滑脂可取代钙基、钠基及钙钠基润滑脂。其具有较好的耐高温、耐潮、机械稳定性、防锈性和氧化稳定性,并且使用寿命长。它是一种有一定通用性能的润滑脂,广泛应用于矿山采煤机和运输机的电机轴承、胶带运输机托辊的轴承润滑。但不能与其他润滑脂混合使用。

⑥合成复合铝基润滑脂。其具有良好的耐潮、耐温特性,应用于矿山机械和中大型机械电机轴承润滑。使用时必须注意合理选择牌号,一般在高温下使用。

⑦石墨钙基润滑脂。其具有良好的耐潮、耐磨特性,但不耐温。适用于齿轮传动、钢丝绳等。一般在环境温度 60 ℃以下工作的机械,不能应用滚动轴承和精密机件。

(5) 固体润滑剂:在相对运动的承载表面间为减少摩擦和磨损,所用的粉末状或薄膜状的固体物质。它主要用于不能或不方便使用油脂的摩擦部位。常用的固体润滑材料有:石墨,二硫化钼、滑石粉、聚四氟乙烯、尼龙、二硫化钨、氟化石墨、氧化铅等。

(6) 气体润滑剂:采用空气、氮气、氦气等某些惰性气体作为润滑剂。它的主要优点是摩擦系数低于 0.001,几乎等于零,适用于精密设备与高速轴承的润滑。

2) 润滑剂的选用方法

(1) 润滑油及选用方法

①润滑油指标:

a. 黏度。黏度表示润滑油的黏稠程度。它是指油分子间发生相对位移时所产生的内摩擦阻力,这种阻力的大小用黏度表示。

黏度分绝对黏度和相对黏度两种。绝对黏度又分动力黏度和运动黏度。常用的是运动黏度。由于润滑油的黏度随温度变化而异,所以在表示时必须注明是在什么温度下测定的黏度。常用的测试温度为 40 ℃,在此温度测得黏度大小,作为润滑油的牌号。

b. 闪点与燃点。润滑油在一定条件下加热,蒸发出来的油蒸气与空气混合达到一定浓度时与火焰接触,产生短时闪烁的最低温度称为闪点。

如果使闪点时间延长达 5 s 以上,此时温度称为燃点。闪点是润滑油储运及使用上的安全指标,一般最高工作温度应低于闪点 20~30 ℃。闪点测定方法有两种:开口法与闭口法。开口法结果一般比闭口法高 20~30 ℃。

c. 凝点。油品在一定条件下冷却到失去流动性的最高温度称为凝点。凝点是衡量润滑油在低温下工作的性能指标。

d. 水分。指润滑油中的含水量。水分过多会乳化变质,降低润滑性能,水分不应超过 3%。

e. 机械杂质。多指沙子、黏土、木屑、纤维等杂质。

f. 酸值。中和 1g 油所需氢氧化钾的质量（mg）称为酸值。酸值愈大，润滑油的质量愈差。

g. 灰分。油品在一定条件下燃烧后，所剩下的残留物质，以百分数表示。灰分大，润滑性能降低。

②润滑油的选用方法：

a. 当设备负载要求比较大，速度较低时，应选择黏度值高的润滑油，有利于润滑油膜的形成，设备产生良好的润滑。

b. 当设备运转速度较高时，应选择黏度低的润滑油，避免由于液体内部的摩擦，造成运行负载过大，引起设备发热现象。

c. 当设备环境温度低时，应选择黏度较低的润滑油。

d. 当设备转动部件间隙较大时，应选择黏度值高的润滑油。

e. 压力润滑、芯捻润滑由于对流动性有较高的要求，应选择黏度低的润滑油。

（2）润滑脂的选用方法

①润滑脂指标。润滑脂是润滑油内加入皂类制成的糊状物，比较稠厚。常用的有钙基润滑脂、钠基润滑脂、锂基润滑脂等。润滑脂流动性差，摩擦损耗大，性质不稳定，只适用于在非液体润滑轴承中要求不高的、供油量不变的场合。

润滑脂有针入度（或称稠度）和滴点两项主要指标。针入度的大小说明润滑脂流动性的难易程度以及内部所受阻力大小。滴点是指润滑脂由标准测量杯开始第一滴下滴时的最低温度值。

a. 针入度。表示润滑脂软硬的程度，是划分润滑脂牌号的一个重要依据。

测试方法：在 25 ℃ 的温度下将质量为 150 g 的标准圆锥体，在 5 s 内沉入脂内深度，即称为该润滑脂的针入度。陷入越深，说明脂越软，稠度越小；反之，针入度越小，则润滑脂越硬，稠度越大。润滑脂的针入度是随温度的增高而增大，选用时要根据温度、速度、负载与工作条件而定。

b. 滴点。表示润滑脂的抗热特性。

将润滑脂的试样，装入滴点计中，按规定条件加热，以润滑脂溶化后第一滴油滴落下来时的温度作为润滑脂的滴点。

润滑脂的滴点决定了它的工作温度，应用时应选择比工作温度高 20～30 ℃ 滴点的润滑脂。

②选择润滑脂的原则：

a. 当设备转速较低时，应选择针入度小的润滑脂；反之，应选择针入度大的润滑脂。

b. 根据设备的工作温度选择合适润滑脂，一般情况下润滑脂的滴点温度应比设备工作温度低 15～20 ℃。

c. 在潮湿的环境工作时，应选用钙基润滑脂；在较高温度工作时，应选用钠基润滑脂。

③润滑脂与润滑油的不同点：

a. 润滑脂一般具有较高的承受负荷的能力和较好的阻尼性（减震性）。

b. 润滑脂比润滑油有较低的蒸发速率，所以具有较好的润滑性。

c. 润滑脂由于流动性差，附在零部件摩擦表面后，不易对设备及工作场地造成污染，还可以对设备起到防腐作用。

d. 润滑脂能起到密封作用，能防止空气中的水分、尘土和其他杂质的侵入，可减少设备复杂的密封装置和供油系统的设计制造。

e. 润滑脂冷却散热性比润滑油差。

（3）固体润滑剂。常用的固体润滑剂有石墨、二硫化钼、聚四氟乙烯等粉末状的固体，使用时将粉末黏结或喷涂在设备零部件的表面上。固体润滑剂一般用于极重载、极低速、极高温或低温以及产品不允许污染的工作环境中。

4. 设备润滑的"五定""三过滤"原则

（1）设备润滑的"五定"原则是定点、定质、定时、定量和定人。

① 定点。指根据设备润滑手册确定各台设备的润滑位置。设备维护人员必须熟知每台设备的润滑位置，同时能够按照润滑手册指定的部位、润滑点，对各设备进行加注，更换润滑剂等。

② 定质。指要确定每台设备使用的润滑剂的牌号、质量要求等。每台设备必须按照规定要求使用润滑手册规定的润滑剂品种和牌号等；加注及更换润滑剂时，必须使用干净的工器具，保证油液的清洁；油品混用时，要有科学依据，否则不许掺杂使用不同种类的润滑油。

③ 定时。指要按照设备润滑手册要求的加、换油时间对设备进行加注及更换润滑剂。设备运转前必须按照点检要求对设备进行检查，对需要日常润滑的部位进行润滑，需要补加的进行补加，需要更换的及时更换，以满足设备润滑使用要求。

④ 定量。指按照设备润滑手册中规定的润滑油数量加注或更换润滑剂。按照标准要求合理使用润滑剂，既要做到保证润滑，又要求避免浪费；严格按照设备说明书或技术要求对油箱油液进行补充，油位低于最低刻度或高于最高刻度时，应及时调整至油量规定刻度内。

⑤ 定人。指要明确操作人员或维护人员对每台设备润滑工作应负有的责任。每班设备操作人员负责对设备润滑系统进行日常检查，如目测油品外观颜色，明显变黑、乳化严重、变干变硬、有明显可见的固体颗粒，应立即更换；每班设备操作人员负责实施班前和班中加油润滑。

众所周知，如果润滑油不足将会导致设备的磨损加剧。但是加注润滑油过多也会出现很多问题。例如：空气压缩机和曲轴箱加油过多，反而增加了曲轴的运动阻力等。因此在设备润滑的管理工作中，一定要遵循设备润滑的"五定"原则。

（2）润滑"三过滤"。所谓"三过滤"，即油品入库过滤、发放过滤和加油过滤。油品过滤可以减少油液中的杂质含量，防止尘屑等杂质随油进入设备。

①入库过滤：即油液经运输入库、经泵入油罐存储时要进行过滤。

②发放过滤：即油液发放注入润滑容器时要经过过滤。

③加油过滤：即油液加入设备储油部位时要经过过滤。

任务实施

机电设备的润滑

润滑是机电设备日常管理的重中之重。机电设备润滑是减少设备磨损、提高设备运行效率、节约材料和能源的有效途径。

但实际工作中，很多企业对这个问题却不够重视，甚至有很多误区，最终导致一定的经济损失。科学管理可以有效提高设备效率，降低维修保养成本，提高经济效益。对于设备润滑来说，了解并避开这些常见的误区，将会使日常保养工作事半功倍。

1. 设备润滑的六大误区

（1）设备润滑就是加油。很多企业的设备管理人员认为在设备的油箱和轴承中加了油就可以了，设备出故障与油无关，所以用什么油无关紧要。于是出现了齿轮箱、主轴箱都用机械油，轴承中都加"黄油"这种现象。

润滑并不是只加油这么简单，它是综合运用流体力学、固体力学、材料学、应用数学、物理化学等基础理论，来研究润滑原理、润滑材料和润滑方式，控制有害摩擦、磨损的一门科学，加油仅仅是润滑中的一环而已。

（2）润滑油加得越多越好。事实并非如此。设备润滑的目的是在两个摩擦表面形成薄薄的油膜，避免摩擦面直接接触，从而减少磨损。

但是，考虑到加润滑油的某些副作用，就必须严格控制加油量，例如在减速器中，为了减少齿轮运动中阻力和油的温升，浸入油的齿轮深度以 1~2 个齿高为宜，转速高的加油量还应少些。

润滑油加到轴承中后，在分布过程中，产生的热量大于散发的热量，轴承温度升高。如加油过满，轴承转动时阻力增大，散热不易，会造成轴承工作温度偏高，同时润滑油因工作温度高，会缩短其使用寿命。

所以，不要将轴承滚动体的空腔用润滑油全部填满，一般只要填满腔的 1/3~2/3 即可。

（3）润滑油可相互替换使用。润滑油的选择，根据设备的工作条件、工作环境、摩擦表面具体特点和润滑方式的不同，选用的润滑油的种类、牌号也不相同。

对于转速高、形成油楔作用能力强的机电设备，应选用黏度低的润滑油；设备摩擦表面单位面积的负荷大时，应选用黏度大、油性较好的润滑油。

机电设备工作环境温度较高时，应采用黏度较大、闪点较高、油性较好、稳定性较强的润滑油或滴点较高的润滑脂。

机电设备摩擦表面之间的间隙越小，选择润滑油黏度应越低；摩擦表面越粗糙，选择润滑油黏度应越大，若选择润滑脂工作锥度应越小；压力循环润滑中，油温较高，应使用黏度较大的润滑油。

不同设备的润滑油是严格根据上述原则和实验结果选择的，使用时应按照设备说明书的要求进行润滑。

一般情况下润滑油不能替换使用，如果任意替换使用就会破坏设备的润滑环境，加速机电设备的磨损，造成经济损失。

（4）润滑油混合使用无妨。润滑油是从石油中提炼出来经过精制而成的石油产品，不同种类、不同牌号的润滑油所含的成分及其比例也不相同。

一般来说，润滑油是不宜混合使用的。为了改善润滑油的理化性能，润滑油内加入了一定量的添加剂。而各种润滑油的添加剂是各不相同的，有抗氧剂、增黏剂、油性添加剂和极压添加剂等，不同种类、不同牌号的润滑油混在一起，就可能使油中的添加剂发生化学反应，从而失去添加剂的作用，损害了润滑油应有的效果。

（5）设备勤换油不出大毛病。盲目地勤换润滑油不仅是一种浪费，也容易隐藏机电设备运行中的故障。

润滑油在使用过程中是否失去使用价值，是否需要更换可从以下几个方面去加以鉴别：

①黏度检验。通常是把设备已使用的润滑油和设备使用的标准黏度的润滑油，利用对比法进行检验，以判断是否需要换油。

②水分的检验。用干净、干燥的棉纱浸沾待检油后用火点燃，如果油中有水，就会发出爆炸声和闪光现象。

③机械杂质的检验。黏度小的润滑油可直接注入试管，稍加热后静止观察。黏度大的油可用干净的汽油稀释5~10倍，按上述方法进行观察来判断是否需要换油。

④是否发生氧化变质的鉴别。判断润滑油是否发生严重氧化变质情况，可以取油箱底部的沉淀油泥，放在食指与拇指之间进行相互摩擦，如果感觉到胶质多，黏附性强，则说明被检润滑油发生严重氧化变质现象，通过上述方法判断是否需要换油。

⑤有无性质变化，是否混有杂质。设备维护保养过程中，对润滑脂的质量鉴别主要是看有无性质变化，是否混有杂质，即可判断是否需要换油。

（6）机电设备润滑就必然存在泄漏。机电设备泄漏是指按设备技术条件规定不允许发生的泄漏或超过技术条件规定的泄漏量，是不正常现象。

机电设备润滑的严重漏油，不但会产生少油或断油事故，影响设备的正常运程，而且污染周围环境。这样既破坏了环境又浪费了润滑油。

为了设备润滑而采用润滑油，但又会产生漏油的这个矛盾。

然而，人们对设备漏油并非束手无策，防止泄漏的方法和途径也很多。这就需要操作人员足够重视，加强设备的防漏堵漏处理，还是能够做到设备润滑和防止泄漏两不误。

2. 做好机电设备润滑工作的合理化建议

（1）制定合理的润滑制度和设备润滑工作标准。

（2）在进行设备润滑时应采用高性能的润滑油。

采用高性能的润滑油，造价虽然高了些，但是可以在实际使用中有效减少设备由于润滑不良引起的故障，提高了设备的运行效率。

（3）对原有设备润滑设计，敢于创新，合理改进。按期换油管理简单，但成本较高。按质换油，需定期进行油质监测，管理复杂一些，但可避免过早换油带来的浪费，符合合理润滑的原则，特别是改用高品质油后，其使用周期比低档油要延长许多。

（4）固体润滑剂的推广使用。实际操作中利用粉末、薄膜来降低各个齿轮之间的磨损，称为固体润滑。

固体润滑典型例子就是镶嵌式轴承，具有使用周期长、耐高温、无污染等优点，且在实际的操作中也可以不用添加润滑油。

设备润滑是机电设备日常维护保养不可缺少的一部分。正确认识设备润滑、合理科学做好润滑，才能保证设备正常安全运行，有效提高生产率和经济效益。

素质提升

用黄大年精神激励我们前行

黄大年拥有一颗爱国之心，感恩之情，在祖国召唤的时候，他毅然放弃高薪豪宅回到祖国，服务国家。我们要学习他"热爱祖国，心怀感恩，时刻牢记自己是一名中国人"的精神，因为一个懂得感恩的人，一个懂得报恩的人才能有所成就。对于我们中华儿女来说，祖国就是我们的家，不论什么时候，祖国都是我们坚强的后盾。

心有大我、至诚报国的爱国情怀是黄大年精神的本质特征。黄大年之所以放弃国外优厚的待遇，只因在他的内心深处，始终保存着对祖国的大爱，始终澎湃着"只要祖国需要，我必全力以赴"的爱国之情，践行着"振兴中华，乃我辈之责"的报国之志，把个人的理想追求深深融入国家和民族的事业中。对于我们劳动者来说，企业就是我们的家，为我们的生活和工作提供保障和舞台。"不论它处在行业领先还是正经历困难"，我们都要爱岗敬业，努力工作，为企业多做贡献，风雨同行，做到"干一行，爱一行，专一行"，像黄大年回报祖国一样，回报企业；像黄大年甘于奉献一样，为企业的发展做出我们的贡献。

平时我们对待工作要重实干，求实效，努力在平凡的岗位上创造优异成绩。宋代诗人陆游曾说，"纸上得来终觉浅，绝知此事要躬行"，用现在的话来说，就是要理论联系实际，坚持求真务实。我们的岗位决定了我们对待工作一定要严谨细致，认真负责，重视细节，这也是一种本领和才能的体现。现在的青年人精力充沛，富有闯劲，想闯一番事业，但前提条件是必须得具备踏实肯吃苦的精神。于细微处见真章，切忌好高骛远、浮躁虚夸、纸上谈兵，要坚持从小处做起，从平凡处做起，从修好一个零件、算好一个数据，起草好一份文件做起。

也许我们的工作不是那么的前沿，不是那么的"起眼"，我们每天都在一线生产、和现场打交道。枯燥、无味、高温、酷暑，这些都会影响我们的工作热情，但是，这不能成为我们毫无作为的理由。在平凡的岗位上，国家的楷模，身边的劳模，告诉我们"平凡的小事做好了同样不平凡"。我们要学习黄大年"脚踏实地，坚守岗位，唯痴迷者成大业的精神"，把一件事做好，做极致，就能成为一个领域里的"行家里手"。我们在"面对日常生产时能做到安全第一；修理成百上千个零件能做到不出差错；对于制约生产的瓶颈，能做到小改小革，创新发展"，这些都是在为社会的发展加油助力，讲奉献才能做贡献。贡献无"大小"，为企业节约了一张纸，一度电；改善一项小技术，方便了工作，降低了成本；脚踏实地，勤恳工作，保质保量地完成本职工作，只要用心，只要肯付出，平凡的岗位一样可以创出不凡的业绩。

习近平总书记指出，我们要以黄大年同志为榜样，学习他心有大我、至诚报国的爱国情怀，学习他教书育人、敢为人先的敬业精神，学习他淡泊名利、甘于奉献的高尚情操，把爱国之情、报国之志融入祖国改革发展的伟大事业之中、融入人民创造历史的伟大奋斗之中，从自己做起，从本职岗位做起，为实现"两个一百年"奋斗目标、实现中华民族伟大复兴的中国梦贡献智慧和力量。习近平总书记对黄大年同志先进事迹作出的重要指示中，总结提炼了黄大年同志的爱国情怀、敬业精神和高尚情操。

任务拓展

润滑脂的密封性

密封用润滑脂是由液体和固体物料组成的膏状体，在一定条件下满足结合物件（工件）连接或须密封处的密封要求。作为密封用润滑脂，必须考虑所接触的密封件材质与介质的性质，根据润滑脂与材质（特别是橡胶）的相容性来选择适宜的润滑脂。真空密封脂还要考虑到真空度的要求。按工作介质不同，密封润滑脂可分为防水密封脂、耐油密封脂、抗化学密封脂、真空密封脂等。

1. 防水密封脂

防水密封脂适用于水环境（潮湿环境）中运动部件间的密封与润滑，常用于各种水龙头、水表、阀门（陶瓷水阀和旋塞阀）、卫浴器材及潜水用品的润滑与密封。

防水密封脂性能要求如下：防水密封脂要求具有优良的防水密封性，使用寿命长。在水环境中使用时润滑脂不固化、不溶解、不分散、不会融化及流出。耐压性和耐水冲刷性强。材料适应性强，对接触的金属及非金属材料无腐蚀或损害作用。另外，还要求防水密封脂黏附性和润滑性良好，对金属件表面可形成阻垢及防腐，在金属与橡胶、金属与高分子材料滑动件间有良好的润滑效果。同时还要具有优异的高低温性，稠度随湿度变化小，机械安定性、氧化安定性、脂体安定性良好，挥发损失低。此外，与饮用水接触时，应满足食品安全的化学稳定性，无毒、无味。

2. 耐油密封脂

耐油密封脂要求具有良好的耐汽油、煤油、润滑油、水、乙醇和石油液化气等介质的能力，适用于与汽油、煤油、润滑油、液化气、水和乙醇等介质相接触的机电设备、管路接头、阀门等静密封和低速滑动、转动密封面的密封和润滑。

耐油密封脂性能要求如下：对于那些与汽油、煤油、润滑油、水、乙醇、石油液化气和天然气等介质接触的机电设备、机车、管路接头、阀门等静密封面或在低速下滑动、转动密封面，如油气田闸板阀、燃气阀、燃气管、输油输气管道连接部位以及油箱端盖和油窗等，需要使用耐油密封脂进行密封和润滑。这些场合使用的润滑脂，要求产品具有良好的耐矿油等介质的性能。在介质条件下不溶解、不分散、不固化、耐高压、抗震动、密封性好、黏附性和高温稳定性高，并能有效减少摩擦部位的磨损，延长零件寿命。

3. 抗化学密封脂

抗化学密封脂是一类耐化学介质的润滑脂，要求具有优良的密封性、润滑性和防护性。可用于输送酸、碱、盐、腐蚀气体、强氧化剂等介质的各种高温高压阀门、连接部位的润滑与密封。

抗化学密封脂性能如下：

（1）密封性。对于各种与酸碱盐、强腐蚀剂、强氧化剂等介质接触的机电设备、管路接头、阀门、轴承等工矿条件，抗化学密封脂要具有优良的密封性，能有效防止介质的泄漏。

（2）润滑性。可减少金属密封接触面的摩擦阻力，减少阀门开启、关闭的阻力，且黏附性、化学安定性、高温性和抗氧化稳定性优良，使用寿命长。

（3）防护性。使用的润滑脂，要求与塑料、橡胶等非金属和金属材料均有良好的相容性。

4. 真空密封脂

真空密封脂广泛适用于各种气动、真空设备的密封件的润滑和密封，包括作为真空系统的密封剂，以及真空机电设备中轴承、阀门、密封、O形密封圈、链条、压缩机、齿轮箱等的润滑剂。要求产品具有低的挥发损失、密封性好、化学稳定性好、材料适应性强，即同时具有密封与润滑两种功效。

真空密封脂性能如下：

（1）挥发性。一般低真空时，其室温下的饱和蒸气压力应小于 $1.3 \times 10^{-1} \sim 1.3 \times 10^{-2}$ Pa，高真空时，应小于 $1.3 \times 10^{-3} \sim 1.3 \times 10^{-5}$ Pa。在此条件下使用的润滑脂，必须具有低挥发性，以获得高真空度。真空密封脂的挥发性主要取决于基础油。在所有润滑基础油中，全氟聚醚的饱和蒸气压是最低的。

（2）物理、化学及热稳定性。在密封部位，其不因合理的温升而发生软化、化学反应或挥发，甚至被大气冲破。要具有优良的热稳定性、化学安定性、密封性和黏附性。

（3）清洗性及其他。某些密封材料应能溶于某些溶剂中，以便更换时易于清洗掉。此外，在某些情况下真空密封脂还必须考虑其电学性能、绝缘性能、光学性能、磁性能和导热性能等。

项目总结

（1）分析齿轮的失效形式及原因，齿轮传动故障的产生及诊断技术，重点是故障诊断与修理。

（2）分析轴的选材、轴的设计的影响因素，重点是轴拆卸、检查、故障诊断及修理技术。

（3）阐述轴承的受力、配合要求，重点是轴承的拆卸、清洗、检查装配、间隙调整等实用技术。

（4）阐述机械零件常用的修复技术。

（5）阐述润滑材料的类型及功能，重点是润滑材料的选用及应用。

（6）旋转零件故障修理中，重点是旋转零件的平衡检查。

知识巩固练习

（1）简述齿轮传动类型及特点，主要有哪些失效形式？

（2）防止齿轮失效的措施有哪些？

（3）检查齿轮故障常用的方法有哪些？

（4）简述齿轮间隙检查方法。

（5）滚动轴承的主要类型及特点是什么？

（6）滚动轴承常出现哪些缺陷？

（7）简述滚动轴承轴向固定的作用。

（8）可调整滚动轴承的间隙采用哪些方法来调整？

（9）滚动轴承预紧有何意义？

（10）如何焊修裂纹零件？

（11）用堆焊法如何修复磨损的零件？
（12）焊条选用应注意哪些因素？
（13）减小焊修变形的方法有哪些？
（14）轴类零件常用哪些拆卸方法？
（15）轴类零件常发生哪些缺陷？应怎样进行检查和修理？
（16）轴间平行度、垂直度、同心度等如何检查？
（17）如何检测轴上裂纹？
（18）如何检测轴磨损圆度？
（19）动压向心滑动轴承的润滑油膜是如何形成的？
（20）如何保证滑动轴承的可靠运行？
（21）润滑材料的种类及功能是什么？
（22）选择润滑材料品种时，应考虑哪些原则？
（23）旋转零件不平衡的原因是什么？不平衡零件运行后果如何？
（24）不平衡的类型与检测方法有哪些？

技能评价

以滚动轴承故障检修为例，对重点知识、技能的考核项目及评分标准进行分析，见表2-3。此表也适合其他设备零件修理技能的考核。

表2-3 技能评价表

类别	项目	内容	配分	考核要求	扣分标准	自我评分 30%	组内评分 30%	教师评分 40%
专业能力评价	任务实施计划	1. 态度及积极性； 2. 方案制定的合理性； 3. 安全操作规程遵守情况； 4. 考勤及遵守纪律情况； 5. 完成技能训练报告	30	目的明确，积极参加任务实施，遵守安全操作规程和劳动纪律，有良好的职业道德和敬业精神，技能训练报告符合要求	方案制定占5分；遵守安全操作规程占5分；考勤及遵守劳动纪律占10分；技能训练报告完整性占10分			
	任务实施情况	1. 拆装方案的拟定； 2. 滚动轴承的正确拆卸及清洗； 3. 滚动轴承的常见故障诊断与排除； 4. 滚动轴承的装配； 5. 任务的实施规范化，安全操作	30	掌握滚动轴承的拆装方法与步骤以及注意事项，能正确分析滚动轴承的常见故障及修理；能进行装配后的调试；任务实施符合安全操作规程并功能实现完整	正确选择工具占5分；正确拆装占5分；正确分析故障原因、拟定修理方案占10分；任务实施完整性占10分			
	任务完成情况	1. 相关工具、量具的使用； 2. 相关知识点的掌握； 3. 任务的实施完整	20	能正确使用相关工具、量具；掌握相关的知识点；具有排除异常情况的能力并提交任务实施报告	工具、量具的整理及使用占10分；知识点的应用及任务实施完整性占10分			

续表

类别	项目	内容	配分	考核要求	扣分标准	自我评分 30%	组内评分 30%	教师评分 40%
方法能力评价		1. 计划能力； 2. 决策能力	10	能够查阅相关资料制订实施计划；能够独立完成任务	查阅相关资料能力占5分；选用方法合理性占5分			
社会能力评价		1. 团结协作； 2. 敬业精神； 3. 责任感	10	具有组内团结协作、协调能力；具有敬业精神及责任感	团结协作、协调能力占5分；敬业精神及责任心占5分			
合计			100					

年　　月　　日

项目 ❸ 液压设备的检修

液压设备是现代科学技术的产物,但在设备的应用当中,难免会由于工作负荷较大或工作周期较长,造成设备出现一系列故障问题,比如油温过高、噪声过大或者油液泄漏,如果对于这些问题不能及时发现并解决,势必影响机电设备的正常运行,进而导致企业生产环节效率下降,影响经济效益提高,所以针对于此,需要结合常见故障的发生频率和故障成因,加强预防养护工作,为设备工作稳定性提供保障。本项目主要介绍液压故障的诊断方法和故障修理技术。

知识目标

1. 掌握液压元件常见的故障现象、故障诊断和修理方法;
2. 掌握液压系统故障诊断方法;
3. 熟悉液压系统常见的故障现象及排除方法。

能力目标

1. 能根据故障现象正确分析、准确判断液压设备的故障部位至具体元件;具有查阅图样、使用工具书、搜集相关知识信息并综合应用的能力;
2. 能根据具体故障,合理、正确地拟定设备修理方案,正确地选择和使用工具及仪器;
3. 对常见故障能实施修理,具有良好的团队沟通、协作能力。

素质目标

1. 在知识学习、能力培养中,弘扬民族精神、爱国情怀和社会主义核心价值观;
2. 培养实事求是、尊重自然规律的科学态度,勇于克服困难的精神,树立正确的人生观、世界观及价值观;
3. 通过学习液压设备的检修,懂得"工匠精神"的本质,提高道德素质,增强社会责任感和社会实践能力,成为社会主义事业的合格建设者和接班人。

任务 3.1 液压系统的检修

任务导入

液压系统中工作液在元件和管路中的流动情况,外界是很难了解到的,所以给分析、诊断带来了较多的困难。液压系统出现故障后,要想进行准确的诊断和正确的维修,就要掌握液压系统故障诊断的步骤和方法。

知识准备

1. 液压系统概述

液压系统是以运动着的液体作为工作介质，通过能量转换装置将原动机的机械能转变为液体的压力能，然后通过封闭管道、调节控制元件，再通过另一能量装置将液体的压力能转变为机械能的系统。

液压系统和机械系统相比，易于实现无级调速、自动控制、过载保护，排列布置具有较大的机动性，组装方便等方面的独特技术优势，因此在国民经济的各个行业中得到广泛应用。特别是新型液压系统和元件中的计算机技术、机电一体化技术和优化技术使液压传动正向着高压、高速、大功率、高效、低噪声、长寿命、高度集成化、复合化、小型化以及轻量化等方向发展。

图 3-1 为简化的机床工作台液压系统。它由油箱、滤油器、液压泵、换向阀、溢流阀、节流阀、液压缸（液压缸固定在床身上，活塞杆与工作台连接做往复运动）及油管等组成。

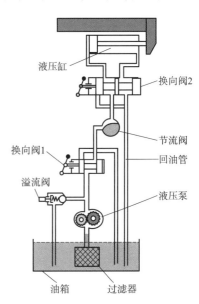

图 3-1 简化的机床工作台液压系统

该系统的工作原理：液压泵由电动机带动旋转后，从油箱经滤油器吸油，由泵输出压力油由换向阀1→节流阀→换向阀2→液压缸左腔，推动活塞并带动工作台向右移动；此时，液压缸右腔的油液→换向阀2→回油管→油箱。如果将换向阀1的手柄转换到右位，则经节流阀的压力油由换向阀2→液压缸右腔，推动活塞并带动工作台向左移动；此时，液压缸左腔的油液由换向阀2→回油管→油箱。

工作台的运动速度由节流阀调节，并与溢流阀配合实现。改变节流阀的开口大小，可以改变进入液压缸的流量，由此可控制液压缸活塞的运动速度，并使液压泵输出的多余流量经溢流阀流回油箱。液压泵出口处的油液压力是由溢流阀决定的，溢流阀在液压系统中的主要功用是调节和稳定系统的最大工作压力。

从上述实例可以看出，液压系统共由五个部分组成：

（1）动力元件：液压泵——将原动机输入的机械能转换为介质的压力能，向系统提供压力介质。

（2）执行元件：液压缸——直线运动，输出力、位移；液压马达——回转运动，输出转矩、转速，是将介质的压力能转换成机械能的装置。

（3）控制元件：压力、方向、流量控制的元件。它是对液压系统中油液压力、流量或方向进行控制和调节的装置。这些元件的不同组合形成不同功能的液压系统，保证执行元件完成预期的工作运动。

（4）辅助元件：油箱、管路、压力表等。这些元件分别起散热、储油、输油、连接、过滤、测量压力和测量流量等作用，它们对保证液压系统可靠和稳定地工作有重大作用。

（5）工作介质：液压油实现运动和动力的传递。

2. 液压系统故障诊断的一般步骤与方法

1）液压系统故障诊断的一般步骤

一个设计良好的液压系统与同等复杂程度的机械式或电气式机构相比，故障发生的概率是较低的，但由于液压故障具有隐蔽性、多样性、不确定性和因果关系复杂性等特点，寻找故障部位比较困难。诊断液压系统故障时，要掌握液压传动的基本知识，熟悉元件的性能，具有处理故障的经验。应该深入现场，全面了解故障情况。一般步骤如下：

（1）熟悉性能和资料。在查找故障前，首先要了解设备的性能，反复钻研液压系统图，将其彻底弄懂。不但要弄清各元件的性能和在系统中的作用，还要弄清它们之间的联系和型号、生产厂家、出厂年月等情况；然后在弄清原理的基础上，再对液压系统进行全面的分析。

（2）调查情况、现场考察。向操作者询问设备出现故障前后的状况和现象，产生故障的部位和故障的现象。如果还能动作，应亲自启动设备，仔细查看故障现象和参数变化。对照本次故障现象查阅技术档案，了解设备运行历史和当前的状况。

分析判断时一定要综合机械、电气、液压等多方面的因素。首先应注意外界因素对系统的影响，在排除外界原因之后，再查找系统内部原因。

（3）归纳分析、排除故障。对照本故障现象查阅设备技术档案是否有相似的历史记载（利于准确判断），根据工作原理，将所有资料进行综合、比较、归纳、分析，分析时注意事物的相互联系，逐步缩小范围，直到准确判断出故障的部位和元件。本着"先外后内"、"先调后拆"、"先洗后修"和"先易后难"的原则，制定修理工作的具体措施并实施。

（4）写出工作报告，总结经验，记载归档。将本次产生故障的现象、部位及排除方法归入设备技术档案，作为原始资料记载，积累维修工作的实际经验。

2）液压系统故障诊断的方法

液压系统故障诊断的方法很多，一般可分为简易诊断和精密诊断。简易诊断技术又称主观诊断法，它是靠维修人员利用简单的诊断仪器和凭个人的实践经验对液压系统出现的故障进行诊断，判断产生故障的部位和原因。这种方法简单易行，目前应用广泛。现介绍简易诊断法。

这种方法通过"看、听、摸、闻、阅、问"六字口诀进行。

（1）看。用眼睛观察液压系统工作的真实现象。看速度：观察执行机构运动速度有无变化和异常现象。看压力：观察液压系统中各油压点的压力值及无波动大小。看油液：观察油液是否清洁，是否变质，油液表面是否有泡沫，油量是否在规定的油标线范围内，油液的黏度是否符合要求等。看泄漏：观察液压管道接头、阀板接合处、液压缸端盖、液压泵轴端等是否有渗漏、滴漏现象。看振动：观察液压缸活塞杆或工作台等运动部件工作时有无因振动而跳动等现象。看产品：根据加工出的产品质量，判断运动机构的工作状态、系统工作压力和流量的稳定性等。

（2）听。用耳听判断液压系统或元件工作是否正常。听噪声：听液压泵和液压系统工作时的噪声是否过大；溢流阀、顺序阀等压力元件是否有尖叫声。听冲击声：听液压缸换向时冲击声是否过大；液压缸活塞是否有冲击缸底的声音，换向阀换向时是否有冲击端盖的声音；听气蚀与困油的异常，检查液压泵是否吸入空气，或是否存在严重困油现象。听敲打声：听液压泵运转时是否有因损坏引起的敲打声。听液压油在油管中的流动声音：听流动声音判断油液流动情况。

（3）摸。用手摸运动部件的温升和工作状态。摸温升：用手摸液压泵、油箱和阀类元件外壳表面上的油温，若接触 2 s 感到烫手，就应检查温升过高的原因；摸振动：用手摸运动件和管子的振动情况，若有高频振动应检查产生的原因；摸爬行：当执行元件在轻载低速运动时，用手摸有无爬行现象；摸松紧程度：用手拧一下挡铁、微动开关和紧固螺钉等松紧程度。

（4）闻。用嗅觉器官辨别油液是否发臭变质，橡胶件是否因过热发生特殊气味等。

（5）阅。查阅设备技术档案中的有关故障分析和修理记录，查阅日检和定检卡，查阅交接班记录和维护保养情况的记录。

（6）问。访问设备操作者，了解设备平时运行状况。问液压系统工作是否正常，液压泵有无异常现象；问液压油更换的时间，滤网是否清洁；问发生事故前压力调节阀或速度调节阀是否调节过，有哪些不正常的现象；问发生事故前对密封件或液压件是否更换过；问发生事故前液压系统出现哪些不正常的现象；问过去经常出现哪些故障，是怎样排除的，哪位维修人员对故障原因与排除方法比较清楚。

由于每个人的感觉、判断能力和实践经验的差异，判断结果肯定会有差异，但是经过反复实践，故障原因是特定的，终究会被确定并排除。这种方法对于有实践经验的工程技术人员显得更加有效。

3. 液压系统检修的原则

对液压系统的检修可以总结为"观察、分析、严密、调整"八个字，即在"观察"上打基础，在"分析"上花时间，在"严密"上下功夫，在"调整"上找出路。在液压系统中，由于液压元件都在充分润滑的条件下工作，液压系统均有可靠的过载保护装置，很少发生金属零件破损、严重磨损等现象，故大多数故障能通过调整的办法排除，有些故障可用更换易损件、换液压油甚至个别标准液压元件或清洗液压元件的办法排除，只有部分故障是因设备使用年久，精度不够需要修复才能恢复其性能。因此排除故障时应注意采用"先外后内、先调后拆、先洗后修"的步骤，尽量通过调整来实现，只有在万不得已的情况下才大拆大卸。清洗液压元件时，要用毛刷或绸布或塑料泡沫及海绵等，不能用棉布或面纱等来擦洗，以免堵塞微小的通道。

任务实施

YT4543 型动力滑台液压系统故障排除

图 3-2 所示为 YT4543 型液压动力滑台的液压系统原理图。该动力滑台的进给速度范围为 6.6~660 mm/min，最大进给速度为 7 300 mm/min，最大进给推力为 45 kN。这个系统采用限压式变量泵供油，电液换向阀换向，用行程阀实现快进和工进的速度换接，用电磁换向阀实现两种工进速度的转换，可以实现多种工作循环。动力滑台液压系统常见故障的诊断如下：

1. 油温升高迅速（高于 50 ℃）

可能原因（1）：变量泵的最大工作压力 p_{max} 调得过高。

判断方法：设法让液压缸工作进给，测量 p_1 和 p_3。若 $\Delta p = p_1 - p_3$ 超过 0.5 MPa，则说明压力调得偏高。

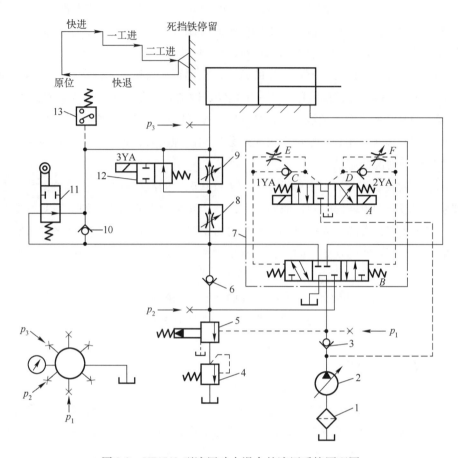

图 3-2　YT4543 型液压动力滑台的液压系统原理图

1—过滤器；2—限压式液压泵；3、6、10—单向阀；4—背压阀；5—顺序阀；7—电液换向阀；
8、9—调速阀；11—行程阀；12—电磁换向阀；13—压力继电器

可能原因（2）：背压阀 4 的压力调得过高。

判断方法：设法让液压缸工作进给，测量工作压力 p_2，一般为 0.3~0.5 MPa。若太高，则应适当降低。

可能原因（3）：单向阀 3 的弹簧太硬，使阀前压力过大。

判断方法：让工作台（液压缸）处于停止位置，测量卸荷压力 p_1，一般为 0.3 MPa 左右。若太高，应适当降低。

2. 动力滑台无快进

可能原因：单向阀 3 的弹簧太软或折断，阀前压力太低，使控制油路的压力过低，推不动电液换向阀的液动阀芯，所以不能换向。

判断方法：观察电液换向阀原位时，系统压力卸荷，压力计指示值小于 0.3 MPa；电液换向阀的电磁阀通电后，压力不见上升。

3. 换向冲击大

可能原因：电液换向阀 7 的液动阀芯移动速度太快。

判断方法：当电液换向阀 7 的电磁铁通电后，滑台立即换向，此时可调整电液换向阀 7 端盖上的节流螺钉，减慢其阀芯的移动速度，从而改善换向性能。

素质提升

每个人都是"梦之队"的一员

液压设备能否正常工作与组成液压系统的每个元件是否正常发挥各自效能密切相关。这就如同实现中华民族伟大复兴，和我们每个社会成员息息相关。

中国梦是民族的梦，也是每个中国人的梦。正如人们形容的那样，每个人都是"梦之队"的一员，是中国梦的书写者。回顾过去，中国站起来、富起来、强起来的过程，也是中国人民艰辛创造、奋斗不懈的过程。实现中国梦，需要 14 亿多中国人共同奋斗；每个人的前途命运都与国家和民族的前途命运紧密相连，书写好中国梦，需要每一个人去身体力行，要把自己的梦想与国家的转型跨越伟大实践相结合，从我做起、从现在做起，立足岗位，建功立业。

实现中国梦，需要苦干实干。空谈误国，实干兴邦。实干苦干是实现中国梦的法宝。任何伟大的目标、伟大的计划，最终必然会落实到实干上，只有实干才会产生最后的结果。

实现中国梦，需要精神力量的助推。有了强大的精神力量，才有奋然进取的决心；有了精神的助推，才能迎难而上。我们要以工匠精神、科学家精神、焦裕禄精神武装自己，这些精神是伟大的中国精神的一部分，是一代又一代人共同创造、传承、践行的价值追求。每个人都应以中国精神激励自己，凝聚共识，主动地承担起时代赋予的重托。

实现中国梦，需要增强自己的本领。本领不仅是工作的能力，也是个人幸福的源泉。梦在前方，路在脚下。只要我们每个人都充分发挥主观能动性，把实现自身价值与服务社会统一起来，积极投身转型跨越发展的伟大实践，就能为实现中国梦，贡献出更多的智慧和更大的力量，最终汇聚成不可阻挡的实现中国梦的磅礴之力。

任务拓展

液压设备的故障特征

1. 液压设备不同运行阶段的故障

1）液压设备安装调试阶段的故障

液压设备安装调试阶段的故障发生率较高，其特征是设计、制造与安装的质量问题交织在一起，综合了机械、电气和液压多方面的因素。液压系统常发生的故障有：

（1）设计不合理，制造与安装的误差，如接头松动、板式连接或法兰连接接合面螺钉预紧力不够等，造成外泄漏严重，主要发生在接头和有关元件连接端盖处。

（2）执行元件运动速度不稳定。

（3）控制元件的阀芯卡死或运动不灵活，导致执行元件动作失灵。

（4）压力控制阀的阻尼小孔堵塞，导致压力不稳定。

（5）液压系统设计上的技术参数存在问题，控制元件（如单向阀、换向阀）、辅助元件（如油箱、管路）的布局、排放位置不合理，导致系统发热、执行元件同步精度降低等。

（6）阀类元件漏装弹簧、密封件，造成控制失灵，有时出现管路接错而使系统动作错乱。

2) 液压设备运行初期的故障

液压设备经过调试阶段后，便进入正常生产运行阶段，此阶段故障特征是：

（1）管接头因振动而松脱。

（2）密封件质量差，或由于装配不当而被损伤，造成泄漏。

（3）管道或液压元件油道内的毛刺、型砂、切屑等污物在油流的冲击下脱落，堵塞阻尼孔或滤油器，造成压力和速度不稳定。

（4）由于负荷大或外界环境散热条件差，使油液温度过高，引起泄漏，导致压力和速度的变化。

3) 液压设备运行中期的故障

液压设备运行到中期，故障率最低，这个阶段液压系统运行状态最佳。据有关资料统计，液压系统故障的75%以上与液压油污染有关，在使用液压油时要把它看作如人的血液一样，只有保持足够的清洁度，才能将液压系统的故障率降到最低限度。这就需要定期更换液压油，避免油液的污染。

4) 液压设备运行后期的故障

液压设备运行到后期，液压元件因工作频率和负荷的差异，易损件先后开始正常性地超差磨损。此阶段故障率较高，泄漏增加，效率降低。针对这一状况，要对元件进行全面检查，对已失效的液压元件应进行修理或更换。以防止液压设备不能运行而被迫停产。

2. 液压设备的突发故障

除上述阶段所涉及的故障以外，液压设备在运行的初期和后期还经常会发生突发性故障。故障的特征是突发性的，故障发生的区域及产生原因较为明显，如发生碰撞、元件内弹簧突然折断、管道破裂、异物堵塞管路通道、密封件损坏等故障。

突发故障往往与液压设备安装不当、维修不良有直接关系。有时由于操作错误也会发生破坏性故障。防止这类故障的主要措施是加强设备日常管理维护，严格执行岗位责任制，加强操作人员的业务培训。

任务3.2 液压元件的检修

任务导入

在液压系统中，液压泵是系统的动力元件，为整个系统提供能量，就如同人的心脏为人体各部位输送血液一样。液压缸是执行件，完成机器的最终动作，各类阀是控制件，控制执行件的动作完成。所以，液压系统出现的故障和造成故障的原因也是多种多样的，只有掌握这些元件的常见故障诊断与维修的基本技能，才能保证液压系统的正常工作。

知识准备

1. 液压泵的检修

液压泵是液压系统的动力元件，是靠发动机或电动机驱动，从液压油箱中吸入油液，形成压力油排出,送到执行元件的一种动力元件。

1) 液压泵的分类及特点

(1) 按流量是否可调节可分为:变量泵和定量泵。输出流量可以根据需要来调节的称为变量泵,流量不能调节的称为定量泵。

(2) 按液压传动系统中常用的泵结构分为:齿轮泵、叶片泵和柱塞泵3种。

齿轮泵:体积较小,结构较简单,如图3-3所示,对油的清洁度要求不高,价格较便宜;但泵轴受不平衡力,磨损严重,容易造成泄漏。

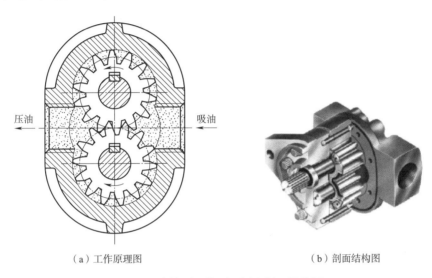

(a) 工作原理图　　　　　　　　(b) 剖面结构图

图3-3　齿轮泵工作原理图和剖面结构图

叶片泵:分为双作用叶片泵和单作用叶片泵,如图3-4所示。这种泵流量均匀、运转平稳、噪声小、工作压力和容积效率比齿轮泵高、结构比齿轮泵复杂。

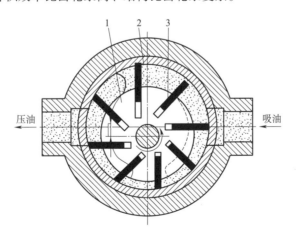

图3-4　单作用叶片泵结构和工作原理图

1—转子;2—定子;3—叶片

柱塞泵:容积效率高、泄漏小、可在高压下工作、大多用于大功率液压系统;但泵的结构复杂，材料和加工精度要求高、价格高、对油的清洁度要求高，如图 3-5 所示。

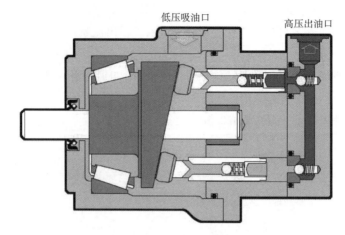

图 3-5　柱塞泵结构和工作原理图

一般是在齿轮泵和叶片泵不能满足要求时才用柱塞泵。还有一些其他形式的液压泵，如螺杆泵等，但应用不如上述三种普遍。

2）齿轮泵使用要求、常见故障诊断与排除

（1）齿轮泵使用要求：

①齿轮泵作为液压动力源，必须正确选用液压油，特别要注意黏度。黏度过高，会引起齿轮泵吸油不足；黏度过低易引起泄漏增加，降低泵的容积效率。所以，液压油的黏度性能要好，还要有良好的润滑性及化学稳定性。

②齿轮泵的传动轴安装方式应采用弹性联轴器，电动机轴与泵轴的同轴度偏差不大于 0.1～0.2 mm。

③进油管滤油器过滤精度不低于 50 μm，滤油器通流面积要大于进油管口面积的 2 倍。

④进油管与齿轮泵连接处不得漏气，当进油口采用法兰连接时，法兰要保持平衡。密封环质量要符合要求，螺栓要按规定拧紧，严防吸入空气，产生汽蚀和漏油。

⑤泵的位置尽可能接近油箱，吸油总高度不大于 500 mm，否则会造成吸油不足，产生汽蚀和噪声。

⑥为保证齿轮泵的额定供油量，油箱总容积应为齿轮泵流量的 3～6 倍，油箱还应设置空气滤油器、液压油滤油器等。

（2）齿轮泵的故障诊断与排除：

①齿轮泵密封性差，产生漏气：

a. 减小内泄漏方法：适当调整泵的装配间隙，如泵体与前后端盖因装配时有毛刺或平面度不良时，可用油石去除毛刺，在平板上用油石研磨或在平面磨床上修磨，使平面度偏差不大于 0.05 mm。

b. 泵盖有采用塑料压盖的，但因塑料热胀冷缩系数大，易造成密封不良。解决办法是，用丙酮或无水酒精将前后端盖清洗干净，再用环氧树脂胶黏剂涂敷密封，待胶黏剂干后才能启动泵。

c. 吸油口管道密封不严，齿轴（主动轴）密封损坏，混入空气。可紧固吸油口管道密封螺母，检查密封圈是否损坏，若损坏则更换。若因时间太久，密封圈内弹簧太松，无法使密封圈与齿轴密封，可取下弹簧，将另一端（非锥形端）在砂轮上磨去一小段。

d. 油箱油面过低，吸入空气。要求进油管浸入油液面的深度符合规定，否则更换进油管，并及时向油箱补充加油。

② 齿轮泵运转噪声大、压力波动大：

a. 检查油管、安装架、机架是否松动，要紧固，避免产生共振。

b. 齿轮齿形精度不高或接触不良。调换齿形精度高的齿轮，也可采用对研修整（对研后要拆开泵清洗后重新装配）。

c. 泵内进入空气。从进油管接头、泵轴密封处或泵体泵盖处渗入空气。可按上述方法处理，也可更换密封或纸垫。

d. 齿轮与端盖间的轴向间隙过小。将齿轮拆下放在平面磨床上磨去一定平面厚度，使齿轮比泵体薄 0.02~0.04 mm。

e. 泵与电动机连接的联轴器碰擦。泵与电动机应采用柔性连接，并适当调整位置，使其不再发生碰擦。若联轴器中的圆柱、橡胶圈损坏，应更换，且安装时应保证两者同轴度误差在 0.1 mm 范围内。

f. 油箱油量不足，检查油箱液压油液面，保证液压油充足。

g. 油液黏度过高，检查工作温度时的黏度。

h. 进、回油管布局不当。在低油液面时，回流产生涡流，带有气泡。应加足油液。

i. 泵进油管口径太小，检查流速不得超过 1.2~1.5 m/s。

j. 油液脏。尘埃、砂粒、异物进入齿轮泵，使泵损坏。加装油液过滤器。

k. 齿轮泵零件松动。将松动零件拧紧。

③ 齿轮泵容积效率低、流量不足，压力提不高：

a. 齿轮磨损或齿面咬毛，啮合间隙太大，产生内泄漏。需要更换新泵。

b. 轴向、径向间隙过大，内漏严重。更换泵体，保证轴向间隙在 0.02~0.04 mm 之间，径向间隙在 0.03~0.1 mm 之间。侧板用 1200# 金刚砂研磨平整，表面粗糙度为 0.008 mm。

c. 各管道连接处产生泄漏，紧固各连接处螺母。若发现管道破裂、接口套损坏等情况时，应更换新的。

d. 因溢流阀故障使压力油泄入油箱。检查溢流阀、滑阀内阻尼孔堵塞或滑阀有毛刺被卡死时，需清洗，并用金相砂纸将滑阀修光；弹簧断裂或质量不好，更换弹簧；滑阀与阀体孔磨损严重，更换溢流阀。

e. 进油口油管进油位置太高。调整进油管高度不大于 500 mm。

f. 泵不排油或压力不足。检查泵的转向、转速，泵转向不对时，改变电动机转向；转速低时，换用转速高的电动机或变速器。

g. 泵轴或驱动连接件损坏，如键被剪断，需要更换新件。

h. 进油管路、滤油器堵塞。须检查油的清洁度，清洗进油管路，更换滤油器滤芯。

④ 机械效率低：

a. 轴向、径向间隙较小，啮合齿轮旋转时，与泵体孔或前、后端盖碰擦。应调节间隙，保证轴向、径向间隙尺寸在要求范围内。

b. 装配时，前、后端盖孔与轴的同轴度误差太大，滚针轴承质量较差或损坏，影响轴的旋转精度，两轴上的弹性挡圈因挡圈脚太长，轴旋转时碰擦端盖。重新装配调整，要求手动旋转主动轴感觉无碰擦端盖。

c. 泵与电动机轴上安装的联轴器同轴度未调整好。要求同轴度不大于0.1 mm。

⑤密封圈脱离密封槽：

a. 密封圈与泵前盖配合太松。应为稍有过盈的配合。

b. 泵体方向装反，使出油口接通卸荷槽而产生压力，将密封圈冲出。应纠正装配方向。

c. 管道被污物堵塞。应清除污物。

⑥压盖在运转时活塞被冲击：

a. 压盖没装好，堵塞了前、后端盖板上的回油管道，造成回油不畅，产生很大压力，将压盖冲出。可将压盖倾角增大一些，使压盖压入端盖后不会堵塞回油通道。

b. 回油管道被污物堵塞，产生了压力。清除污物，疏通回油通道。

⑦泵的压力低或者完全没有压力：

泵空载时无压力是自然现象，但有载荷时无压力就应检查：

a. 进油管是否漏气、堵塞。检查进油管接口。

b. 泵内漏是否过大。检查系统压力是否正常。

c. 溢流阀压力是否调得过低，工作是否正常。检查压力表的压力是否正常。

d. 泵中齿轮、轴承是否损坏，零件是否松动。检查泵的运转是否正常。

3）叶片泵使用要求、常见故障诊断与排除

（1）叶片泵使用要求：

①叶片泵的转速要求较高，当转速过低启动时，叶片泵不能紧贴定子内表面，压力建立不起来，转速过高会造成泵吸油不足而产生吸空现象。

②叶片泵的抗污染能力比齿轮泵差，为此，进油路滤油器精度应设为30 μm。

（2）叶片泵的故障诊断与排除：

①泵不出油，压力表显示没有压力：

a. 油箱液面过低。向油箱内加液压油，油液面至规定高度。

b. 吸油管或滤油器污物堵塞。清除污物。

c. 吸油腔部分（油封、泵体吸油管接头）漏气。吸油腔是否有砂眼或气孔，有则更换泵体；吸油管是否有裂缝，管接头螺母是否拧紧，查看油封密封性能及质量。

d. 叶片与槽配合过紧，叶片在转子槽内被卡住，根本抛不出来，叶片与槽的配合间隙应为 0.015~0.02 mm，并应无毛刺；或者叶片折断，造成高、低压腔形成互通。

e. 配油盘缺损及配油盘与泵体接触不良，配油盖侧面有微小变形，造成密封区域泄漏。修整配油盘与转子的接触面。

f. 电动机反转。调整电动机旋转方向。

g. 泵的转速太低。调整转速或更换电动机。

h. 油液黏度过大。改用适当黏度的油液。

i. 未装连接键、花键轴不转或花键轴扭断等。装上连接键或更换花键轴。

j. 吸油管过长。缩短进油管的长度。

k. 泵体质量不好，存在砂眼、气孔等问题。调换新泵体。

②泵的容积效率低，压力提不高：

a. 叶片或转子装反。应纠正。

b. 叶片与叶片槽的配合间隙过大。根据叶片槽尺寸重新配制叶片，使叶片与叶片槽的配合间隙应控制在 0.015~0.02 mm 范围内。

c. 定子吸油腔处磨损严重，叶片顶端缺损或拉毛。可将定子翻转 180°，使吸油腔、压油腔互换，并重新加工定位孔；修整叶片顶端或者调换。

d. 泵的定子内曲线磨损。在专用磨床上修磨或调换。

e. 泵轴的轴向间隙太大，内漏严重。修配定子、转子、叶片，控制轴向间隙在 0.04~0.07 mm 之间。

f. 进油不畅。清洗进油口过滤器。

g. 油封安装不良或损坏。重新改装或更换。

h. 系统有泄漏。检查系统内各管道、管接头、阀的泄漏情况。

③泵运转时噪声大：

a. 定子曲线表面不光滑。抛光定子曲线表面。

b. 配流盘端面与内孔，叶片端面与侧面垂直度误差大。修配配流盘端面与叶片侧面，使其垂直度误差在 0.01 mm 内。

c. 配流盘压油口的三角槽太短。修整三角槽，保证相邻两叶片间的连通。

d. 进油口密封不严，混入空气。检查进油管及管接头并拧紧。

e. 进油不畅，泵吸油不足。清除过滤器或进油管内的污物，要保证液压油充足。

f. 泵在超压下工作。调整系统压力，须低于额定压力工作。

g. 电动机或其他机械引起的振动。如花键轴与电动机轴同轴度问题、橡胶垫减震问题等。

当感到泵的运转噪声大时，还应注意是否存在空穴现象（若噪声的频率高，说明有空穴现象存在），若有，要从进、回油管的气密性进行检查和排除。如产生频率与平常噪声不相同的异常噪声时，可以认为是与泵的旋转部件有关。

④漏油：

a. 密封圈安装不良或损坏。重新安装更换。

b. 密封材料选择不当。应选用耐油橡胶材质的油封。

c. 密封面接触不良。检查叶片泵内各结构面是否产生变形或有毛刺，并进行修整。

d. 油封背压过高。应保证油封背压在耐压值以下。

⑤泵的输出压力脉动大：

叶片泵从理论上说，压力脉动应该很小，但实际上存在较大的压力脉动。大多数情况下，是溢流阀的振动所引起的。但是，也有由泵本身的流量脉动而引起的。泵的输出压力脉动增大，将激振管路，使设备整体产生噪声。若进行噪声频率分析，则显示存在着 1 000 Hz 以下的频率峰值声压。

压力脉动大的原因有：泵内部泄漏的变化，叶片异常，定子内表面磨损。解决办法是拆卸修理或更换。

4）柱塞泵使用要求、常见故障诊断与排除

（1）柱塞泵的安装、使用和维护：

①柱塞泵的安装：

a. 泵的安装支架要有足够刚度，管道过长要将安装支架进行固定，以防振动。

b. 泵与驱动机构连接，推荐采用弹性联轴器，两轴的同轴度偏差要小于 0.2 mm，不许采用万向联轴器等有冲击和径向载荷的传动方式。联轴器与传动轴的配合尺寸应合理选择。

c. 泵体上有两个漏油口：仅作漏油用时，将高处漏油口接通回油箱的油管，低处漏油口堵死，管道阻力不应使泵体内压力超过 0.1 MPa；作漏油及冷却用时，高处漏油口仍通油箱，低处漏油口通入冷却油，管道阻力不应使泵体内压力超过 0.1 MPa。

d. 作液压泵使用时，应用辅助泵低压供油，供油压力为 0.3~0.7 MPa。在开式油路中，辅助泵供油量为主泵额定流量的 12%；在闭式油路中为 15% 以上。

e. 安装管道及元件时，必须严格保持清洁，不得有任何杂物混入，管道必须经耐压试验，试验压力为工作压力的 2 倍，并应进行酸洗，如有条件再经磷化处理。

f. 压力油路应设置过滤精度为 10~25 μm 的滤油器，常用铜基粉末冶金滤油器。

②柱塞泵使用时应注意事项：

a. 检查轴的旋转方向、油管的连接是否正确可靠。

b. 泵在启动前，从滤油口往泵体内注满工作油。

c. 溢流阀调整压力时不应调至最低值。

d. 调整变量机构，作液压泵使用时排量应为最小值；作液压马达使用时排量应为最大值。

e. 应先启动辅助泵，排除管道中的空气，再调整辅助泵的溢流阀，然后才能启动主泵（柱塞泵）。

f. 初次使用或长期存放后，泵运转时，应在压力为 2.5 MPa 左右跑合 1~2 h。

g. 根据系统工作压力值，将溢流阀的控制压力调整到系统工作压力的 110%~120%。

h. 泵的工作压力和转速必须按铭牌上的规定值调定，按峰值压力连续工作的时间不应超过 1 min，按峰值压力间断工作的累计时间不应超过运转时间的 10%。

i. 泵运转过程中，要经常检查有无泄漏，如发现异常泄漏、温升、振动时，应立即停车。先关主泵，待主泵停稳后再关辅助泵。

j. 泵正常工作油温范围为 16~65 ℃。泵的用油：在环境温度为 15 ℃ 以上时，可用 20#、30# 机床液压油、40# 稠化液压油；在环境温度为 -5~+15 ℃ 时，可用 20# 稠化液压油；在环境温度为 -30~+15 ℃ 时，可用上稠 YH-10 航空稠化液压油。

③柱塞泵的检查与维护：

a. 定期检查工作油中的水分、机械杂质、酸值，如超过规定值，应更换工作油。绝对禁止使用已用过的未经过滤的旧油。

b. 液压件非必要不能随意拆卸。不得不拆卸时要保持场地、元件、工具清洁，防止任何细小杂物留在元件内,弹簧挡圈的拆卸应用专门工具。

c. 定期检查滤油器。长期存放不用时,应将泵体内工作油放净,注满酸值较低的液压防锈油,各油口用螺栓堵住。

(2) 常见故障诊断与排除。泵的故障排除要根据不同的原因选择不同的检查维修工艺。如研磨配流盘及缸体端面,单向阀密封面的研磨,更换有砂眼或裂纹的零件,当柱塞孔严重磨损或损坏,应该将缸孔重新镀铜、研磨等。若变量机构的活塞磨损严重,可更换活塞,保证活塞与活塞孔间隙为 0.01~0.02 mm。当配流盘与泵体之间没有贴紧而造成大量泄漏,则应拆开液压泵重新组装。如果是液压油黏度过低,使各部漏油增加,则要更换液压油。

①液压泵输出流量不足或无流量输出:

a. 泵吸入量不足。原因可能是油箱液压油面过低,油温过高,进油管漏气,滤油器堵塞等。检查油箱油量、进油管接口,更换滤油器。

b. 泵泄漏量过大。主要是由密封不良造成的。例如,泵体和配流盘的支撑面有砂眼或裂痕、配流盘被杂质划伤、变量机构及其中单向阀各元件之间配合或密封不好等。这可以通过检查泵体内液压油中的异物来判断泵中损坏或泄漏的部位。

c. 泵斜盘实际倾角太小,使泵的排量减小。这需要调整手动操纵杆或伺服操纵系统。

d. 压盘损坏。当柱塞泵压盘损坏,泵不仅无法自吸,而且使碎渣部分进入液压系统,没有流量输出,除应更换压盘外,系统还应清洗排除碎渣。

②斜盘零角度时仍有排油量:斜盘式变量轴向柱塞泵斜盘零角度时不应有流量,但是在使用中,往往出现零角度时尚有流量输出。其原因在于斜盘耳轴磨损,控制器的位置偏离、松动或损坏等。这需要更换斜盘或研磨耳轴,重新调零、紧固或更换控制器元件以及调整控制油压力等来解决。

③输出流量波动:

a. 若流量波动与旋转速度同步,为有规则的变化,则可认为是与排油行程有关的零件发生了损伤,如柱塞与柱塞孔、滑履与斜盘、缸体与配流盘等。

b. 若流量波动很大,对变量泵可以认为是变量机构的控制作用不佳,如异物混入变量机构、控制活塞上划出伤痕等,引起控制活塞运动的不稳定;又如弹簧控制系统可能伴随负荷的变化产生自激振荡,控制活塞阻尼器效果差引起控制活塞运动的不稳定等。

流量的不稳定又往往伴随着压力的波动。出现这类故障,一般都需要拆开液压泵,更换受损零件,加大阻尼,改进弹簧刚度,提高控制压力等。

④输出压力异常:

a. 输出压力不上升:溢流阀有故障或调整压力过低,使系统压力上不去,应检修或更换溢流阀,或重新检查调整压力;单向阀、换向阀及液压执行元件(液压缸、液压马达)有较大泄漏,系统压力上不去,需要找出泄漏处,更换元件;液压泵本身自吸进油管道漏气或因油中杂质划伤零件造成内漏严重等,可紧固或更换元件,以提高压力。

b. 输出压力过高:系统外负荷上升,泵压力随负荷上升而增加,这是正常的。若负荷一定,而泵压力超过负荷压力的对应压力值时,则应检查泵外的元件,如换向阀、执行元件、传动装置、油管等,一般压力过高应调整溢流阀,进一步确定压力过高的原因。

⑤振动和噪声:

a. 机械振动和噪声。泵轴和电动机轴不同轴,轴承、传动齿轮、联轴器的损伤,装配螺栓松动等均会产生振动和噪声。

当泵的转动频率与组合的压力阀的固有频率相同时,将会产生共振,可用改变泵的转速来消除共振。

b. 管道内液流产生的噪声。当进油管道太细,粗滤油器堵塞或通油能力减弱时,进油管道吸入空气;油液黏度过高,油面太低导致吸油不足,高压管道中有压力冲击等,均会产生噪声,必须正确设计油箱,正确选择滤油器、油管等。

⑥液压泵进行温度高:主要由于系统内高压油流经各液压元件时产生节流压力损失而导致泵体过度发热。因此正确选择运动元件之间的间隙、油箱容量、冷却器的大小,可以解决液压泵的过度发热问题。

⑦漏油:液压泵的漏油可分为内漏与外漏两种。

内漏在漏油量中比例最大,其中缸体与配流盘之间的内漏又是最主要的。为此要检查缸体与配流盘是否被烧蚀、磨损,安装是否合适等。检查滑履与斜盘间的滑动情况,变量机构控制活塞的磨损状态等。故障排除视检查情况进行,如必要时更换零件、油封外,还要适当选择运动件之间的间隙,如变量控制活塞与后泵盖的配合间隙应为 0.01 ~ 0.02 mm。

⑧变量操纵机构失灵。对于手动伺服式变量泵,有时操纵杆停不住,其原因可能有以下几点:

a. 伺服阀阀芯被卡死。可清洗、研磨或更换阀芯。伺服阀阀芯与伺服阀阀套配合间隙为 0.005 ~ 0.015 mm。

b. 变量控制活塞磨损严重,造成漏油和停不住。需要更换活塞。

c. 伺服阀阀芯端部折断。需要更换阀芯。

d. 液控变量泵的变换速度不够,原因是控制压力太低,应提高控制压力,达到 3 ~ 5 MPa;控制流量太小,增加控制流量。

2. 液压缸的检修

液压缸是液压系统中将液压能转换为机械能的执行元件。液压缸的结构形式多种多样,其分类方法也有多种:按运动方式可分为直线往复运动式和回转摆动式;按受液压力作用情况可分为单作用式、双作用式;按结构形式可分为活塞式、柱塞式、多级伸缩套筒式、齿轮齿条式等;按安装形式可分为拉杆、耳环、底脚、铰轴等;按压力等级可分为 16 MPa、25 MPa、31.5 MPa 等。

液压缸的故障可基本归纳为误动作或动作失灵、工作时不能驱动负载以及活塞滑移或爬行等。由于液压缸出现故障而导致设备停机的现象屡见不鲜,因此,应重视液压缸的故障诊断与使用维护工作。下面就一些常见的运行故障逐一进行分析。

1)误动作或动作失灵

原因和处理方法有以下几种:

(1)阀芯卡住或阀孔堵塞。当流量阀或方向阀阀芯卡住或阀孔堵塞时,液压缸易发生误动作或动作失灵。此时应检查油液的污染情况;检查脏污或胶质沉淀物是否卡住阀芯或堵塞阀孔;

检查阀体的磨损情况,清洗、更换系统过滤器,清洗油箱,更换液压介质。

(2)活塞杆与缸筒卡住或液压缸堵塞。此时无论如何操纵,液压缸都不动作或动作甚微。这时应检查活塞及活塞杆密封是否太紧,是否进入脏污及胶质沉淀物;活塞杆与缸筒的轴心线是否对中,易损件和密封件是否失效,所带负荷是否超载。

(3)液压系统控制压力太低。控制管路中节流阻力可能过大,流量阀调节不当,控制压力不合适,压力源受到干扰。此时应检查控制压力源,保证压力调节到系统的规定值。

(4)液压系统中进入空气。主要是因为系统中有泄漏发生。此时应检查液压油箱的液位,液压泵吸油侧的密封件和管接头,吸油粗滤器是否堵塞。若如此,应补充液压油,处理密封及管接头,清洗或更换粗滤芯。

(5)液压缸初始动作缓慢。在温度较低的情况下,液压油黏度大,流动性差,导致液压缸动作缓慢。改善方法是,更换黏温性能较好的液压油,在低温下可借助加热器或用机器自身加热以提升启动时的油温,系统正常工作油温应保持在40 ℃左右。

2)工作时不能驱动负载

主要表现为活塞杆停位不准、推力不足、速度下降、工作不稳定等,其原因如下:

(1)液压缸内部泄漏。液压缸内部泄漏包括液压缸体密封、活塞杆与密封盖密封及活塞密封均过量磨损等引起的泄漏。

活塞杆与密封盖密封泄漏的原因是:密封件折皱、挤压、撕裂、磨损、老化、变质、变形等,此时应更换新的密封件。

活塞密封过量磨损的主要原因是速度控制阀调节不当,造成过高的背压以及密封件安装不当或液压油污染。其次是装配时有异物进入及密封材料质量不好。其后果是动作缓慢、无力,严重时还会造成活塞及缸筒的损坏,出现"拉缸"现象。处理方法是调整速度控制阀,对照安装说明应做必要的操作和改进。

(2)液压回路泄漏。包括阀及液压管路的泄漏。检修方法是通过操纵换向阀检查并消除液压连接管路的泄漏。

(3)液压油经溢流阀回路回油箱。若溢流阀进入脏污卡住阀芯,使溢流阀常开,液压油会经溢流阀回路直接流回油箱,导致液压缸没油进入。若负载超载,溢流阀的调节压力虽已达到最大额定值,但液压缸产生的推力达不到超负荷所需的推力而不动作。

3)活塞滑移或爬行

液压缸活塞滑移或爬行将使液压缸工作不稳定。主要原因及解决方法如下:

(1)液压缸内部涩滞。液压缸内部零件装配不当、零件变形、磨损或形位公差超差,动作阻力过大,使液压缸活塞速度随着行程位置的不同而变化,出现滑移或爬行。原因大多是由于零件装配质量差,表面有伤痕或烧结产生的铁屑,使阻力增大,速度下降。例如:活塞与活塞杆不同心或活塞杆弯曲,液压缸或活塞杆对导轨安装位置偏移,密封环装得过紧或过松等。解决方法是重新修理或调整,更换损伤的零件及清除铁屑。

(2)润滑不良或液压缸孔径加工超差。因为活塞与缸筒、导向套与活塞杆等均有相对运动,如果润滑不良或液压缸孔径超差,就会加剧磨损,使缸筒中心线直线度降低。这样,活塞在液压缸内工作时,摩擦阻力会时大时小,产生滑移或爬行。解决方法是先修磨液压缸,再按配合要求配制活塞，修磨活塞杆，配制导向套。

(3) 液压泵或液压缸进入空气。空气压缩或膨胀会造成活塞滑移或爬行。解决方法是检查液压泵，设置专门的排气装置，快速操作液压缸全行程往返数次进行排气。

(4) 密封件质量与滑移或爬行有直接关系。O形密封圈在低压下使用时，与U形密封圈比较，由于面压较高、动静摩擦阻力之差较大，容易产生滑移或爬行；U形密封圈在高压下使用时，U形密封圈的面压随着压力的提高而增大，虽然密封效果也相应提高，但动静摩擦阻力之差也变大，内压增加，影响橡胶弹性，由于唇缘的接触阻力增大，密封圈将会倾翻及唇缘伸长，也容易引起滑移或爬行，为防止其倾翻可采用支承环保持其稳定。

4) 液压缸缸体内孔表面划伤的不良后果及快速修复方法

(1) 装配液压缸时造成的伤痕：

①装配时混入异物造成伤痕。液压缸在总组装前，所有零件必须充分去除毛刺并洗净，零件上带有毛刺或脏污进行安装时，由于毛刺或脏污等异物阻滞了活塞的运动，以及零件自重，使异物易嵌进缸壁表面，造成伤痕。

②安装零件中发生的伤痕。液压缸安装时，活塞及缸盖等零件质量大、尺寸大、惯性大，即使有起重设备辅助安装，由于规定配合间隙都较小，无论怎样均会"别劲"装入，因此，活塞的端部或缸盖凸台在磕碰缸壁内表面时，极易造成伤痕。解决此问题的方法：对于数量多，批量生产的小型产品，安装时采用专制装配导向工具；对重、粗、大的大中型液压缸，使用防撞垫、导向装置等辅助器械，谨慎操作，尽力避免磕碰。

③测量仪器触头造成的伤痕。通常采用内径千分尺测量缸体内径时，测量触头是边摩擦边插入缸体内孔壁中的，测量触头多为高硬度耐磨硬质合金制成。一般地，测量时造成深度不大的细长形划伤是轻微的，不影响运行精度，但如果测量杆头尺寸调节不当，测量触头硬行嵌入，在内孔壁会造成较为严重的伤痕。解决此问题的对策，首先是测量出调节好的测量头的长度，此外，用一张只在测量位置上开孔的纸带，贴在液压缸内壁表面。这样测量不会产生上述划痕。测量造成的轻微划痕，一般用金刚砂纸即可擦去。

(2) 不严重的运行磨损痕迹：

①活塞滑动表面的伤痕。转移活塞安装之前，其滑动表面上带有伤痕，未加处理，原封不动地进行安装，这些伤痕将反过来使缸壁内表面划伤。因此，安装前，对这些伤痕必须做充分的修整。

②活塞滑动表面压力过大造成的烧结现象。因活塞杆的自重作用使活塞倾斜，出现"别劲"现象，或者由于横向载荷等的作用，使活塞滑动表面的压力上升，将引起烧结现象。在液压缸设计时必须研究它的工作条件，对于活塞和衬套的长度以及间隙等尺寸必须加以充分注意。

③缸体内表面所镀硬铬层发生剥离。一般认为，电镀硬铬层发生剥离的原因如下：

a. 电镀层黏结不好。电镀层黏结不好的主要原因是：电镀前，零件的除油脱脂处理不充分；零件表面活化处理不彻底，氧化膜层未去除掉。

b. 硬铬层磨损。电镀硬铬层的磨损，多数是由于活塞的摩擦研磨作用造成的，中间夹有水分时，磨损更快。因金属的接触电位差造成的腐蚀，只发生在活塞接触到的部位，而且腐蚀是成点状发生的。接触电位差腐蚀，对于长时间运行的液压缸来说，不易发生；对于长期停止不用的液压缸来讲是常见的故障。

（3）缸体内有异物混入。在液压缸的故障诊断中，不好判断异物是在什么时候进到液压缸里的。有异物进入后，活塞滑动表面的外侧如装有带唇缘的密封件，那么，工作时密封件的唇缘即可刮动异物，这对于避免划伤是有利的。但是装 O 形密封圈的活塞，其两端是滑动表面，异物夹在此滑动表面之间，容易形成伤痕。

异物进入液压缸内的途径有下列几种：

①运行前进入液压缸内的异物：

a. 由于保管时不注意，液压缸口敞开着，混入杂质。保管时液压缸必须注入防锈油或者工作油液，并且密封好。

b. 缸体安装时进入异物。进行安装操作的场所，不清洁，混入异物。因此安装场地必须整理干净整洁，尤其是安放零件的地方一定要清理干净。

c. 零件上有"毛刺"，或擦洗不充分、不干净。特别是缸盖上的油口或缓冲装置内常有钻孔加工时留下的毛刺，应加以注意，去除"毛刺"后再行安装。

②运行中产生的异物：

a. 由于缓冲柱塞"别劲"摩擦而形成的铁粉或铁屑。缓冲装置的配合间隙很小，活塞杆上所受横向载荷很大时，因为摩擦力增大，可能引起烧结现象。这些摩擦产生的铁粉或者因烧结而产生的已脱落掉的金属碎片将留在缸内。

b. 缸壁内表面的伤痕。活塞的滑动表面压力高，引起烧结现象，于是缸体内表面发生挤裂，被挤裂的金属脱落，留在缸内，会造成伤痕。

③从管路进入的异物：

a. 清洗时不注意。管路安装好以后进行清洗时，不应通过缸体，必须在缸体的油口前边加装旁通管路。这一点很重要。否则，管路中的异物将进入缸内，一旦进入，将难以向外排出，反而变成向缸体内输送异物了。再者，清洗时要考虑安装管路操作中所进异物的取出方法。此外，对管内的腐蚀等，在管路安装之前即应进行酸洗等方法清理干净。

b. 油管加工时形成的切屑。油管在确定尺寸加工之后，对两端去毛刺操作时，不应有遗留。再者，在焊接油管操作地点放置的油管，管口都要封住。还必须注意的是，管件材料应放置在无尘土的工作台上。

c. 密封带进入缸内。作为简便的密封材料，在安装和检验中经常采用聚四氟乙烯塑料密封带，线形、带形密封材料的缠绕方法如果不对，密封带将被压力油切断，随着压力油进入缸内。线形、带形密封件对滑动部分的缠绕不会造成什么影响，但是会引起液压缸的单向阀动作不灵或造成缓冲调节阀不能调到底；对回路来说，可能引起换向阀、溢流阀和减压阀的动作失灵。

（4）液压缸缸体划伤修复。传统的修复方法是将损坏的液压缸缸体拆卸后，进行刷镀或者表面的整体研刮。液压缸缸体划伤修复周期长，修复费用高。修复工艺如下：

①用氧-乙炔火焰烤划伤部位（控制温度，避免表面退火），将常年渗入金属表面的油烤出来，烤到没有火花四溅为止。

②将划伤部位用角磨机进行表面处理，打磨深度 1 mm 以上。

③用脱脂棉蘸丙酮或无水乙醇将表面清洗干净。

④将金属修复材料涂抹到划伤表面。第一层要薄，要均匀且全部覆盖划伤面，以确保材料与金属表面最好的黏接，再将材料涂至整个修复部位后反复按压，确保材料填实并达到所需厚度。

⑤材料在24 ℃下完全达到各项性能需要24 h。为了节省时间，可以通过卤钨灯提高温度，温度每提升11 ℃，固化时间就会缩短一半，最佳固化温度70 ℃。

⑥材料固化后，用油石或刮刀，将高出表面的材料修复平整。

3. 液压控制阀的检修

1）方向控制阀的检修

方向控制阀是用以控制和改变液压系统中各油路之间液流方向的阀。方向控制阀可分为单向阀和换向阀两大类。

（1）普通单向阀常见故障与检修：

①阀与阀座有严重泄漏：

a. 阀座锥面密封不好。检修方法是重新研配。

b. 滑阀或阀座拉毛。检修方法是重新研配。

c. 阀座碎裂。检修方法是更换阀座。

②不起单向阀作用：

a. 阀体孔变形，使滑阀在阀体内卡住。检修方法是重新修研阀体孔。

b. 滑阀和阀座孔配合时，毛刺使滑阀不能正常工作。检修方法是去除毛刺。

c. 滑阀变形，使滑阀在阀体内被卡住。检修方法是修研滑阀外径。

③结合处渗漏：

a. 螺钉或管螺纹没拧紧。检修方法是拧紧螺钉或管螺纹。

b. 结合处装配精度低，应重新装配；密封圈损坏，应更换密封圈。

（2）换向阀的常见故障与检修：

①阀芯不能移动。主要原因：

a. 阀芯表面划伤，阀芯堵塞。

b. 阀芯和阀体内部孔配合间隙不当，间隙大阀芯易歪斜，阀芯卡死；间隙小阀芯运行阻力大，造成阀芯卡滞。

c. 弹簧太软，推不动阀芯；弹簧太硬，阀芯推不到位。

d. 电磁铁损坏。

检修方法：修复阀芯或更换阀芯；检查配合间隙；更换弹簧。

②电磁铁线圈烧坏。主要原因：

a. 油液黏度过大，阀芯运行阻力加大，超负荷运行。

b. 电磁铁外接线头裸露，短路烧毁。

c. 电压过高。

检修方法：更换液压油；包扎好外部接线头或更换电磁线圈；调整电压。

③换向阀外泄漏。主要原因：密封圈损坏；螺钉松动。

检修方法：更换密封圈；紧固螺钉。

2）压力控制阀的检修

常用的压力阀有溢流阀、减压阀、顺序阀和压力继电器等。它们的共同特点是利用作用在阀芯上的油液压力与弹簧力相平衡的原理进行工作。

(1) 溢流阀的常见故障与检修。溢流阀应用十分广泛，每一个液压系统都必须使用溢流阀。由于溢流阀的种类较多，以先导式溢流阀为例说明其常见故障与检修方法。溢流阀在使用中的主要故障是调压失灵、压力不稳定及振动、噪声等。

①调压失灵：

a. 旋动调压手轮，压力达不到额定值。

系统压力达不到额定值的主要原因，常由于调压弹簧变形、断裂、弹力太弱，选用错误，调压弹簧行程不够，造成先导锥阀密封不良，主阀芯与阀座（锥阀式）或与阀体孔（滑锥式）密封不良，泄漏严重等。

检修方法：采取更换弹簧、研配阀芯等方法即可进行修复。

b. 液压系统升压后，立刻失压，旋动调压手轮也不能调节升压。

该故障多系主阀芯阻尼孔在使用中突然被污物堵塞所致。该阻尼孔堵塞后，系统油压直接作用于主阀芯下端面，此时，系统升压，而一旦推动主阀上腔的存油顶开先导锥阀后，上腔卸压，主阀打开，系统立即卸压。由于主阀阻尼孔被堵，系统压力油无法进入主阀上腔，即使系统压力下降，主阀也不能下降。主阀阀口不会减小，系统压力油不断被溢流，在这种情况下，无论怎样旋动手轮，也不能使系统升压。

当主阀在全开状态时，若主阀芯被污物卡阻，也会出现上述现象。

检修方法：拆洗阀件，疏通阻尼孔。

c. 系统超压，甚至超高压，溢流阀不起溢流作用。

当先导锥阀前的阻尼孔被堵塞后，油压纵然再高，油液也无法作用和顶开锥阀阀芯，调压弹簧一直将锥阀关闭，先导阀不能溢流，主阀芯上、下腔压力始终相等，在主阀弹簧作用下，主阀一直关闭，不能打开，溢流阀失去限压溢流作用，系统压力随着负载的增高而增高，当执行元件终止运动，系统压力甚至产生超高压现象。此时，很容易造成拉断螺栓、泵被打坏等恶性事故。

检修方法：拆洗阀件，疏通阻尼孔。

②压力不稳定，脉动较大：

a. 先导阀稳定性不好，锥阀与阀座同轴度不好，配合不良，或是油液污染严重，混入的杂质造成锥阀卡滞，使锥阀动作不规律。

检修方法：纠正阀座的安装，研修锥阀配合面，并控制油液的清洁度，清洗阀件。

b. 油中有气泡或油温太高。

检修方法：完全排除系统内的空气并采取措施降低油液温度。

③压力表指针轻微摆动并发出异常声响：

a. 与其他阀件发生共振。

检修方法：重新调定压力，使其稍高或稍低于额定压力。最好能更换适合的弹簧，采取外部泄油形式等。

b. 先导阀口有磨耗，或远程控制腔内存有空气。

检修方法：修复或更换先导阀并排除系统中空气。

c. 流量过大。

检修方法：换大规格阀，最好能采用外部泄油方式。

d. 油箱管路有背压，管件有机械振动。

检修方法：改用溢流阀的外部泄油方式。

e. 滑阀式阀芯制造时或使用后，产生鼓形面。

检修方法：修理或更换阀芯。

f. 压力调节反应迟缓：

● 弹簧刚度不当或扭曲变形，有卡阻现象。

检修方法：更换合适弹簧。

● 锥阀阻尼孔被杂质污物堵而不塞，但流通面积大为减少。

检修方法：拆洗锥阀，疏通孔道。

● 管路系统有空气。

检修方法：对执行元件进行全程运行，排除系统空气。

④噪声和振动：

a. 先导锥阀在高压下溢流时，阀芯开口轴向位移量仅为 0.03~0.06 mm，通流面积小，流速很高，可达 200 m/s。若锥阀阀芯及锥阀座孔的磨损产生椭圆度、导阀口粘着污物及调压弹簧变形等，均使锥阀径向力不平衡，造成振荡产生尖叫声。

检修方法：控制锥阀阀芯及锥阀座孔的圆度误差在 0.005~0.01 mm 之内，表面粗糙度 Ra 小于 0.4 μm。若超差则更换。

b. 阀体与主阀阀芯制造几何精度差，棱边有毛刺或阀体内有污物，使配合间隙增大并使阀芯偏向一边，造成主阀径向力不平衡，性能不稳定而产生振动及噪声。

检修方法：去毛刺，更换不合技术要求的零件。

c. 阀的远程控制口至电磁换向阀之间油管通径不宜太大，过大也会引起振动。

检修方法：依据流量、压力选择合适管径的油管。

d. 空穴噪声。当空气被吸入油液中或油液压力低于大气压时，将会出现空穴现象。此外，阀芯、阀座、阀体等零件的几何形状误差和精度对空穴现象及流体噪声均有很大影响，在零件设计制造中就必须足够重视。

e. 因装配或维修不当产生机械噪声。

● 阀芯与阀孔配合过紧，阀芯移动困难，引起振动和噪声。配合过松，间隙太大，泄漏严重及液体动力等也会导致振动和噪声。

检修方法：装配时，严格控制配合间隙。

● 调压弹簧刚度不够，产生弯曲变形。液体动力能引起弹簧自振，当弹簧振动频率与系统频率相同时,即出现共振和噪声。

检修方法:更换适当的弹簧。

● 溢流阀调压手轮松动。

检修方法:压力由手轮旋转调定后,用锁紧螺母将其锁牢。

● 回油油路中有空气时,将产生溢流噪声。

检修方法:排除系统内空气并防止空气进入。

● 系统中其他元件的连接松动,若溢流阀与松动元件同步共振,将增大振幅和噪声。

(2)减压阀的常见故障与检修:

①出口压力几乎等于进口压力,不减压:

a. 主阀芯卡死在最大开度的位置上,油液压力不降。

检修方法:去除毛刺,清洗阀孔、阀芯,修复阀孔与阀芯的精度,研磨阀孔,再配阀芯。

b. 阀芯阻尼孔或阀座孔堵塞,主阀弹簧力将主阀推往最大开度。

检修方法:拆开,进行清洗。

②出口压力很低,即使拧紧调压手轮,压力也升不起来:

a. 减压阀进出油口接反或漏装锥阀。

检修方法:查阅资料,重新组装,保证装配密合。

b. 先导阀(锥阀)与阀座配合面之间接触不良或有严重损伤,造成先导阀阀芯与阀座孔不密合。

检修方法:清洗、修复阀孔和阀芯。

c. 主阀芯因污物、毛刺等卡死在小开度的位置上,使出口压力过低。

检修方法:拆开,清洗,去除毛刺。

d. 阀盖与阀体之间密封不良,严重漏油。

检修方法:拧紧螺钉,或者更换密封件。

e. 拆修时,漏装锥阀或锥阀未安装在阀座孔内。

检修方法:检查锥阀的情况,正确组装。

f. 先导阀弹簧(调压弹簧)错装成软弹簧或折断。

检修方法:更换弹簧。

③压力不稳定、噪声大和泄漏严重。

故障分析与检修:参照溢流阀的相应项。

(3)顺序阀的常见故障与检修:

①压力不稳定、顺序动作错乱、噪声大和泄漏严重:

a. 顺序阀的主阀芯因污物或毛刺卡住,造成液压缸无后续动作或无顺序动作。

检修方法:拆开清洗和去除毛刺,使阀芯运动顺滑。

b. 主阀芯上的阻尼孔被堵塞,使顺序阀动作无序。

检修方法:拆开清洗,必要时更换控制活塞。

c. 系统其他调压元件出现故障时(例如溢流阀故障),系统压力建立不起来,即不能达到顺序阀设定的工作压力，顺序阀不能实现顺序动作。

检修方法：查明系统压力上不去的原因并排除。

d. 主阀芯与阀孔配合间隙过大或磨损严重，未达到调定值顺序阀即产生动作。

检修方法：修复或更换主阀芯，并保证合理的装配间隙。

②超过设定值时，顺序阀不打开：

a. 主阀弹簧太硬。

检修方法：更换弹簧。

b. 控制活塞卡死不动。

检修方法：清洗或更换控制活塞。

c. 拆修重装时，控制活塞漏装或装倒，结果控制压力油由阀芯阻尼孔经泄油孔卸压，主阀芯在弹簧力作用下关闭，使先导压力控制油失去作用，阀芯打不开。

检修方法：重新安装。

顺序阀在结构原理上和溢流阀只有少许差异，可参照溢流阀相关部分。

(4) 压力继电器的常见故障与检修。压力继电器的故障主要是误发动作或者不发信号。其故障主要是由压力继电器本身产生的故障，或因回路原因、压力继电器误动作产生的故障以及因泵或者其他阀（如溢流阀、减压阀等）产生的故障，系统压力建立不起来，或者由较大的压力偏移现象产生的故障。但正确使用和调整大多可避免这类故障。压力继电器本身产生误发信号或不发信号的故障：

①柱塞移动不灵活，有污物或毛刺卡住柱塞，压力继电器不能动作。

检修方法：清洗，去除毛刺。

②柱塞外圆上涂的二硫化钼润滑脂被洗掉，使柱塞移动不灵活而出现误动作。

检修方法：拆卸重新涂上油脂。

③柱塞与框架的配合不好，致使柱塞卡死，压力继电器不动作。

检修方法：重新装配，阀芯（柱塞）与框架孔的配合间隙应保证为 0.007~0.015 mm。

④微动开关不灵敏，复位性差。弹簧片弹力不够使微动开关内触头压下后弹不起来，或因灰尘粘住触头使微动开关信号不正常而误发动作信号。

检修方法：修理或更换微动开关。

⑤微动开关错位，致使动作值发生变化，即改变原来已调好的动作压力，而误发动作信号。

检修方法：调整微动开关并压紧，使之定位准确。

⑥压力继电器弹簧折断。

检修方法：更换弹簧。

3) 流量控制节流阀的检修

(1) 流量调节失灵。流量调节失灵现象，是指调整调节手轮后出油腔流量不发生变化。引起流量调节失灵的主要原因是阀芯径向卡住，当阀芯在全关位置发生径向卡住时，调整调节手轮后出油腔无流量；阀芯在全开位置或节流口调节好开度后径向卡住，调整调节手轮出油腔流量不发生变化。发生阀芯径向卡住后应进行清洗，排除脏污。

当单向节流阀进、出油腔接反时（不起单向阀作用），调整调节手轮后流经阀的流量也不会发生变化。

（2）流量不稳定。节流阀和单向节流阀当节流口调整好并锁紧后，有时会出现流量不稳定现象，特别在小稳定流量时更易发生。引起流量不稳定的主要原因是锁紧装置松动、节流口部分堵塞、油温升高，以及负载压力发生变化等。

节流口调好并锁紧后，由于机械振动或其他原因会使锁紧装置松动，使节流口过流面积改变，从而引起流量变化。

油液中杂质堆积和黏附在节流口边上，使过流面积减小，引起流量减少。当压力油将杂质冲掉后，使节流口又恢复至原有过流面积，流量也恢复至原来的数值，因此引起流量不稳定。

当流经节流阀的油液温度发生变化时，会使油液的黏度发生变化，也会引起流量不稳定；当负载变化时，压力随之变化，会使节流阀的前后油液压差发生变化，同样也会引起流量不稳定。

防止流量不稳定的措施，除采用防止节流阀堵塞的方法外，还可以采取加强油温控制，拧紧锁紧装置和控制负载压力的变化等措施。

（3）内泄漏量增加。节流阀的节流口关闭时，采用间隙密封配合处会有一定的泄漏量，故节流阀不能作为截止阀使用。当密封面磨损加大后，会引起泄漏量增加，有时亦会影响小流量的稳定，此时应更换阀芯。

任务实施

液压设备的故障修理

以液压装载机为例。液压装载机经常工作在潮湿、尘埃、泥泞、低温或高温，以及强光辐射等环境中，要求其液压系统能够长期可靠地工作。如果液压系统一旦发生泄漏，应及时检修。

1. 泄漏的种类

液压装载机泄漏主要有两种：一是固定不动部位（即静接合面，如液压缸缸盖与缸筒的接合处）密封的泄漏；二是滑动部位（即动接合面，如液压缸活塞与缸筒内壁、活塞杆与缸盖导向套之间）密封的泄漏，亦可分为内泄漏和外泄漏。内泄漏主要产生在液压阀、液压泵（液压马达）及液压缸内部油液从高压腔流向低压腔；外泄漏主要产生在液压系统的液压管路、液压阀、液压缸和液压泵（液压马达）的外部，即向零部件的外面渗漏。具体表现为管接头、密封件、元件接合面、壳体及系统自身原因而引起的油液泄漏。

2. 泄漏的原因

液压系统的泄漏一般都是在使用一段时间后产生。从表面现象看，多为密封件失效、损坏、挤出，或密封表面被拉伤等造成。主要原因有：油液污染、密封表面粗糙度不当、密封沟槽不合格、管接头松动、配合件间隙增大、油温过高、密封件变质或装配不良等。

（1）管接头的泄漏与连接处的加工精度、紧固强度及毛刺是否被除掉等因素有关。主要表现是选用管接头的类型与使用条件不符；管接头的结构设计不合理；管接头的加工质量差，起不到密封作用；压力脉动引起管接头松动，螺栓蠕变松动后未及时拧紧；管接头拧紧力矩过大或不够。

（2）密封件引起的泄漏与密封件的损坏或失效有关。主要表现是密封件的材料或结构类型与使用条件不符；密封件失效、压缩量不够、老化、损伤、几何精度不合格、加工质量低劣、非正规产品；密封件的硬度、耐压等级、变形率和强度范围等指标不合要求；密封件的安装不当、表面磨损或硬化，以及寿命到期但未及时更换。

（3）由元件接合面引起的泄漏与设计、加工和安装都有关。主要表现是密封的设计不符合规范要求，密封沟槽的尺寸不合理，密封配合精度低、配合间隙超差；密封表面粗糙度和平面度误差过大，加工质量差；密封结构选用不当，造成变形，使接合面不能全面接触；装配不细心，接合面有沙尘或因损伤而产生较大的塑性变形。

（4）壳体的泄漏主要发生在铸件和焊接件的缺陷上，在液压系统的压力脉动或冲击振动的作用下逐渐扩大。

（5）系统自身泄漏的主要原因是，系统装配粗糙，缺乏减振、隔振措施；系统超压使用；未做到按规定对系统适时检查及处理；易损件寿命到期但未及时更换。

3. 泄漏的防治

1）防止油液污染

液压泵的吸油口应安装粗滤器，且吸油口处应距油箱底部一定距离；出油口处应安装高压精滤器，且过滤效果应符合系统的工作要求，以防污物堵塞而引起液压系统故障；液压油箱隔板上应加装过滤网，以除去回油过滤器未滤去的杂质。液压缸上应安装金属防护圈，以防污物被带进缸内，并可防止泥水和光辐射对液压缸侵蚀而引起泄漏；液压元件安装前应检查、清理干净其内部的铁屑及杂质；定期检查液压油，一旦发现油液变质、泡沫多、沉淀物多、油水分离等现象后应立即清洗系统并换油。新油加入油箱前应经过静置沉淀，过滤后方可加入，必要时可设中间油箱以进行新油的沉淀和过滤，确保油液的清洁。

2）密封表面的粗糙度要适当

液压系统相对运动副表面的粗糙度过高或出现轴向划伤时将产生泄漏；粗糙度过低，达到镜面时密封圈的唇边会将油膜刮去，使油膜难以形成，密封刃口产生高温，加剧磨损，所以密封表面的粗糙度不可过高也不能过低。与密封圈接触的滑动面一定要有较低的粗糙度，液压缸、滑阀等动密封件表面的粗糙度 Ra 应在 $0.2 \sim 0.4\ \mu m$，以保证运动时滑动面上的油膜不被破坏。当液压缸、滑阀的杆件上出现轴向划伤时，轻者可用金相砂纸打磨，重者应电镀修复。

3）合理设计和加工密封沟槽

液压缸密封沟槽的设计或加工的好坏，是减少泄漏、防止油封过早损坏的先决条件。如果活塞与活塞杆的静密封处沟槽尺寸偏小，密封圈在沟槽内没有微小的活动余地，密封圈的底部就会因受反作用力的作用使其损坏而导致漏油。密封沟槽的设计（主要是沟槽部位的结构形状、尺寸、形位公差和密封面的粗糙度等），应严格按照标准要求进行。

防止油液由静密封件处向外泄漏，须合理设计静密封件密封槽尺寸及公差，使安装后的静密封件受挤压变形后能填塞配合表面的微观凹坑，并能将密封件内应力提高到高于被密封的压力。当零件刚度或螺栓预紧力不够大时，配合表面将在油液压力作用下分离，间隙增大，造成泄漏。

4）减少冲击和振动

液压系统的冲击主要产生于变压、变速、换向的过程中，此时管路内流动的液体因很快的换向和阀口的突然关闭而瞬间形成很高的压力峰值，使连接件、接头与法兰松动或密封圈挤入间隙损坏等而造成泄漏。为了减少因冲击和振动而引起的泄漏，可以采取以下措施：

（1）用减振支架固定所有管子以便吸收冲击和振动的能量。

（2）采用带阻尼的换向阀、缓慢开关阀门，在液压缸端部设置缓冲装置（如单向节流阀）。

（3）使用低冲击阀或蓄能器来减少冲击。

（4）适当安装压力控制阀来保护系统的所有元件。

（5）尽量减少管接头的使用数量，且管接头尽量用焊接连接方式。

（6）使用螺纹直接头、三通接头和弯头代替锥管螺纹接头。

5）减少动密封件的磨损

液压系统中大多数动密封件都经过精确设计，如果动密封件加工合格、安装正确、使用合理，均可保证长时间无泄漏。从设计角度来讲，可以采用以下措施来延长动密封件的寿命：

（1）消除活塞杆和驱动轴密封件上的径向载荷。

（2）用防尘圈、防护罩和橡胶套保护活塞杆，防止粉尘等杂质进入。

（3）设计、选取合适的过滤装置和便于清洗的油箱，以防止粉尘在油液中累积。

（4）使活塞杆和轴的速度尽可能低。

6）合理设计安装板

当装载机液压系统阀组或底板用螺栓固定在安装面上时，为了得到满意的初始密封和防止密封件被挤出沟槽而磨损，安装板要平整，密封面要求加工精度高，表面粗糙度 Ra 要小于 0.8 μm，平面度误差要小于 0.01/100 mm；表面不能有划痕，连接螺钉的预紧力要足够大，以防止相互接触表面分离。

7）要正确装配密封圈

装配密封圈时应在其表面涂油，若须通过轴上的键槽、螺纹等开口部位，应使用引导工具，不要用螺丝刀等金属工具，否则会划伤密封圈而造成漏油。对于有方向性的密封圈（如 V 型、Y 型和 YX 型密封圈），装配时应将密封圈唇口对着压力油腔，注意保护唇口，避免被零件的锐边、毛刺等划伤。对旋转接触的密封面（如液压泵主动齿轮轴端），应选用双唇密封圈。

安装组合密封件前，应将密封件放在液压油中加热到一定温度；安装时应使用专用的导套和收口工具，并严格遵守厂家对密封件的安装说明。

8）控制油温防止密封件变质

密封件过早变质的一个重要原因是油温过高。多数情况下，当油温经常超过 60 ℃ 时，油液黏度大大下降，密封圈膨胀、老化、失效，结果导致液压系统产生泄漏。据研究表明，油温每升高 10 ℃ 则密封件的寿命就会减半，所以应使油液温度控制在 60 ℃ 以内。为此，应将油箱内部的出油管与回油管用隔板隔开，减少油箱到执行机构（气缸或马达）之间的距离，管路上尽量少用直角弯头；另外，应注意油液与密封材料的相容性问题，须按使用说明书或有关手册选用液压油和密封件的型式与材质。

9）重视修理装配工艺

应强化防漏治漏的修理工艺，如阀杆、活塞表面、缸内壁的整体或局部均可采用电刷镀、静电喷涂增厚后，再经车床切削加工至所需尺寸。安装带螺纹的管接头时，应在螺纹上缠绕聚四氟乙烯生料带。铸造件或焊接件在安装前应进行探伤检查和耐压试验，耐压试验的压力相当于其最高工作压力的150%~200%。油封装入座孔时，应用专用工具导入，防止位置偏斜。

素质提升

螺丝钉精神

我们从事液压设备的维修工作，平时大量的维修工作是要处理设备的各处漏油问题，在工作中我们从哪些方面考虑来解决好这个问题？如果只从公司注重效率的角度选择一种方法，这就是体现个人职业素养；如果从个人的角度，再不断探索对故障处理进行优化，让自己不断成长，这就是不断学习的人生观；从价值观的角度，要对职业本质进行探索，做一份工作不仅是拿一份工资，看重的更应该是个人工作的奉献，多做事并不吃亏，钱不是衡量个人价值的唯一标准，对个人价值的肯定，更加在于自我的肯定——我多花时间优化了故障处理工艺，尽管只是为公司提高了1%的效率，但是我微小的个人也为公司做出了贡献，放到社会中，每一颗螺丝钉，都有其无法替代的贡献和价值。

"一个人的作用对于革命事业来说，就如一架机器上的一颗螺丝钉。机器由于有许许多多螺丝钉的连接和固定，才成了一个坚实的整体，才能运转自如，发挥它巨大的工作能力，螺丝钉虽小，其作用是不可估量的，我愿永远做一颗螺丝钉。"早在半个多世纪以前，雷锋同志发扬"螺丝钉精神"，在平凡的岗位上默默奉献、把个人融入党和人民的事业之中，兢兢业业，恪尽职守。他全心全意为人民服务，做好人民的勤务员。"螺丝钉精神"影响了一代又一代中国人，鼓舞着千百万中国人民在平凡的岗位上做出了不平凡的业绩。

有两位中国科学家特别令人敬佩，他们竭尽全力，毕生奉献给科学事业，他们的身上同样也具备"螺丝钉精神"，最终成就了一番事业，为国家为人类做出了巨大的贡献。一位是中国核潜艇之父——黄旭华，由于工作的需要，曾经三十年隐姓埋名，甚至和父母也失去了联系。可见其惊人的毅力和无私的奉献精神。"时代到处是惊涛骇浪，你埋下头，甘心做沉默的砥柱；一穷二白的年代，你挺起胸，成为国家最大的财富。你的人生，正如深海中的潜艇，无声，但有无穷的力量。"黄旭华感动了中国，为我们树起了一块道德丰碑。另一位科学家就是杂交水稻之父——袁隆平，他从事杂交水稻研究达半个世纪之久，几乎把一生都交给了水稻研究事业，不畏艰难，甘于奉献，呕心沥血，苦苦追求，生命不息，战斗不止，堪称当代真正的神农。

"新时代是奋斗者的时代"，奋斗者要发扬"螺丝钉精神"，爱岗敬业，无私奉献，为建设中国特色社会主义添砖加瓦，为实现伟大复兴的中国梦而奉献自己应有的力量。

任务拓展

液压系统故障的排除——液压元件的检修

液压系统使用一定时间后,由于各种原因产生异常现象或发生故障。此时用调整的方法若不能排除时,可进行分解修理或更换液压元件。在检修和修理时,一定要做好检修记录。这种记录对以后发生故障时查找原因有实用价值。同时也可作为该设备常备备件的有关依据。在液压系统检修时,常备元件如下:液压缸的密封、泵轴密封用的各种O形密封圈、电磁阀和溢流阀的弹簧、压力表、管路过滤元件、管路用的各种管接头、软管、电磁铁以及蓄能器用的隔膜等。此外,还必须备好检修时所需的有关资料;液压设备使用说明书、液压系统原理图、各种液压元件的产品目录、密封填料的产品目录以及液压油的性能表等。

在排除液压系统故障的过程中,具体操作时应注意如下事项:

(1) 分解检修的工作场所一定要保持清洁,最好在净化车间内进行。

(2) 在拆卸液压系统前,必须弄清液压回路是否有残余压力,要完全卸除液压系统内的液体压力,同时还要考虑好如何回收液压系统的油液问题。

(3) 在拆卸液压机电设备时,应将能做空间运动的运动部件(如起重机构)放至地面或用立柱支好(不要将立柱支撑在液压缸或活塞杆上,以免液压缸承受横向力)。

(4) 液压系统的拆卸最好按部件进行,从待修的机械上拆下一个部件,经性能试验,不合格者才进一步分解拆卸,检查修理。

(5) 液压系统的拆卸操作应认真仔细,按维修工艺规程要求操作,避免零件损伤。

①拆卸时要用专用的工具,以免将内六角螺钉等零件损伤。

②拆卸时不得违反操作规程,野蛮操作,零件不得碰撞,以防损坏螺纹和密封配合表面。

③在拆卸液压缸时,不应将活塞和活塞杆硬性地从缸体中打出,以免损坏缸体内表面。正确的方法是在拆卸前,即在未放出液压油以前,依靠液压力使活塞移动到缸体任意一个末端,然后进行拆卸。

④拆下零件的螺纹部分和密封面要用软布或胶纸包好,以防碰伤。拆下的小零件要分别装入储物袋中保存。

⑤在安装或检修时,应将与O形密封圈或其他密封件相接触部件的尖角修钝,以免使密封件被尖角或毛刺划伤。

(6) 在拆卸油管时,要及时在拆下的油管上挂标签,以防装错位置。对拆下的油管,要用冲洗设备将管内冲洗干净,再用压缩空气吹干,然后在管端堵上塑料塞。拆下来的泵、电动机和阀的油口,也要用塑料塞塞好,或者用胶布、胶纸密封好。在没有塑料塞时,可用塑料袋套在管口上,然后用胶布、胶纸粘牢。禁止用碎布、棉纱或破布代替塑料塞。

(7) 在安装液压元件或管接头时,不要用过大的拧紧力。尤其要防止液压元件壳体变形,造成滑阀的阀芯不能滑动、接合部位漏油等现象。

二、其他常用元件常见故障及排除方法（见表 3-1 ~ 表 3-5）

表 3-1　液控单向阀的常见故障及排除方法

故障现象	故障原因		排除方法
油液不逆流	单向阀打不开	控制压力低	提高控制压力
		控制阀芯卡死	清洗、修配或更换
		控制油路泄漏	检查并消除泄漏
		单向阀卡死	清洗、修配、过滤油液
逆方向密封不良	逆流时单向阀不密封	单向阀阀芯与阀体孔配合间隙太大、弹簧刚性太差	调整间隙、更换弹簧
		阀芯与阀体孔接触不良	检修、更换或过滤油液
		控制阀芯（柱塞）卡死	修配或更换
		预控锥阀接触不良	检查原因并排除
噪声大	共振	与其他阀共振	更换弹簧
	选用错误	超过额定流量	选择合适规格

表 3-2　滤油器的常见故障与排除方法

故障现象	故障原因	排除方法
滤芯变形（网式、烧结式滤油器）	滤油器强度低且严重堵塞、通流阻力大幅增加，在压差作用下，滤芯变形或损坏	更换高强度滤芯或更换油液
烧结式滤油器滤芯颗粒脱落	烧结式滤油器滤芯质量不符合要求	更换滤芯
网式滤油器金属网与骨架脱焊	锡铜焊条的熔点仅 183℃，而滤油器进口温度已达 117℃，焊条强度大幅降低（常发生在高压泵吸油口处的网式滤油器上）	将锡铜焊料改为高熔点银镉焊料

表 3-3　QJM、QKM 型液压马达常见故障及排除方法

故障现象	故障原因	排除方法
液压马达不转或转动很慢	负载大，泵供油压力不够	提高泵供油压力，或调高溢流阀溢流压力
	旋入马达壳体泄油孔（D）接头太长，造成与转子相摩擦	检查泄油接头长度
	连接马达输出轴同心度严重超差或输出轴太长，与后盖相摩擦	拆下马达检查与马达连接的输出轴
冲击声	补油压力不够（即回油背压不够）	提高补油压力，可采用在回油路上加单向阀或节流阀来解决
	油中有空气	检查油路，消除进气的原因并排出空气
	油泵供油不连续或换向阀频繁换向	检查并消除油泵和换向阀故障
	液压马达零件损坏	检修液压马达
液压马达壳体温升不正常	油温太高	检查系统各元件有无不正常现象，如各元件正常则应加强油液冷却。对制动器液压马达如果负载压力不足以打开制动器（负载压力小于制动器打开压力），应在回油管路上加背压

续表

故障现象	故障原因	排除方法
液压马达壳体温升不正常	旋入液压马达壳体泄油孔（D）接头太长，造成与转子相摩擦	检查泄油接头长度
	连接液压马达输出轴同心度严重超差或输出轴太长，与后盖相摩擦	拆下液压马达检查与液压马达连接的输出轴
	液压马达效率低	拆检液压马达修理或换新的
泄油量大、液压马达转动无力	液压马达活塞环损坏	拆开液压马达调换活塞环
	液压马达配油轴与转子体之间配合面损坏，主要是因油液中杂质造成嵌入配油轴与转子体之间的配合面，互相"咬"坏	检查配油轴，重新选配时，清洗管道和油箱
液压马达有外泄漏	密封圈损坏	拆开液压马达调换密封圈
	旋入液压马达壳体泄油孔（D）接头太长，造成与转子相摩擦	检查泄油接头长度
	连接液压马达输出轴同心度严重超差或输出轴太长，与后盖相摩擦	拆下液压马达检查与液压马达连接的输出轴
	造成液压马达壳体腔压力提高，冲破密封圈	调整压力，拆装密封圈
液压马达入口压力表有极不正常的颤动	油中有空气	消除油中产生空气的原因，观察油箱回油处有无泡沫
	液压马达有异常	拆检液压马达

表3-4　蓄能器常见故障及排除方法

故障现象	故障原因	排除方法
供油不均	活塞或气囊运动阻力不均	检查活塞密封圈或气囊运动阻碍并排除
压力充不起来	充气瓶（充氮车）无氮气或气压低	补充氮气
	气阀泄漏	修理或更换已损零件
	气囊或蓄能器盖向外漏气	紧固密封或更换已损零件
供油压力太低	充气压力低	及时充气
	蓄能器漏气	紧固密封或更换已损零件
供油量不足	充气压力低	及时充气
	系统工作压力范围小且压力过低	调整系统压力
	蓄能器容量偏小	更换大容量蓄能器
不向外供油	充气压力低	及时充气
	蓄能器内部泄油	检查活塞密封圈或气囊泄漏原因，及时修理或更换
	系统工作压力范围小且压力过低	调整系统压力
系统工作不稳定	充气压力低	及时充气
	蓄能器漏气	紧固密封或更换已损零件
	活塞或气囊运动阻力不均	检查受阻原因并排除

表 3-5　油箱常见故障及排除方法

故障现象	故障原因	排除方法
油箱温升高	油箱离热源近、环境温度高	避开热源
	系统设计不合理、压力损失大	正确设计系统、减小压力损失
	油箱散热面积不足	加大油箱散热面积或强制冷却
	油液黏度选择不当（过高或过低）	正确选择油液黏度
油箱内油液污染	油箱内有油漆剥落片、焊渣等杂质	采取合理的油箱内表面处理工艺
	防尘措施差，杂质及粉尘进入油箱	采取防尘措施
	水与油混合（冷却器破损）	检查漏水部位并排除
油箱内油液空气难以分离	油箱设计不合理	油箱内设置消泡隔板将吸油区和回油区隔开（或加金属斜网）
油箱振动、有噪声	电动机与泵装配连接的同轴度差	调整电动机与泵同轴度
	液压泵吸油阻力大	控制油液黏度，加大吸油管直径
	油液温度偏高	控制油温，减少空气分离量
	油箱刚性太差	提高油箱刚性

 项目总结

(1) 液压元件和液压系统的常见故障诊断与排除。

(2) 液压系统常见故障诊断与修理的一般步骤：先初步分析和判断，包括外部因素与内在原因；其次列出可能发生故障的原因表（一个故障现象可能由多个原因所导致）；然后逐项核实并仔细诊断；根据所列故障原因表准确找出故障点；最后对故障进行排除，总结经验教训。

(3) 典型机电设备液压系统的故障诊断与修理。

知识巩固练习

(1) 处理液压故障的步骤和方法有哪些？

(2) 压力阀的调定压力过大或过小，会造成哪些故障？

(3) 试述液压缸常见的故障及排除方法。

(4) 试述液压系统泄漏的故障原因及排除方法。

(5) 齿轮泵故障排除有哪些要求？

(6) 叶片泵故障排除有哪些要求？

(7) 柱塞泵故障排除有哪些要求？

(8) 试述由节流阀的节流口堵塞造成的故障及修理方法。

(9) 试述工作部件（液压缸）产生爬行的原因及排除方法。

(10) 试述液压系统油温升高的原因、后果及解决措施。

技能评价

本项目的评价内容包括专业能力评价、方法能力评价及社会能力评价 3 个部分。其中自我评分占 30%、组内评分占 30%、教师评分占 40%，总计为 100%，见表 3-6。

表 3-6　项目 3 综合评价表

类别	项目	内容	配分	考核要求	扣分标准	自我评分 30%	组内评分 30%	教师评分 40%
专业能力评价	任务实施计划	1. 态度及积极性； 2. 方案制定的合理性； 3. 操作规范性； 4. 考勤及纪律的遵守； 5. 技能训练报告完整性	30	目的明确，积极主动，遵守纪律，报告完整	方案占 5 分；安全操作占 5 分；遵守纪律占 5 分；态度占 5 分；技能训练报告占 10 分			
	任务实施情况	1. 拆装方案拟定； 2. 元件拆装； 3. 故障排除； 4. 系统调试； 5. 安全操作	30	掌握元件拆装方法及故障修理方法，规范地进行系统调试	正确选择工具占 5 分；正确拆装占 5 分；故障修理占 5 分；系统调试占 5 分；规范操作占 10 分			
	任务完成情况	1. 工具的正确使用； 2. 相关知识点的掌握； 3. 任务实施的完整性	20	正确使用工具，掌握相关知识点，排除异常情况并提交实训报告	正确使用工具占 10 分；知识点应用及任务完整性占 10 分			
方法能力评价		1. 计划能力； 2. 决策能力	10	能够查阅相关资料，制订实施计划并独立完成任务	查阅相关资料能力占 5 分；选用方法合理占 5 分			
社会能力评价		1. 团结协作； 2. 敬业精神； 3. 责任感	10	具有组内团结合作和协调能力；具有敬业精神及责任感	团结合作，协调能力占 5 分；敬业精神及责任感占 5 分			
合计			100					

项目 ❹ 通用机械的检修

本项目主要学习风机、离心水泵等通用机械的故障现象及分析，掌握风机、离心水泵等设备的故障检修技能，为日后工作提前奠定一定的基础。

知识目标

1. 掌握轴流式、离心式通风机和离心式水泵等设备常见故障现象及分析；
2. 掌握轴流式、离心式通风机和离心式水泵等设备的主要零件的维修技能；
3. 掌握轴流式、离心式通风机和离心式水泵等设备的安全运行维护技能。

能力目标

1. 具有使用工具书查找数据、搜集相关知识信息的能力；能正确使用维修工量具；
2. 能通过设备的故障现象，对故障进行正确的分析和判断，确定维修方案，并对设备进行正确的维修；
3. 具有自主学习新知识、新技术和创新探索的能力；
4. 具有良好的团队协作能力。

素质目标

1. 在知识学习、能力培养中，弘扬民族精神、爱国情怀和社会主义核心价值观；
2. 培养实事求是、尊重自然规律的科学态度，勇于克服困难的精神，树立正确的人生观、世界观及价值观；
3. 通过学习通用机械的检修，懂得"工匠精神"的本质，提高道德素质，增强社会责任感和社会实践能力，成为社会主义事业的合格建设者和接班人。

任务4.1 风机的检修

任务导入

风机广泛应用于国民经济生产的各工业部门，在工业生产中，主要用于排气、冷却、输送、鼓气等操作单元。相对于其他机电设备来说，风机的结构比较简单，本任务对风机的分类、组成和性能进行概括性介绍；重点介绍了轴流式通风机的主轴、传动装置、风叶组件等主要零部件的修理技术；同时，对离心式通风机的机壳、叶轮及主轴等主要零部件的修理技术也进行了比较详细的介绍，要求掌握通风机常见故障的诊断与检修技术。

知识准备

1. 风机的类型

风机按结构分类如图 4-1 所示。

按照规定，在设计条件下，全压 $P < 15$ kPa 的风机通称为通风机；压缩比 $1.15 < \varepsilon < 3$ 或压差 15 kPa $< \Delta P < 0.2$ MPa 的风机通称为鼓风机；压缩比 $\varepsilon \geqslant 2$ 或压差 $\Delta P > 0.2$ MPa 的风机通称为压缩机。

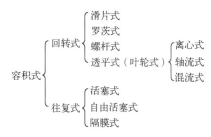

图 4-1 风机按结构分类

在许多企业中，使用较多的是离心式鼓风机、离心式通风机、轴流式通风机、罗茨式鼓风机和透平式压缩机。

使用或维修通风机的人员，应对通风机的结构组成、用途作用、性能参数及易出现的故障现象，要有全面的掌握；应能根据故障现象，准确地判断出产生故障的原因，正确地制定维修方案；应及时地对故障进行排除，以保持通风机的正常运转，维持生产的正常进行。

2. 风机的组成

不管是哪种形式的风机，均由机壳、转子、定子、轴承、密封、润滑冷却装置等组成。转子上包括主轴、叶轮、联轴器、轴套、平衡盘。定子上包括隔板、密封、进气室。隔板由扩压器、流道、回流器组成。有的在风机的叶轮入口前设有气体导流装置。

3. 风机的形式

（1）离心式通风机。根据使用要求，离心式通风机有各种不同的结构形式。离心式通风机外形如图 4-2 所示。

①旋转方向不同的结构形式。离心式通风机可以做成右旋或左旋两种。从电动机一端正视，叶轮旋转为顺时针方向的称为右旋，用"右"表示；反之，则为左旋，用"左"表示。

②进气方向不同的结构形式。离心式通风机的进气方式有单侧进气（单吸）和双侧进气（双吸）两种。单吸通风机又分单侧单级叶轮和单侧双级叶轮两种。在同样情况下，双级叶轮产生的风压是单级叶轮的两倍。

③传动方式不同的结构形式。根据使用情况的不同，离心式通风机的传动方式有多种。如果风机转速与电动机转速相同，大型风机可以用联轴器将风机和电动机直联传动，小型风机可将叶轮直接装在电动机轴上；如果转速不同，则可采用带轮变速传动。另外，还有其他多种传动方式。

（2）轴流式通风机。轴流式通风机按结构形式可分为筒式、简易筒式和风扇式轴流式通风机；按轴的配置方向又可分为立式和卧式轴流式通风机。

目前，我国的轴流式通风机根据压力高低分为低压和高压两大类。低压轴流式通风机全压小于或等于 490 Pa；高压轴流式通风机全压大于 490 Pa 而小于 4 900 Pa。轴流式通风机外形如图 4-3 所示。

轴流式通风机按用途不同可分为一般轴流式通风机、矿井轴流式通风机、冷却轴流式通风机、锅炉轴流式通风机、隧道轴流式通风机、纺织轴流式通风机、化工气体排送轴流式通风机、矿井局部轴流式通风机、降温凉风用轴流式通风机和其他用途的轴流式通风机。

图 4-2　离心式通风机外形　　　　图 4-3　轴流式通风机外形图

（3）罗茨鼓风机。根据使用要求，罗茨鼓风机有各种不同的结构形式。

①按结构形式分：

a. L 式（立式）：鼓风机两转子中心线在同一垂直面内，气流为水平流向，进、出风口分别在鼓风机的两侧。

b. W 式（卧式）：鼓风机两转子中心线在同一水平面内，气流为垂直流向，进风口在机壳下部的一侧，出风口在风机顶部或者相反。卧式结构的进、排气方向，如从强度考虑，以上进下排为好。

根据需要，罗茨鼓风机既可按顺时针也可按逆时针方向旋转。

②按冷却方式分：

a. 风冷式：当出口压力小于 49.0 kPa 时采用风冷结构，风冷式鼓风机运行中的热量采用自然空气冷却的方式。为增大散热面积，机壳表面制成翅片式的结构。

b. 水冷式：当出口压力大于或等于 49.0 kPa 时采用水冷结构。水冷式鼓风机机壳的热量用冷却水强制冷却，在机壳表面制成夹套层，使冷却水在夹套中循环。

③按连接方式分。罗茨鼓风机采用联轴器与电动机连接，即直接驱动。也可采用带轮驱动，但因带轮传动效率不高，且轴承容易损坏，一般较少采用。

任务实施

离心式通风机的检修技术

1. 离心式通风机的结构

离心式通风机的结构：离心式风机主要由叶轮、外壳、集流器、调节挡板、轴及轴承座等部件组成，其中叶轮由叶片、前盘、后盘及轮毂所构成。

（1）叶轮。叶轮的组成：叶轮是风机的主要部件，由叶片、连接和固定叶片的前盘和后盘、轮毂组成。离心式通风机的叶片形式根据其出口方向和叶轮旋转方向之间的关系可分为后向式、径向式、前向式 3 种。后向式叶片的弯曲方向与气体的自然运动轨迹完全一致，因此气体与叶片之间的撞击少，能量损失和噪声都小，效率也就高。前向式叶片的弯曲方向与气体的运动轨迹相反，气体被强行改变方向，因此它的噪声和能量损失都较大，效率较低。径向式叶片的特点介于后向式和前向式之间。

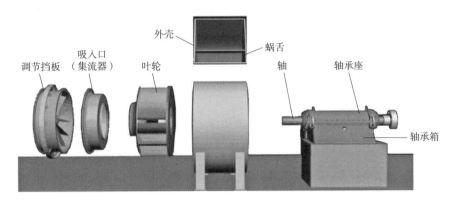

图 4-4　离心式通风机的结构

（2）集流器。集流器的组成：集流器装置在叶轮前，它使气流能均匀地充满叶轮的入口截面，并且气流通过它时的阻力损失是最小的。

为了保证风机的性能，特别应保证风机集流器与叶轮的接口间隙符合图样标准。对于一些气体温度较高且型号较大的风机，为了保证风机在高温状态下运行时，机壳热膨胀后进风圈与叶轮不发生摩擦，进风圈与叶轮进口的接口间隙并非完全均匀，一般上大下小，左右均匀，调校进风圈与叶轮进口的接口间隙，保证该间隙值满足图样的要求。

风机性能的好坏，效率的高低主要决定于叶轮，但蜗壳的形状和大小，吸气口的形状等，也会对其有影响。蜗壳的作用是收集从叶轮中甩出的气体，使他流向排气口，并在这个流动的过程中使气体从叶轮处获得的动压能一部分转化为静压能，形成一定的风压。

（3）蜗舌。离心式通风机的外壳出口处有舌状结构，一般称作蜗舌。蜗舌可以防止气体在机壳内循环流动。

（4）轴承箱。轴承箱体是由传动轴、轴承、轴承座组成的。

（5）调节挡板。安装调节挡板时应注意调节挡板的叶片转动方向是否正确，应保证进气的方向与叶轮旋转方向一致。常见的调节挡板是花瓣式叶片型调节挡板，调节范围由 0°（全开）到 90°（全闭）。调节挡板的搬把位置，从进风口方向看过去在右侧。对于右旋风机，搬把由下往上推是全闭到全开方向。对于左旋风机，搬把由上往下拉是全闭到全开方向。

2. 离心式通风机的工作原理

当风机的风轮被电动机经轴带动旋转时，充满叶片之间的气体在叶片的推动下随之高速转动，使得气体获得大量能量，在惯性离心力的作用下，甩往叶轮外缘，气体的压力能和动能增加后，从蜗形外壳流出，叶轮中部则形成负压，在大气压力的作用下源源不断吸入气体予以补充。

3. 离心式通风机的结构形式

1）进气方式不同的结构形式

离心式通风机一般都是采用单级叶轮，单侧进气的结构，称为单吸通风机，用符号"1"表示。流量大的通风机叶轮有时做成双侧进气的，称为双吸通风机，用符号"0"表示。风压高的通风机也可做成两级串联的结构形式，用符号"2"表示。

2）旋转方向不同的结构形式

离心式通风机可以做成右旋和左旋两种。从电动机的一端正视，叶轮旋转为顺时针方向的，称为右旋，用"右"表示；叶轮旋转为逆时针方向的，称为左旋，用"左"表示。但必须注意，叶轮只能顺着机壳螺旋线的展开方向旋转；否则，叶轮出现反转时，流量会突然下降。

3）出风口位置不同的结构形式

离心式通风机的出风口位置，根据使用的要求，可以做成向上、向下、水平向左、向右、各向倾斜等各种形式。为了使用方便起见，出风口往往做成可以自由转动的结构。一般情况下，风机制造厂规定八个基本出风口的位置。

4）传动方式不同的结构形式

根据使用情况的不同，离心式通风机的传动方式有多种。如果风机的转数和电动机的转数相同，对于机体较大的风机可以采用联轴器将风机和电动机直连的传动方式，结构简单、紧凑；对于机体较小、转子较轻的风机，则可以取消轴承和联轴器，将叶轮直接装在电动机轴上，结构更加简单、紧凑。如果风机的转数和电动机的转数不相同，则可以采用带轮的传动方式。

4. 离心式通风机的检修步骤

1）拆卸前的准备

（1）掌握风机的运行情况，备齐必要的图样资料。

（2）备齐检修工具、量具、起重机具、配件及其他材料。

（3）切断风机电源、关闭风机出入口挡板，达到安全检修条件。

2）拆卸与检查

（1）拆卸联轴器护罩，检查联轴器对中性。

（2）拆卸联轴器或带轮及附属管线。

（3）拆卸轴承箱压盖，检查转子轴向窜量。

（4）拆卸机壳，测量密封间隙。

（5）清扫检查转子。

（6）清扫检查机壳。

（7）拆卸检查轴承及清洗轴承箱。

5. 离心式通风机的检修质量要求

1）联轴器

（1）联轴器与轴的配合公差为 H7/js6。

（2）联轴器螺栓与弹性圈配合应无间隙，并有一定紧力。弹性橡胶圈外径与孔配合应有 0.5~1.0 mm 间隙，螺栓装有弹簧垫或止退垫片锁紧。

（3）弹性柱销联轴器两端面间隙为 2~6 mm。

（4）对中检查时，调整垫片每组不得超过四块。

（5）对于膜片联轴器：

①安装联轴器时，将联轴器预热到 120 ℃，安装后需保证轴端比联轴器端面低 0~0.5 mm。

②联轴器短节及两个膜片组长度尺寸之和,与联轴器端面距离进行比较,差值为 0 ~ 0.4 mm,同时应考虑轴热伸长的影响,膜片安装后无扭曲现象。

③膜片上的扭矩螺栓需用扭矩扳手紧固至厂家资料规定的力矩。

④用表面着色探伤的方法检测膜片连接螺栓,发现缺陷及时更换。

2) 叶轮

(1) 叶轮应进行着色检查,要求无裂纹、变形等缺陷。

(2) 转速低于 2 950 r/min 时,叶轮允许的最大静不平衡应符合规定要求。

(3) 叶轮的叶片转盘不应有明显磨损减薄。

3) 主轴

(1) 主轴应进行着色检查,其表面光滑、无裂纹、锈蚀及麻点,其他处不应有机械损伤和缺陷。

(2) 轴颈表面粗糙度 Ra 为 0.8 μm。

4) 轴承

(1) 滚动轴承:

①滚动轴承的滚动体与滚道表面应无腐蚀、斑痕,保持架应无变形、裂纹等缺陷。

②轴同时承受轴向和径向载荷的滚动轴承配合公差为 H7/js6,仅承受径向载荷的滚动轴承配合为公差 H7/k6,轴承外圈与轴承箱内孔配合公差为 Js7/h6。

③采用轴向止推滚动轴承的风机,其滚动轴承外圈和压盖轴向间隙为 0.02 ~ 0.10 mm。

④滚动轴承热装时,加热温度不超过 100 ℃,严禁直接用火焰加热。

⑤自由端轴承外圈和压盖的轴向间隙应大于轴的热伸长量。

(2) 滑动轴承:

①轴承衬表面应无裂纹、砂眼、夹层或脱壳等缺陷;

②轴承衬与轴颈接触应均匀,接触角为 60° ~ 90°,在接触角内接触点不小于 2 ~ 3 点/cm²;

③轴承衬背与轴承座孔应均匀贴合。接触面积:上轴承体与上盖不少于40%,下轴承体与下座不少于50%。轴承衬背过盈量为 - 0.02 ~ 0.03 mm;

④轴承侧向间隙为 1/2 顶间隙。

⑤轴承推力间隙一般为 0.20 ~ 0.30 mm,推力轴承面与推力盘接触面积应不少于70%。

5) 密封

(1) 离心式通风机叶轮前盖板与壳体密封环径向半径间隙为 0.35 ~ 0.50 mm;离心式通风机叶轮进口圈与壳体的端面和径向间隙不得超过 12 mm。

(2) 轴的密封采用毡封时只允许一个接头,接头的位置应放在顶部。

(3) 机壳密封盖与轴的每侧间隙一般不超过 1 ~ 2 mm。

(4) 轴的密封采用胀圈式或迷宫式,其密封间隙应符合相关要求。

6) 壳体与轴承箱

(1) 机壳应无裂纹、气孔;焊制机壳应焊接良好。

(2) 整体安装的轴承箱,以轴承座中分面为基准,检查其纵、横水平偏差值为 0.1 mm/m。

(3) 分开式轴承箱的纵、横向安装水平偏差要求如下:

a. 每个轴承箱中分面的纵向安装水平偏差不应大于 0.04 mm/m；

b. 每个轴承箱中分面的横向安装水平偏差不应大于 0.08 mm/m；

c. 主轴轴颈处的安装水平偏差不应大于 0.04 mm/m。

6. 离心式通风机的日常维护

（1）每 2 h 巡检一次，检查风机声音是否正常、轴承温度和振动是否超标、运行参数是否正常，查看润滑油油位、压力是否稳定，判断冷却水系统是否畅通。

（2）每五天检查一次润滑油质量，一旦发现润滑油变质应及时更换。

（3）及时添加润滑油（脂）。

（4）备用离心式通风机应每天盘车 180°。

7. 离心式通风机的常见故障及排除方法

离心式通风机的故障主要有风机的机械故障和性能故障两大类。机械故障主要包括风机的振动、发热、带连接异常（仅限于带轮传动的风机）、润滑系统故障和轴承故障等几方面等。当离心式通风机运行中出现故障时，要根据故障现象分析引起故障的原因，并及时采取有效措施，以防止故障扩大，从而避免风机受到严重的损坏。如果某些故障在初发期能通过简单的调节或处理而获得解决，则不必停机检修，否则均要停机检修。同时要注意，在任何情况下，对于轴承过热都不允许采用冰或冷水来冷却轴承，以免轴弯曲变形。

1）叶轮损坏或变形

（1）故障原因：①叶片表面或铆钉头腐蚀或磨损；②铆钉和叶片松动；③叶轮变形后歪斜过大，使叶轮径向跳动或端面跳动过大。

（2）处理方法：①如为个别损坏，可个别更换零件；如损坏过半，应更换叶轮；②可用小冲子紧固铆钉，如无效可更换铆钉；③卸下叶轮后，用铁锤矫正，或将叶轮平放，压轴盘某侧边缘。

2）机壳过热

（1）故障原因：在风机进风阀或出口阀关闭的情况下运转时间过长。

（2）处理方法：先停风机，待冷却后再启动。

3）密封圈磨损或损坏

（1）故障原因：①密封圈与轴套不同心，在正常运转中磨损；②机壳变形，使密封圈一侧磨损；③叶轮振动过大，其径向振幅的 1/2 大于密封径向间隙。

（2）处理方法：先消除外部影响，然后更换密封圈，重新调整和校正密封圈的位置。

4）传动带滑下或跳动

（1）故障原因：①两带轮位置没有找正，彼此不在一条线上；②两带轮中心距小，而传动带又过长。

（2）处理方法：①重新调整带轮；②调整传动带的松紧度，其方法为调整传动带、调间距或更换传动带。

5）风机的叶轮静、动不平衡，引起风机和电动机发生同样振动，振动频率与转速相符合

（1）故障原因：①轴与密封圈发生强烈的摩擦产生局部高温，使轴弯曲变形；②叶片的质量不对称，一侧产生叶片腐蚀、磨损严重；③风机叶片上附有不均匀的附着物，如铁锈、积灰

或其他杂质；④风机叶轮上的平衡块质量和位置不对，或位置移动，或检修后未校正。

（2）处理方法：①更换风机轴，并同时修复密封圈；②修复叶片或更换叶轮；③对风机叶片进行清扫；④对风机叶轮重新进行平衡校正。

6）风机叶轮轴安装不当，振动为不定性的，空载时轻，负载时重

（1）故障原因：①联轴器安装不正，风机轴和电动机轴不同轴；②带轮安装不正，风机轴和电动机轴不平行。

（2）处理方法：进行重新校正和调整。

7）转子固定部分松动，或活动部分间隙过大，发生局部振动过大，主要在轴承箱待活动部分

（1）故障原因：①轴衬或轴颈磨损使油隙过大，轴衬与轴承箱之间的预紧力过小或有间隙而松动；②叶轮、联轴器或带轮与轴连接松动；③联轴器的螺栓松动，滚动轴承的轴向固定圆螺母松动。

（2）处理方法：①补焊修复轴径，调整垫片，或对轴承箱接合面进行刮研；②修理轴或叶轮，重新配键；③紧固松动的螺母。

8）基础或机座的刚度不够或不牢固，产生共振现象，电动机和风机整体振动，而且与风机负荷无关

（1）故障原因：①风机基础不够牢固，地脚螺母松动，垫片松动，机座连接不牢固，连接螺母松动；②基础或基座的刚度不够，使转子不平衡，引起剧烈的强制共振；③风管道未留膨胀余地，与风机连接处的软接头不合适或管道安装时有问题。

（2）处理方法：①查明原因，进行适当的修补或加固，紧固螺母；②进行调整和修理。

9）风机内部有摩擦现象，发生振动不规则，且集中在某一部分，噪声和转速相关；在起动和停车时，可听到金属弦音

（1）故障原因：①叶轮歪斜与机壳内壁相碰，或机壳刚度不够，左右晃动；②叶轮歪斜与进气圈相碰；③推力轴衬歪斜、不平或磨损。

（2）处理方法：①修理叶轮和推力轴衬；②修理叶轮和进气圈；③修理轴衬。

10）轴衬磨损、损坏

（1）故障原因：①轴与轴承歪斜，主轴与直联电动机轴不同心，推力轴承与径向轴承受力方向不垂直，使磨损加大，顶隙、侧隙和端隙过大；②刮研不良，使接触弧度过小或接触不良，上方及两侧有接触痕迹，间隙过大或过小，下半轴衬中分处的存油沟斜度太小；③表面出现裂纹、破损、夹杂、擦伤、剥落、溶化、磨纹及脱壳等缺陷；④轴承合金成分质量不良，或浇注不良。

（2）处理方法：①进行焊补或重新浇注；②重新刮研或校正。④重新浇注。

11）轴承安装不良或损坏

（1）故障原因：①轴承与轴的位置不正确，使轴承磨损或损坏；②轴承与轴承箱孔之间的装配过盈量，或有间隙而松动，或轴承箱螺栓过紧或过松，使轴封与轴的间隙过小或过大；③滚动轴承损坏，轴承保持架与其他机件碰撞损坏；④机壳内密封间隙增大使叶轮轴间推力增大。

（2）处理方法：①重新校正；②调整轴承与轴承箱孔间的垫片和轴承箱盖与轴承座之间的垫片；③修理或更换轴承；④修复或更换密封件。

12）风压降低

（1）故障原因：①管路阻力曲线发生变化，阻力增大，风机工作点改变；②风机制造质量不良或风机严重磨损；③风机转速降低；④风机工作在不稳定区。

（2）处理方法：①调整风管阻力曲线，减小阻力，改变风机工作点；②检修风机；③提高风机转速；④调整风机工作区。

13）风机运行中风压过大，风量偏小

（1）故障原因：①风机叶轮旋转方向反向；②进风管或出风管有堵塞现象；③出风管道漏风；④叶轮入口间隙过大或叶片严重磨损；⑤风机轴与叶轮连接松动；⑥导向器装反；⑦所使用的风机全压不适当。

（2）处理方法：①调整叶轮旋转方向；②清除风管中的堵塞；③检查处理或修补风道；④调整叶轮入口间隙或更换叶轮；⑤检修紧固叶轮；⑥调装导向器；⑦通过改变风机转速，进行风机性能调节，或更换风机。

素质提升

民族自豪感

在东汉初年，南阳太守杜诗就设计并制造了一种水力鼓风机，用于冶金铸造业，如图4-5（a）所示。它是用水转动水轮，通过一系列的曲轴、连杆、往复杆装置，把圆周运动转化为拉风箱的直线运动。它包括动力系统、传动系统和工作系统，具有真正机器的主要特征。不仅如此，把这种操作程序反过来，就是蒸汽机活塞的直线往复运动向圆周运动的转换。这是中国古代发明之一，也是蒸汽机的原理始祖之一，于1200年传入欧洲。

张衡所处的汉朝东汉时代，地震比较频繁。为了掌握全国地震动态，他经过长年研究，发明了世界上第一架地震仪，如图4-5（b）所示。当时利用这架仪器成功地测报了西部地区发生的一次地震，这比西方国家用仪器记录地震的历史早一千七百多年。

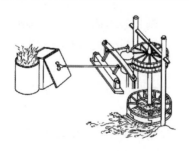
（a）东汉杜诗用水力鼓风炼铁

（b）东汉张衡测报地震

图4-5 古代发明

民族自豪感是爱国主义的重要因素，是指对本民族的历史文化、传统精神、价值取向、现实状况、未来发展等表示高度认同、充满信心和乐观主义精神的情感。中国人民历来具有强烈的民族自豪感。它源于中国富饶辽阔的疆土，悠久的历史，勤劳的人民，灿烂的文化，世代相传的民族美德。这种民族自豪感是中华民族自立于世界民族之林的重要心理保证。

民族自豪感是人们对自己民族有着一种强烈的认同感和凝聚力，而且为自己的国家和民族感到自信和骄傲的感情。一个民族的兴旺发展离不开人们发自内心的民族自豪感和自信心，它是民族团结的灵魂，是中华儿女的传统爱国情怀，是新时代应该散发出的民族精气神。新时代、新征程，面对新目标，更需要我们对国家、对民族保持自信，从中国共产党的百年奋斗史中汲取能量，凝聚民族自信力，万众一心向前奋进。

民族自豪感是团结中华儿女的精神纽带。以史为鉴，开创未来，必须加强中华儿女大团结。而这样的"大团结"就必须要强大的民族自豪感作为重要支撑。全国人民保持对民族的自信，才能团结起来，共同为同一个梦想奋斗，共同对抗艰难困苦，为国家的发展汇集一股强大的力量。

民族自豪感是国家发展的重要精神支撑。因为内心对民族有坚定的自豪感和自信心，才能对国家的发展充满底气，才能坚定不移地朝着实现中华民族伟大复兴的中国梦奋进。回顾新中国成立以来的发展历程，众多的爱国志士为国家的发展做出了杰出贡献，他们心中都始终把国家放在重要位置。爱国情怀与民族自豪感是分不开的，正是因为对祖国有着深厚的情感，才能支撑他们在艰苦的条件下取得一个个伟大的成就。民族品牌的崛起也是需要这样的"自豪情怀"。

任务拓展

轴流式通风机检修

轴流式通风机又称局部通风机，是工矿企业常用的一种风机。它不同于一般的风机。它的电动机和风叶都在一个圆筒里，外形就是一个筒形，用于局部通风，安装方便，通风换气效果明显、安全，可以连接风筒把风送到指定的区域。

1. 轴流式通风机的工作原理

气流由集流器进入轴流式通风机，经前导叶片获得旋转后，在叶轮转动中获得能量，再经后导叶片，将一部分偏转的气流动能转变为静压能，最后气体流经扩散筒，将一部分轴向气流的动能转变为静压能后输入管路中。

2. 轴流式通风机和离心式通风机的区别

轴流式通风机的特点是流体沿着扇叶的轴向流过。比如电风扇和家庭里的排气扇。而离心式通风机是将流体从风扇的轴向吸入后利用离心力将流体从圆周方向甩出去，比如鼓风机，抽油烟机。

（1）轴流式通风机的流量大、压力小；离心式通风机的压力大、流量小。

（2）轴流式通风机的气流方向垂直于叶片的旋转方向，离心式通风机的气流方向切于叶片旋转方向。

选用什么形式的通风机最主要的是考虑流量及系统阻力损失。

3. 轴流式通风机的日常维护

对于轴流式通风机在运行的时候，要注意监控电动机的电流变化。电流不但是风机负荷的标示，也是一些异常变化的预报。除此之外，还要经常检查电动机与风机的振动是否正常，有没有摩擦，是否有异常声音出现，对并联运行的风机要注意检查风机是否在喘振状态下运行，在运行过程中如果出现轴流式通风机产生强烈振动或者摩擦，电动机电流忽然上升，并超过了电动机的额定电流；电动机轴承温度急剧上升等现象，都要停机检查修复。轴流式通风机运行检查可以有效地杜绝安全隐患的发生，对工作人员的安全工作起到关键作用。轴流式通风机在使用和维护中也应该多加重视和注意，保证轴流式通风机在使用过程中更加稳定和方便。

4. 轴流式通风机在维修和检测中的注意事项

（1）在维修和检测轴流式通风机中要关闭所有的阀门，并完全切断电源，保证在维修过程中的安全。

（2）在维修风机中要注意清洁，因为轴流式通风机主要面对户外，户外不可避免地有很多灰尘，那么首先在维修的时候要重视清洁，在清理干净之后再进行进一步的维修和检查。

（3）对叶片一般进行着色探伤检查，主要检查叶片工作面有无裂纹及气孔、夹砂等缺陷。叶片的轴承是否完好，其间隙是否符合标准。全部紧固螺钉有无裂纹、松动，重要的螺钉要进行无损探伤检查，以保证螺钉的质量；叶片转动应灵活、无卡涩现象。

（4）叶柄的检查，检查内容有：叶柄表面应无损伤，叶柄应无弯曲变形，同时叶柄还要进行无损探伤检查，应无裂纹等缺陷，否则应更换；叶柄孔内的衬套应完整、不结垢、无毛刺，否则应更换；叶柄孔中的密封环是否老化脱落，老化脱落则应更换；叶柄的紧固螺母，止退垫圈是否完好，螺母是否松动。

5. 轴流式通风机的故障

1）风机振动剧烈

（1）风机轴与电动机轴不同轴。

（2）基础或整体支架的刚度不够。

（3）叶轮螺栓或铆钉松动及叶轮变形。

（4）叶轮轴盘孔与轴配合松动。

（5）机壳、轴承座与支架，轴承座与轴承盖等连接螺栓松动。

（6）叶片有积灰、污垢，叶片磨损，叶轮变形、轴弯曲使转子产生不平衡。

（7）风机进、出口管道安装不良，产生共振。

2）轴承温升过高

（1）轴承箱振动剧烈。

（2）润滑脂或油质量不良、变质和含有灰尘、沙粒、污垢等杂质或充填量不当。

（3）轴与滚动轴承安装歪斜，前后两轴承不同心。

（4）滚动轴承外圈转动和轴承箱摩擦。

（5）滚动轴承内圈相对主轴转动，即内圈和主轴外径产生摩擦。

（6）滚动轴承损坏或轴弯曲。

（7）冷却水过少或中断（对于要求水冷却轴承的风机）。

3）电动机电流过大或温升过高

（1）启动时，调节门或出气管道内闸门未关严。

（2）电动机输入电压低或电源单相断电。

（3）风机输送介质的温度过低（即气体密度过大），造成电动机超负荷。

（4）系统性能与风机性能不匹配。系统阻力小，而风机留的裕量大，造成风机运行在低压力、大流量区域。

任务 4.2　离心式水泵的检修

任务导入

工业用离心式水泵运行中故障分为腐蚀和磨损、机械故障、性能故障和轴封故障 4 类，这 4 类故障往往会相互影响难以分开。如叶轮的腐蚀和磨损会引起性能故障和机械故障，轴封的磨损也会引起性能故障和机械故障。所以在运行过程中能及时发现故障并加以处理，会大大提高泵的使用寿命及效率。维修人员必须掌握正确的修理方法，才能胜任维修工作。本任务着重介绍常用离心式水泵的故障诊断和主要零件的修理方法。

离心式水泵的故障诊断与修理工作，必须抓住四大重要环节，即正确地拆装；零件的清洗、检查、修理或更换；精心组装；组装后各零件之间的相对位置及各部件间隙的调整。

知识准备

离心式水泵是用来输送水或其他液体的设备，它具有很高的效率，能够直接和高速电动机连接运转，构造简单，机体轻便，容易调节，在工农业生产和日常生活中得到广泛的应用。

1. 离心式水泵工作原理

水泵开动前，先将泵和进水管灌满水，水泵运转后，在叶轮高速旋转而产生的离心力的作用下，叶轮流道里的水被甩向四周，压入蜗壳，叶轮入口形成真空，水池的水在外界大气压力下沿吸水管被吸入补充了这个空间。继而吸入的水又被叶轮甩出经蜗壳而进入出水管。由此可见，若离心式水泵叶轮不断旋转，则可连续吸水、压水，水便可源源不断地从低处扬到高处或远方。综上所述，离心式水泵是由于在叶轮的高速旋转所产生的离心力的作用下，将水提向高处的，故称离心式水泵。

2. 离心式水泵的结构组成

离心式水泵的基本构造是由 6 部分组成的，分别是叶轮、泵体、泵轴、轴承、密封环、填料函。

（1）叶轮是离心式水泵的核心部分，它转速高、受力大，叶轮上的叶片又起到主要作用，叶轮在装配前要通过静平衡实验。叶轮上的内外表面要求光滑，以减少水流的摩擦损失。

（2）泵体又称泵壳，它是水泵的主体。起到支撑固定作用，并与安装轴承的托架相连接。

（3）泵轴的作用是由联轴器和电动机相连接，将电动机的转矩传给叶轮，所以它是传递机械能的主要部件。

（4）滑动轴承使用的是透明油作为润滑剂，应加油到油位线。加油太多要沿泵轴渗出；太少，轴承又要过热烧坏，造成事故。在水泵运行过程中，轴承的温度不能超过 85 ℃，一般运行在 60 ℃左右。

（5）密封环又称减漏环。

（6）填料函主要由填料、水封环、填料筒、填料压盖、水封管组成。填料函的作用主要是为了封闭泵壳与泵轴之间的空隙，不让泵内的水流流到外面来也不让外面的空气进入泵内。要始终保持水泵内的真空。当泵轴与填料摩擦，产生的热量就要靠水封管，注水到水封圈内使填料冷却，保持水泵的正常运行。所以，在水泵的运行巡回检查过程中，对填料函的检查特别要注意。在运行 600 h 左右就要对填料进行更换。

3. 离心式水泵工作特点

（1）水沿离心式水泵的流经方向是沿叶轮的轴向吸入，垂直于轴向流出，即进出水流方向互成 90°。

（2）由于离心式水泵靠叶轮进口形成真空吸水，因此在起动前，必须向泵内和吸水管内灌注引水，或用真空泵抽气，以排出空气形成真空，而且泵壳和吸水管路必须严格密封，不得漏气，否则形不成真空，也就吸不上水来。

（3）由于叶轮进口不可能形成绝对真空，因此离心式水泵吸水高度不能超过 10 m，加上水流经吸水管路的沿程损失，实际允许安装高度（水泵轴线距吸入水面的高度）远小于 10 m。如安装过高，则不吸水；此外，由于山区比平原大气压力低，因此同一台水泵在山区，特别是在高山区安装时，其安装高度应降低，否则也不能吸上水来。

4. 离心式水泵拆卸前准备

（1）掌握泵的运转情况，并备齐必要的图样和资料。

（2）备齐检修工具、量具、起重机具、配件及材料。

（3）切断电源及设备与系统的联系，放净泵内液体，达到设备安全与检修条件。

维修所需的量具及工具：

（1）常用工具：活扳手、梅花扳手、锤子、螺丝刀、撬杠等。

（2）测量工具：千分尺、百分表（磁力表座）、游标卡尺、内卡钳、钢直尺等。

（3）其他物品：包皮布、放油器具、不锈钢盘或帆布等。

5. 离心式水泵的拆卸及零部件的清洗检查

图 4-26 所示为典型的单级单吸离心式水泵结构，泵采用电动机通过弹性联轴器直接驱动。主要部件有叶轮、泵轴、泵体、泵盖、轴封及密封环等。该泵叶轮为单吸闭式叶轮，叶片弯曲方向与旋转方向相反。

离心式水泵种类繁多，不同类型的离心式水泵结构相差甚大，要做好离心式水泵的修理工作，首先必须认真了解泵的结构，找出拆卸难点，制定合理方案，才能保证拆卸顺利进行。

1）离心式水泵的拆卸

下面以单级单吸离心式水泵（见图 4-6）为例介绍其拆卸与装配过程。

首先切断电源，确保拆卸时的安全。关闭出、入阀门，隔绝液体来源。开启放液阀，消除泵壳内的残余压力，放净泵壳内残余液体。拆除两半联轴节的连接装置。拆除进、出口法兰的螺栓，使泵壳与进、出口管路脱开。

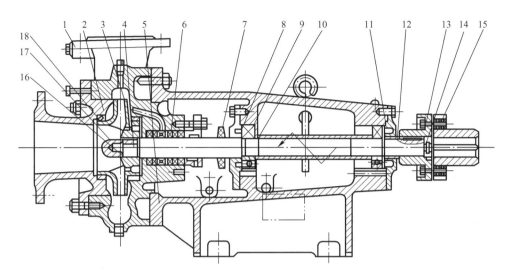

图 4-6 单级单吸离心式水泵结构

1—泵体；2—泵盖；3—叶轮；4—泵轴；5—托架；6—轴封；7—挡水环；8、11—挡油圈；9—轴承；10—定位套；
12—挡套；13—联轴器；14—止退垫圈；15—小圆螺母；16—密封环；17—叶轮螺母；18—垫圈

（1）机座螺栓的拆卸。机座螺栓位于离心式水泵的最下方，最易受酸、碱的腐蚀或氧化锈蚀。长期使用会使得机座螺栓难以拆卸。因而，在拆卸时，除选用合适的扳手外，应该先用锤子对螺栓进行敲击振动，使锈蚀层松脱开裂，以便于机座螺栓的拆卸。

机座螺栓拆卸完之后，应将整台离心式水泵移到平整宽敞的地方，以便进行解体。

（2）泵壳的拆卸。拆卸泵壳时，首先将泵盖与泵壳的连接螺栓松开拆除，将泵盖拆下。

在拆卸时，泵盖与泵壳之间的密封垫，有时会出现黏结现象，这时可用锤子敲击通心螺丝刀，使螺丝刀的刀口部分进入密封垫，将泵盖与泵壳分离开来。

然后，用专用扳手卡住前端的轴头螺母（又称叶轮背帽），沿离心式水泵叶轮的旋转方向拆除螺母，并用双手将叶轮从轴上拉出。

最后，拆除泵壳与泵体的连接螺栓，将泵壳沿轴向与泵体分离。泵壳在拆除过程中，应将其后端的填料压盖松开，拆出填料，以免拆下泵壳时，增加滑动阻力。

（3）泵轴的拆卸。要把泵轴拆卸下来，必须先将轴组（包括泵轴、滚动轴承及其防松装置）从泵体中拆卸下来。为此，需按下面的步骤来进行：

①拆下泵轴后端的大螺母，用拉力器将离心式水泵的半联轴节拉下来，并且用通心螺丝刀或錾子将平键冲下来。

②拆卸轴承压盖螺栓，并把轴承压盖拆除。

③用手将叶轮端的轴头螺母拧紧在轴上，并用锤子敲击螺母，使轴向后端退出泵体。

④拆除防松垫片的锁紧装置，用锁紧扳手拆卸滚动轴承的圆形螺母，并取下防松垫片。

⑤用拉力器或压力机将滚动轴承从泵轴上拆卸下来。

有时滚动轴承的内环与泵轴配合时，由于过盈量太大，出现难以拆卸的情况。这时，可以采用热拆法进行拆卸。

2）零部件的清洗检查

清洗的质量直接影响零部件的检查与测量精度。拆下来的零部件应当按次序放好，尤其是多级泵的叶轮、叶轮挡套、中段等。凡要求严格按照原来次序装配的零部件，次序不能装错，否则会造成叶轮和密封圈之间间隙过大或过小，甚至出现泵体泄漏等现象。整机的装配顺序基本上与拆卸相反。

（1）拆卸附属管线，检查清扫。

（2）拆卸联轴器安全罩时，检查联轴器的同轴度。

（3）测量转子的轴向窜动量，并检查轴承。

（4）拆卸密封件进行检查。

（5）测量转子各部圆跳动和间隙。

（6）拆卸转子时，测量主轴的径向圆跳动。

（7）检查各零部件，必要时进行探伤检查。

（8）检查通流部分是否有气蚀冲刷、磨损、腐蚀结垢等情况。

6. 离心式水泵的试车

离心式水泵修理安装完毕后，必须经试车来检查和消除在安装修理中没有发现的问题，使离心式水泵的各配合部分运转协调。

1）试车前的检查及准备

（1）检查检修记录。检修质量应符合检修规程要求，确认检修记录齐全、数据正确。

（2）检查润滑情况。若不符合要求，及时更换或加注。

（3）冷却水系统应畅通无阻。

（4）盘车无轻重不均的感觉，无杂音，填料压盖不歪斜。

（5）热油泵启动前一定要暖泵，预热升温速度不高于每小时 50 ℃。

2）离心式水泵的负荷试车

（1）空负荷试车。离心式水泵的各项性能指标符合技术要求，可进行空负荷试车，空负荷试车步骤如下：

①盘车并开冷却水。

②灌泵。

③启动电动机。注意观察泵的出口压力、电动机电流及运转情况。

④缓慢打开泵的出口阀，用调节阀或泵出口阀调节流量和压力，直到正常流量。

（2）负荷试车。

负荷试车应符合的要求如下：

①运转平稳无杂音，润滑冷却系统工作正常。

②流量、压力平稳，达到铭牌标示的压力。

③在额定的扬程、流量下，电动机电流不超过额定值。

④各部位温度正常。

⑤轴承振动振幅：工作转速在 1 500 r/min 以下，应小于 0.09 mm；工作转速在 3 000 r/min 以下，应小于 0.06 mm。

⑥各接合部位及附属管线无泄漏。

⑦轴封漏损应不高于下列标准。填料密封：一般液体，每分钟 20 滴；重油，每分钟 10 滴。机械密封：一般液体，每分钟 10 滴；重油，每分钟 5 滴。

7. 离心式水泵的验收

检修质量符合规程要求，检修记录准确齐全，试车正常，可按规定办理验收手续，移交生产。

8. 离心式水泵的日常维护保养

①备用泵定期短时间运转一次。

②维修人员应定时检查设备运行情况并及时处理所发现的问题。

③冬季泵冷却水应保持流动状态或倒空，以防结冰损坏设备。

④严格按照泵的操作规程启动、运行与停车，并做好记录。

⑤更换新轴承后，工作 100 h 应清洗换油。

⑥经常检查轴承温度，应不高于环境温度 35 ℃，滚动轴承的最高温度不得超过 75 ℃，滑动轴承的最高温度不得超过 65 ℃。

⑦每班检查润滑部位的润滑油是否符合规定，发现乳化变质应立即更换。新泵运行的初级阶段，一般运行 3 个月更换润滑油（或按厂家的维修手册进行）。

⑧每班检查轴封处滴漏，填料密封保持每分钟 10~20 滴为宜。

⑨泵不应在低于 30% 的标定流量的工况下连续运转，如必须在该工况下运转，则应在泵出口接旁通管路，以满足使用工况的要求。

任务实施

离心式水泵的检修

1. 检查离心式水泵故障的流程

（1）先检查离心式水泵的型号和规格是否正确，是否满足所在工作环境的要求条件。

（2）其次检查是否有操作上的不规范，安装错误等。

（3）检查水泵的物理结构，是否有磨损和气蚀、腐蚀等化学损伤的情况发生。

2. 离心式水泵的故障类型

1）腐蚀和磨损

腐蚀的主要原因是选材不当，发生腐蚀故障时应从流体介质和泵的材料两方面入手解决。

磨损常发生在输送浆液时，主要原因是流体介质中含有固体颗粒。对输送浆液的泵，除泵的过流部件应该采用耐腐耐磨材料外，轴封应选用合适的类型。对机械密封、填料密封等接触式密封应采用清洁液体冲洗以免杂质侵入，并在泵内采用冲洗设施以免流道被堵塞。此外，对于易损件，在磨损量一定时，应及时予以更换。

2）机械故障

机械故障主要引起振动和噪声。振动和噪声产生的主要原因是轴承损坏、气蚀或装配不良；泵轴与电动机轴不同心；基础刚度不够或基础下沉等。

3）性能故障

主要指泵的流量、扬程不足，主要原因是泵的气蚀和电动机超载等意外故障引起。

4）轴封故障

主要指密封处出现泄漏。填料密封泄漏的主要原因是填料选用不当、轴套磨损。机械密封泄漏的主要原因是端面损坏或辅助密封圈被划伤、折皱或损坏，应当及时维修更换。

3. 离心式水泵的常见故障分析及处理

1）离心式水泵机械密封失效的分析

（1）离心式水泵停机主要是由机械密封的失效造成的。失效的表现大多是泄漏，泄漏原因有以下几种：

①动、静环密封面的泄漏。原因主要有：端面平面度、粗糙度未达到要求，或表面有划伤；端面间有颗粒杂质，造成两端面不平整；安装不正确。

②补偿环密封圈泄漏。原因主要有：压盖变形，预紧力不均匀；安装不正确；密封圈质量不符合标准；密封圈选型不对。

（2）实际使用效果表明，密封元件失效最多的部位是动、静环的端面。离心泵动、静环端面出现龟裂是常见的失效现象。原因主要有以下几种：

①安装时密封面间隙过大，冲洗液从密封面间隙中泄漏，造成端面过热而损坏。

②液体介质汽化膨胀，使两端面受汽化膨胀力作用而分开，破坏润滑膜从而造成端面表面过热而损坏。

③液体介质润滑性较差，加之操作压力过载，两配合密封面转动不同步，产生摩擦，瞬时高温造成密封面损坏。

④密封冲洗液孔板或过滤网堵塞，造成水量不足，使机械密封失效。另外，密封面表面有滑沟，端面贴合时出现缺口，导致密封元件失效。主要原因有：

a. 液体介质不清洁，有微小质硬的颗粒，以很高的速度进入密封面，将端面表面划伤造成密封失效。

b. 电动机轴和泵轴的同轴度差，泵开启后，泵每转一周端面被晃动摩擦一次，造成端面过热磨损。

c. 液体介质的高压流动冲击引起泵的振动，造成密封面错位而失效。

（3）液体介质对密封元件的腐蚀、冲蚀等，都会造成机械密封表面损坏失效。所以，对机械密封损坏形式要综合分析，找出根本原因，才能保证其长时间正常运行。

2）离心式水泵不出水的故障分析

（1）进水管和泵体内有空气：

①离心式水泵启动前未灌满水。看上去灌水已从放气孔溢出，但未转动泵轴不能完全排出空气，致使少许空气还残留在进水管或泵体中。

②与水泵接触进水管水平段逆水流方向应有0.5%以上下降坡度，连接水泵进口一端为最高，不要完全水平。若进水管向上翘起，进水管内会存留空气，降低了水管和水泵中的真空度，影响吸水。

③水泵填料因长期使用已经磨损或填料过松，造成大量水从填料与泵轴轴套间隙中喷出，

其结果是外部空气就从这些间隙进入水泵内部,影响了吸水压力。

④进水管因长期潜在水下,管壁腐蚀出现孔洞,水泵工作后水面不断下降,当这些孔洞露出水面后,空气就从孔洞进入进水管。

⑤进水管弯管处出现裂痕,进水管与水泵连接处出现微小间隙,都有可能使空气进入进水管。

(2) 水泵转速过低:

①人为因素。因原配电动机损坏,就随意配上另一台小电动机,结果造成了流量小、扬程低,甚至抽不上水的后果。

②传动带磨损。有许多大型离心式水泵采用带传动,因长期使用,传动带磨损而松弛,出现打滑现象,降低了水泵转速。

③安装不当。两带轮中心距太小或两轴不平行,传动带紧边安装到上面致使包角太小,两带轮直径计算差错,联轴器传动水泵两轴偏心距较大等,均会造成水泵转速变化。

④水泵本身机械故障。叶轮与泵轴紧固螺母松脱或泵轴变形弯曲,造成叶轮位移,直接与泵体摩擦,或轴承损坏,都有可能降低水泵转速。

⑤电动机维修后未达到原设计标准要求。电动机维修后绕组匝数、线径、接线方法改变,或原有故障未彻底排除等,也会使水泵转速改变。

3) 离心式水泵排液不畅的原因及对策

(1) 灌泵不足。对策:进行重新灌泵。

(2) 泵的转向不对。对策:对旋转方向进行检查。

(3) 泵的转速过低。对策:进行相应检查,并提高转速。

(4) 滤网有堵塞现象,底阀不灵敏。对策:对滤网进行检查,进行杂物的消除或更换滤网。

(5) 吸液槽有真空现象或者吸口太高。对策:对吸液槽进行检查,对吸口的高度做降低处理。

4) 离心式水泵排液之后发生中断的原因及对策

(1) 吸水管的漏气。对策:对吸水管连接处与填料的密封状况进行检查。

(2) 进行灌泵时吸水管的气体没有排干净。对策:重新进行灌泵。

(3) 吸水管发生异物堵塞现象。对策:在停泵之后把异物处理掉。

5) 离心式水泵轴封发热的原因及对策

(1) 填料压得过紧或者干摩擦。对策:把填料放松,对封管进行检查。

(2) 水封管或者水封圈发生错位现象。对策:进行检查或者冲洗。

(3) 机械的密封发生故障。对策:对机械密封进行相应的检查。

6) 离心式水泵的轴承发热原因及对策

(1) 滑动轴承轴瓦刮研不合要求。对策:重新修理轴承轴瓦或更换。

(2) 轴承间隙过小。对策:重新调整轴承间隙或刮研轴瓦。

(3) 润滑油量不足或油质不良。对策:增加油量或更换润滑油。

(4) 轴承装配不良。对策:按要求检查轴承装配情况或消除不合要求因素。

(5) 冷却水断路。对策:检查、修理冷却水线路。

(6) 轴承磨损或松动。对策：修理轴承或报废。

(7) 泵轴弯曲。对策：校正泵轴或更换。

(8) 甩油环变形或甩油环不能转动。对策：更换甩油环。

(9) 联轴器对中不良或轴向间隙太小。对策：检查调整对中情况和轴向间隙。

7）离心式水泵无法启动或者启动时负荷比较大的原因及对策

(1) 电动机或者电源不正常。对策：对电动机或电源进行相应的检查。

(2) 离心式水泵卡住。对策：手盘联轴器做相应检查，在必要的时候可以进行解体检查，把动静部分的故障进行针对性的消除。

(3) 填料压得过紧。对策：调整填料的安装松紧度。

(4) 排出阀没关。对策：对泵进行关闭再重新启动。

(5) 管道不畅。对策：进行管道的疏通。

8）离心式水泵泵体振动过大的原因及对策

(1) 对轮胶垫或胶圈损坏。对策：检查更换对轮胶垫或胶圈，紧固销钉。

(2) 电动机轴与泵轴不同心。对策：对电动机和泵对轮进行校正。

(3) 泵吸水部分有空气吸入。对策：在泵入口过滤处和出口处放气，控制液面高度。

(4) 基础不牢，地脚螺栓松动。对策：加固基础，紧固地脚螺栓。

(5) 泵轴弯曲。对策：校正泵轴或更换。

(6) 轴承间隙大或损坏。对策：更换符合要求轴承。

(7) 轴转动部分静平衡部分不好。对策：拆泵重新校正转动部分的静平衡。

(8) 泵体内各部分间隙不合适。对策：调整泵内各部分的间隙。

9）离心式水泵有异响或振动的原因及对策

(1) 振动的频率在0%~40%转速，是由于轴承间隙太大、轴瓦有松动、油质不好、油内部存在杂质而使轴产生润滑不良或者轴承损坏等引起。对策：采取相应措施进行处理。例如把油中的杂质清除掉；换成新油；对轴承的间隙做出调整等。

(2) 振动的频率在60%~100%转速，是由于轴承出现问题或密封的间隙太大，密封磨损及护圈松动等引起。对策：对密封进行检查或调整、更换等。

(3) 振动的频率在两倍转速，是由于联轴器对中误差大、联轴器有松动、泵壳体发生变形、支承安装架共振、轴承出现损坏、轴弯曲及配合不良等引起。对策：处理时要对出现问题的位置进行检查，采取针对性的措施，进行调整、修理或更换等。

(4) 振动的频率在n倍转速，是由于联轴器对中误差大、压力脉动变化、壳体发生变形、密封产生摩擦，以及支座或者基础发生共振，机器及管路共振等问题引起。对策：要进行相应的检查，进行调整、更换及修理等。

10）离心式水泵流量不足的原因及对策

(1) 系统的静扬程发生增加现象。对策：可以对液体的高度与系统的压力进行检查。

(2) 阻力增加造成压力损失。对策：对管路与止逆阀进行检查。

(3) 叶轮与壳体的耐磨环发生摩擦磨损。对策：对其进行修理或者更换。

(4) 其他的一些部位发生漏液现象。对策：要对轴封等漏液处进行检修。

（5）发生泵、叶轮的堵塞、腐蚀及磨损现象。对策：需要做相应的清洗、检修与替换。

11）离心式水泵泵能消耗过多的原因及对策

（1）填料压盖太紧、填料函发热。对策：调节填料压盖的松紧度。

（2）联轴器皮圈过紧。对策：更换胶皮圈。

（3）转动部分轴向窜动量过大。对策：调整轴窜动量。

（4）联轴器轴向的间隙过小或者对中不良。对策：进行轴向间隙的调整和对中处理。

（5）零件卡住。对策：检查处理被卡住的零件。

（6）叶轮与壳、叶轮与耐磨环之间有摩擦。对策：进行针对性的检查与修理。

（7）液体的密度增加。对策：对其密度进行检查。

（8）轴承损坏。对策：更换轴承。

（9）泵轴有弯曲的现象。对策：对其进行校正或更换。

素质提升

压力与动力

我们使用水泵时知道，要想水柱喷得高就要压力大，这就是压力与动力的关系。

改革开放40多年来，中国人民披荆斩棘、攻坚克难，突破了一个又一个瓶颈，实现了国家经济和社会发展的全面进步。今天，我们再次站在历史的转折点上，在民族复兴爬坡过坎的关键阶段，在世界风云际会的变局之中，迎接新的挑战和机遇。

我们确实面临着压力和"风雨"——要解决"快速发展"留下的问题，要破除"发展起来之后"的烦恼，要迈过"进一步发展"绕不开的坎，这其中既有短期的问题，也有长期的问题。

面对"风雨"给我们带来的压力，我们应该不忘初心，坚定决心，明确信心，团结齐心，"走好自己的路，做好自己的事"。我们需要化压力为动力，变挑战为机遇。

回顾历史，我们可以看到，中华民族从站起来、富起来到强起来的历程中，从来都面对艰辛和风雨，也从来都不惧艰难，风雨无阻。看大局，明大势，不被前行中的逆流所惊扰，不因暂时的挫折而气馁，不怯懦退缩，不盲目自大，既然选择了梦想和远方，就注定执着无畏，风雨兼程。

挑战恰恰是进步的开端，压力恰恰是动力得以转化的前提：生态污染累积的问题，让我们意识到打好污染防治攻坚战的迫切性；社会治理相对滞后，会敦促我们不断提升治理能力；某些国家的贸易霸凌主义，则让我们反思在核心技术、大国重器方面的短板……将问题变为改变的契机，将挑战转化为机遇，无畏无惧，坚定不移，我们终将在新时代里迎来美好的新生活。

中华民族是勤劳、智慧、勇敢的民族，我们有信心也有能力解决内部发展存在的问题，有决心也有魄力迎接外部发展遇到的一切挑战。

在机遇与挑战并存的新时代大有可为，需要我们举国同心、团结一致，提升精气神，更需要我们每个人立足本职工作，踏踏实实一步一个脚印为新时代的建设汇聚无穷的力量。

前途是光明的，道路是曲折的。我们既不可盲目乐观，也要保有充分的自信。阳光总在风雨后，不经历风雨如何见彩虹？以"风雨无阻的心态，风雨兼程的状态"拼搏奋斗，参与到伟大新时代的建设，就一定能在有风有雨的常态中，邂逅耀眼的阳光与美丽的彩虹，让美好生活如约而至。

任务拓展

离心式水泵的机械密封

1. 离心式水泵机械密封的检修

离心式水泵机械密封是泵的关键耗材，长久运作使用寿命会逐渐变短。

1）机械密封检修的清理与查验

离心式水泵的机械密封检修的工作原理规定机械密封内部无其他残渣。在组装机械密封检修前先完全清理动环、静环、轴套等构件。查验动静环表层是不是存有刮痕、裂痕等缺点，这种瑕疵存有会导致机械密封严重性漏泄。有条件的还可以用工具查验密封面是不是平展。密封面不平展，机械密封的动静环密封面有间隙，会使机械密封失灵。前期，必要时可以制作工装，在组装前进行动静环密封水压试验。

2）机械密封的检修组装技术

准确测量动静环密封面的外形尺寸。该统计数据是用以校验动静环的径向宽度，当选用不一样的摩擦材料时，硬材质摩擦面径向宽度应比软的大 1~3 mm，不然易导致硬材质端面的棱角嵌入到软材料的端面。查验动静环与轴或轴套的间隙，静环的内径通常比轴径大 1~2 mm，对于动环，为切实保持悬浮性，内径比轴径大 0.5~1 mm，用以补偿轴的震动与偏斜，但间隙不能过大，不然会使动环密封圈卡入而导致离心泵机械密封功能的失效。

3）动环和静环端面的研磨

动环拆下来经切削加工后，先完成粗磨，后进行精磨，有条件可做抛光处理。粗磨时，采用160#粒度的磨料，先磨去生产加工残留的刀痕。随后用280#粒度磨料完成精磨，使粗糙度达到设计标准。硬质合金或陶瓷动环精磨后，要用抛光机打磨抛光。抛光机可用 M28~M5 的碳化硼研磨膏进行抛光处理。打磨抛光后达到镜面质量要求。陶瓷环可用 M5 的玛瑙粉研磨膏精磨之后，用氧化铬打磨抛光。用石墨填充聚四氟乙烯制作静环，因为原材料软，要用煤油、汽油或清水精磨，不需加研磨剂。在磨合全过程中还可自研，故粗糙度规定并不是太高。研磨的方式，有研磨机的可在研磨机上打磨，没有研磨机的可在平板玻璃上选用 8 字形的手工研磨方式。

4）机械密封轴套查验

机械密封轴套拆下来后，查验生锈和损坏的状况，假如锈蚀或磨损得较为轻微，适用细砂纸打光再用，假如锈蚀或磨损得比较严重可选用生产加工后电镀的方式或更换轴套。

5）机械密封圈

机械密封圈使用一段时间后，大部分状况下会出现丧失弹性或老化现象，通常状况下需要拆换新的。

6）弹簧

假如机械密封弹簧生锈的不严重，能维持原来弹性，可不拆换。若锈蚀的情况严重或弹性缩减了许多，则需要更换新弹簧。对有拼装盒的机械密封，要将盒清洗干净，并查验凹槽是不是磨损或形变，以便进行校正修复，重新开槽或拆换。机械密封部件维修之后，要做好工作压力实验，随后再投入正常使用。

为保持离心式水泵的机械密封面不泄漏，可在钳工平台上把动静面压紧，倒上水做渗漏实验，假如静态水不漏，表明密封面的表层粗糙度和平面度均符合规定。安装时端面垂直度偏差不得超过 0.015 mm。

2. 离心式水泵机械密封的选用

选用离心式水泵的机械密封时，密封压力是需考虑的重要参数之一，密封的工作转速是影响运转稳定性及密封端面磨损的重要因素。正常工作温度一般的机械密封都能适用。对在高温、低温下工作的机械密封，除了选择合适的辅助系统之外，还要充分考虑密封材料和结构。还可借助机械密封辅助系统，以不同的冲洗的方式达到冷却、润滑和过滤等目的，为机械密封可靠工作创造良好的环境。

离心式水泵机械密封选用时应考虑的因素：

1）液体介质的物理化学性质

对于没有腐蚀性或腐蚀性较弱的液体介质，可选用内装式机械密封。对于腐蚀性较强的液体介质，因为弹性元件中弹簧的选择问题不易解决，在压力较低时，可选用外装式机械密封。对于易结晶、存在固体颗粒、高黏度的介质，应采用弹簧机构。对于易燃、易爆、有毒等禁止外泄的液体介质，必须考虑双重机械密封，以保证绝对安全。

2）密封压力

密封压力是选用机械密封时需考虑的重要参数之一。一般情况下，当密封压力小于 0.7 MPa 时，平衡型及非平衡型机械密封均可以满足使用要求。密封压力在 0.7~12 MPa 时，考虑使用平衡型机械密封。当密封压力大于 12 MPa 时，则考虑采用串联密封形式（无压双重机械密封），以实现逐级降压。

3）密封工作转速

密封工作转速是指密封工作面的线速度，它是影响运转稳定性及密封端面磨损的重要因素。线速度大于 30 m/s 时，通常被称为高速密封，应选用静止式机械密封。动、静环端面材料也应做特殊处理，以满足磨损要求。

4）工作温度

工作温度通常指密封腔体内液体介质的温度。工作温度低于 80 ℃ 时，一般的机械密封都能适用。对于易汽化液体介质，应与压力同时考虑，使工作温度比沸点低 13.9 ℃，否则难以保证密封摩擦副间的稳定液膜。介质温度在 80~150 ℃ 的机械密封为普通密封，而温度高于 150 ℃ 的机械密封为高温密封。对于高温密封，通常根据具体的工况条件，使用带有换热器的辅助系统，以使密封腔内的液体介质温度控制在合理的范围内，确保密封圈以及摩擦副温度不超过具体密封技术条件规定的使用限值。低于 20 ℃ 使用的机械密封为低温密封。对在低温环境下工作的机械密封，为了避免摩擦副外部空气中的水分发生结冰现象，通常需配置辅助系统，使用氮气吹扫驱除蒸汽。对在高温、低温下工作的机械密封，除了选择合适的辅助系统之外，还要充分考虑密封材料和结构。

5）机械密封辅助系统

机械密封端面间存在良好的液膜，保证密封端面不产生干摩擦，各相应的辅助元件在工作条件下不发生溶解、变性和老化等失效是机械密封可靠工作的必要条件。但是在高温、低温、高压以及液体介质润滑性差等多种恶劣工况条件下，仅仅依靠机械密封自身的结构形式和材料，是难以满足使用要求的。通常借助机械密封辅助系统，以不同的冲洗方式达到冷却、润滑和过滤等目的，为机械密封可靠工作创造良好的环境。

项目总结

本项目对风机的组成、风机的形式、风机的性能和用途做了简要的介绍。重点对轴流式通风机的故障判断及修理方法进行了详细的论述。对离心式水泵的拆卸、零部件的清洗方法进行了概述，对离心式水泵常见故障现象、原因、处理方法进行了详细分析。

知识巩固练习

（1）试述风机按结构不同分为哪几种类型。
（2）试述轴流式通风机的拆装程序。
（3）试述轴流式通风机主轴的检修内容及要求。
（4）试述离心式通风机的拆装程序。
（5）试述离心式通风机机壳的检修内容及要求。
（6）试述离心式水泵的拆卸程序。
（7）试述离心式水泵试车前检查内容及试车步骤。
（8）试分析离心式水泵不出水的故障原因及处理方法。
（9）试分析离心式水泵输出压力不足的故障原因及处理方法。
（10）试分析离心式水泵消耗功率过大的故障原因及处理方法。

技能评价

现以单级离心式水泵的检修为例，对重点知识、技能的考核项目及评分标准进行分析，见表4-1。此表也适合其他设备零件修理技能考核参考。

表4-1　技能评价表

类别	项目	内容	配分	考核要求	扣分标准	自我评分 30%	组内评分 30%	教师评分 40%
专业能力评价	任务实施计划	1. 态度及积极性； 2. 方案制定的合理性； 3. 安全操作规程遵守情况； 4. 考勤及遵守纪律情况； 5. 完成技能训练报告	30	目的明确，积极参加任务实施，遵守安全操作规程和劳动纪律，有良好的职业道德和敬业精神，技能训练报告符合要求	方案制定占5分；遵守安全操作规程占5分；考勤及遵守劳动纪律占10分；技能训练报告完整性占10分			

续表

类别	项目	内容	配分	考核要求	扣分标准	自我评分 30%	组内评分 30%	教师评分 40%
专业能力评价	任务实施情况	1. 拆装方案的拟定； 2. 离心式水泵的正确拆装； 3. 离心式水泵的常见故障诊断与排除； 4. 离心式水泵装配后的调试； 5. 任务的实施规范化，安全操作	30	掌握离心式水泵的拆装方法与步骤以及注意事项，能正确分析离心式水泵的常见故障及修理；能进行装配后的调试；任务实施符合安全操作规程并功能实现完整	正确选择工具占5分；正确拆装占5分；正确分析故障原因、拟定修理方案占10分；任务实施完整性占10分			
	任务完成情况	1. 相关工具、量具的使用； 2. 相关知识点的掌握； 3. 任务的实施完整	20	能正确使用相关工具、量具；掌握相关的知识点；具有排除异常情况的能力并提交任务实施报告	工具、量具的整理及使用占10分；知识点的应用及任务实施完整性占10分			
方法能力评价		1. 计划能力； 2. 决策能力	10	能够查阅相关资料制定实施计划；能够独立完成任务	查阅相关资料能力占5分；选用方法合理性占5分			
社会能力评价		1. 团结协作； 2. 敬业精神； 3. 责任感	10	具有组内团结协作、协调能力；具有敬业精神及责任心	团结协作、协调能力占5分；敬业精神及责任心占5分			
合计			100					

年　　月　　日

项目 ❺ 电梯的检修

随着现代化社会的发展,电梯在各行各业和人们日常生活中都普遍使用,是生产生活中不可缺少的设备。电梯的安全运行在企业生产、社会生活中占有重要位置。本项目主要介绍自动扶梯、升降电梯起重设备的结构、工作过程和常见故障分析和故障修理措施。通过学习掌握电梯设备常见故障修理技能,为岗前实习和工作提前奠定一定的基础。

知识目标

1. 掌握自动扶梯、升降电梯起重设备的类型及结构特点,使用维护要求;
2. 掌握自动扶梯、升降电梯起重设备的故障诊断方法;
3. 掌握自动扶梯、升降电梯起重设备的故障排除方法。

能力目标

1. 会自动扶梯、升降电梯的操作及日常管理维护,具有通过工具书查询资料、搜集相关信息的能力;
2. 会自动扶梯、升降电梯常见故障的诊断及修理,具有自主学习新知识、新技术和创新探索的能力;
3. 具有良好的团队协作能力,具有主动、认真、负责的工作态度和安全第一的生产意识。

素质目标

1. 在知识学习、能力培养中,弘扬民族精神、爱国情怀和社会主义核心价值观;
2. 培养实事求是、尊重自然规律的科学态度,勇于克服困难的精神,树立正确的人生观、世界观及价值观;
3. 通过学习电梯的检修,懂得"工匠精神"的本质,提高道德素质,增强社会责任感和社会实践能力,成为社会主义事业的合格建设者和接班人。

任务 5.1 自动扶梯的检修

任务导入

自动扶梯是带有循环运行梯级,用于向上或向下倾斜输送乘客的固定电力驱动设备。自动扶梯一般由桁架、梯级、扶手带等机构组成,出现的故障种类很多,如噪声、振动、卡链、制动失灵等。有的是由系统中某一元件或多个元件综合作用引起的，有的是由某一元件安装不当等其他原因引起的。即使是同样的故障，产生的原因也不尽相同。发生故障时不容易查找原因，有些是不太明显的，需要用专门的仪器才能检测出来。如果在电梯出现故障后，要想进行准确的诊断和正确的维修，就要掌握设备故障的基本分类和分析方法以及解决的一般步骤，这样才能保证设备正常工作，并延长其使用寿命。

知识准备

在人流量密集的公共场所，如地铁车站、商场、机场、码头、大厦等，都需要在短时间内输送大量人员，这种设备应具备以下功能：输送能力大，能在短时间连续输送大量人员，使乘客的等待时间尽量缩短；能向上或向下单方向运行，自然规划人流行进的方向；结构紧凑，占用空间小。自动扶梯则很好地满足了上述要求。那么自动扶梯和电梯有什么不同呢？通过本任务了解自动扶梯的分类、主要参数及机械电气结构等内容。

1. 自动扶梯基础知识

1）自动扶梯概述

自动扶梯是由一台特殊结构形式的链式输送机和两台特殊结构形式的胶带输送机组合而成，带有循环运动的梯路，用以在建筑物的不同层高间向上或向下倾斜输送乘客的固定电力驱动设备。行人在扶梯的一端站上自动行走的梯级，便会自动被带到扶梯的另一端，途中梯级会一路保持水平。扶梯在两旁设有跟梯级同步移动的扶手，供使用者扶握。另一种和自动扶梯十分类似的行人运输工具是自动人行道，亦是动力驱动的人员输送设备，其人员运载面（例如踏面、胶带）始终与运行方向平行且保持连续。两者的区别主要是自动人行道是没有梯级的。

常见的自动扶梯结构如图 5-1 所示，一般由桁架、梯级、扶手带、扶手带驱动装置、楼层板、梳齿板、驱动装置、梯级链、导轨以及各种安全保护装置等组成。

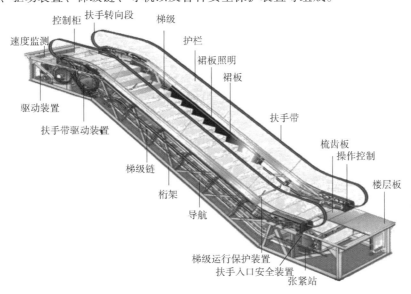

图 5-1 常见的自动扶梯结构

自动扶梯与间歇式工作的曳引电梯比较,具有如下优点:

(1) 输送能力大,每小时可输送 4 500 ~ 13 500 人;

(2) 能连续运送人员;

(3) 可以逆转,即能向上运行,也能向下运行;

(4) 无须井道,在建筑上不需附加构筑。当停电或重要零件损坏需要停用时,可作为普通扶梯使用。

缺点是:自动扶梯结构有水平区段,有附加的能量损失;提升高度较大的自动扶梯,人员在其上停留时间太长,容易出现安全事故;自动扶梯造价较高等。

2) 自动扶梯的分类

自动扶梯一般按照用途、运行方式、提升高度、机房位置等的不同进行分类。但与电梯不同的是,它没有按电动机的电源分类。这是因为自动扶梯一旦起动并投入运行,将长时间按同一方向连续运行,驱动电动机大多选用通用的三相交流感应电动机。

(1) 按载荷能力及适用场所分类。自动扶梯按载荷能力及适用场所可分为普通型自动扶梯、公共交通型自动扶梯和重载型自动扶梯。其中,重载型自动扶梯在地铁等大客流公交场所已广泛使用,它在结构、性能寿命等方面与普通型自动扶梯和公共交通型自动扶梯有明显区别。

①普通型自动扶梯。普通型自动扶梯又称商用扶梯,一般安装在百货公司、购物中心、超市、酒店、展览馆等商用楼宇内,是使用最广泛的自动扶梯。普通型自动扶梯的载客量一般都比较小,因此又称轻荷载自动扶梯。

商业场所每天的营业时间通常约为 12 h,因此,在设计中,一般对普通自动扶梯做这样的设定:每周工作七天,每天运行 12 h,以约 60% 的制动荷载作为额定荷载,主要零部件设计工作寿命为 70 000 h。

②公共交通型自动扶梯。公共交通型自动扶梯用于公共交通的出口和入口处。使用强度高,每周运行时间约 140 h,且在任何 3 h 间隔内,其荷载达 100% 制动荷载的持续时间不少于 0.5 h。

公共交通型自动扶梯主要应用于高速铁路、火车站、机场、过街天桥、隧道及交通综合枢纽等人流较集中且使用环境较复杂的场所。公共交通型自动扶梯的荷载大于普通型自动扶梯的荷载,但又小于重载型自动扶梯的荷载。

在上述公共场所,自动扶梯每天需要工作 20 h 或以上,因此,在设计中,一般对公共交通型自动扶梯有这样的设定:每周工作七天,每天运行 20 h,且在任何 3 h 的间隔内,其载荷达 100% 制动载荷的持续时间不少于 0.5 h,以约 80% 的制动荷载作为额定荷载,主要零部件设计工作寿命为 140 000 h。

③重载型自动扶梯。重载型自动扶梯在任何 3 h 间隔内,其荷载达到 100% 制动荷载的持续时间在 1 h 以上,即在公共交通型自动扶梯的基础上做重载设计,因此,重载型自动扶梯又称公共交通型重载自动扶梯。这种自动扶梯主要用于以地铁为代表的大客流城市轨道交通。

(2) 按驱动方式分类。自动扶梯按驱动方式可分为链条式(端部驱动)和齿轮齿条式(中间驱动)。

链条式自动扶梯的驱动装置位于自动扶梯的桁架结构上,是以链条为牵引构件的自动扶梯,该驱动方式工艺成熟,维修方便,是自动扶梯使用最广泛的驱动方式;齿轮齿条式自动扶梯的驱动装置位于中部桁架结构内,一般以齿条为牵引构件。

一台自动扶梯可以装多组驱动装置,又称多级驱动组合式自动扶梯。运行时,电动机通过减速箱将动力传递给两侧传动链条,每侧的传动链条之间铰接一系列的轮轴,轮轴与牵引齿条的牙齿啮合,驱动自动扶梯运行。

(3) 按安装位置分类:

①室内型自动扶梯。室内型自动扶梯是指只能在建筑物内工作的自动扶梯,使用最广泛,其设计不需要考虑风吹日晒、雨淋和风沙的侵袭。

②室外型自动扶梯。室外型自动扶梯是指能在建筑物外部工作的自动扶梯,又可以细分为全室外和半室外两种类型。自动扶梯会针对室外的降雨、阳光直射等影响采取对策。各个部件的防锈、主机及安全装置等防护等级更高。

室外型自动扶梯部件的工作寿命会明显低于室内型自动扶梯,特别是露天工作的全室外型自动扶梯,机件的磨损和报废都会比较快,维修费用也相当高,因此,自动扶梯一般不主张做露天布置。

(4) 按机房的位置分类。自动扶梯按机房位置可分为机房上置式(机房设置在扶梯桁架上端水平段内)、机房外置式(驱动装置设置在自动扶梯桁架之外的建筑空间内)和中间驱动式(驱动装置设置在自动扶梯桁架倾斜段内)三种。

①机房上置式自动扶梯。机房设置在扶梯桁架上端部水平段内。驱动装置和电控装置都安装在机房内,具有结构简单、紧凑的优点,是自动扶梯最为常见的机房布置方式。但这种结构的扶梯,机房内空间比较窄,为了方便检修,有的扶梯将电控柜做成可移动式的,必要时可以将电控柜提拉到地面进行检修。

②机房外置式自动扶梯。机房设置在自动扶梯桁架之外的建筑空间内,因此,又称分离式机房。分离式机房的结构、照明、高度和面积等都必须符合专门的要求。

对于大提升高度扶梯,由于驱动装置较大,机房通常安置在桁架的外面,这样可以减少桁架的受力和振动,且方便检修;对于室外型自动扶梯,机房的外置还具有保护机房设备不受外界环境干扰的优点。但采用分离式机房会增加建设投资,所以,一般应用在地铁等大客流或需要大提升高度的场所。相关人员可以进入机房工作,并不影响自动扶梯正常工作。

③中间驱动式自动扶梯。中间驱动式自动扶梯的驱动装置安装在自动扶梯桁架的倾斜段内。这种结构的自动扶梯以多级齿条代替传统的梯级链条,以推力驱动梯级,减少动力损耗。由于可以将扶梯做成标准节,每节配置一个标准的驱动装置,按照高度需要加以组合,而不需要将桁架和驱动装置做得很大,因此又称多级驱动式自动扶梯。这种驱动方式在大高度传动中有一定的优势,但也存在结构较复杂、驱动装置的调试和维修不方便,以及存在摩擦传动等缺点。

(5) 按护栏种类分类。自动扶梯按护栏种类可以分为玻璃护栏型和金属护栏型。

①玻璃护栏型自动扶梯。护栏的主体(护壁板)采用玻璃制造。普通型自动扶梯一般都采用玻璃护栏型,如图5-2所示。根据需要,玻璃板可采用全透明和半透明工艺,还可以采用不同的颜色。此外,还可以在扶手带下加装照明和其他的灯光装饰。目前,广泛采用的苗条型(无灯光)结构,显得更加简洁、明快和美观,适合购物中心、酒店等场所使用。

②金属护栏型自动扶梯。护栏的主体采用金属板材制造。公共交通型自动扶梯多采用金属护栏结构,如图5-3所示,原因是金属护栏的强度高、防破坏能力强。护壁板多采用不锈钢板制作,结构牢固,适合交通复杂且客流密集的公共交通场所,特别是地铁站的环境。另外,室外型自动扶梯也多采用金属护栏。

图5-2 玻璃护栏型自动扶梯

图5-3 金属护栏型自动扶梯

(6)按提升高度分类。自动扶梯按提升高度可以分为小高度自动扶梯(提升高度为3~6 m)、中高度自动扶梯(提升高度为6~20 m)和大高度自动扶梯(提升高度大于20 m)。

3)自动扶梯的主要参数

自动扶梯的主要参数有名义速度、倾斜角、提升高度、名义宽度、最大输送能力等。

①名义速度(v)。名义速度是由制造商设计确定的,是自动扶梯的梯级在空载(例如:无人)情况下的运行速度。通常有0.5 m/s、0.65 m/s、0.75 m/s 3种,最常用的为0.5 m/s。当倾斜角为35°时,其额定速度为0.5 m/s。

②倾斜角(α)。倾斜角是梯级、踏板或胶带运行方向与水平面构成的最大角度。一般自动扶梯的倾斜角有27.3°、30°、35°三种。其中,倾斜角为30°和35°的最为常用。若提升高度超过6 m时,则倾斜角不大于30°。

③提升高度(H)。自动扶梯进出口两楼层板之间的垂直距离称为自动扶梯的提升高度。

④名义宽度(Z_1)。梯级或踏板的宽度称为自动扶梯的名义宽度。自动扶梯的名义宽度有400 mm、600 mm、800 mm、900 mm、1000 mm、1200 mm等规格。

⑤最大输送能力(C_1)。在正常运行条件下,自动扶梯每小时能够输送的最多人员流量称为它的最大输送能力。GB 16899—2011中给出自动扶梯的最大输送能力见表5-1。

表5-1 自动扶梯的最大输送能力

名义宽度 Z_1/m	最大输送能力 C_1		
	名义速度 v=0.5 m/s	名义速度 v=0.65 m/s	名义速度 v=0.75 m/s
0.6	3 600 人/h	4 400 人/h	4 900 人/h
0.8	4 800 人/h	5 900 人/h	6 600 人/h
1.0	6 000 人/h	7 300 人/h	8 200 人/h

2. 自动扶梯的结构组成

1) 自动扶梯的驱动系统

自动扶梯的驱动系统主要是驱动装置,是自动扶梯的动力源。其作用是将动力传递给梯路系统及扶手系统。通过主驱动链,将电机旋转提供的动力传递给驱动主轴,由驱动主轴带动梯级链传动系统和扶手带传动系统,从而带动梯级以及扶手带的运行,如图 5-4 所示。

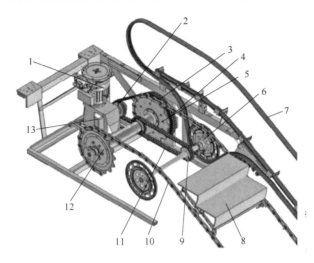

图 5-4 自动扶梯的驱动系统

1—电动机;2—驱动链轮;3—驱动链;4—双排链轮;5、10—梯级链轮;6—摩擦轮;7—扶手带;
8—梯级;9—扶手链轮;11—扶手传动链;12—主传动轴;13—减速器

工作运行如下:

驱动主机运行,带动驱动主轴运转。驱动主机与驱动主轴之间的传动有两种:一种是通过传动链传动,称为"非摩擦传动"(双排链或 2 根以上单链);另一种是通过 V 带传动,称为"摩擦传动"(V 带不得少于 3 根,不得用平带)。

在驱动主轴上装有左右两个梯级驱动链轮和一个扶手带驱动链轮,梯级和扶手带由同一个驱动主轴拖动,使两个传送带的线速度保持一致。左右两个梯级驱动链轮分别带动左右两条梯级链,左右两条梯级链的长度一致,梯级安装在梯级链上。

驱动主轴上的扶手带驱动链轮带动扶手带摩擦轮,通过摩擦轮与扶手带的摩擦,使扶手带以与梯级同步的速度运行。

梯级沿着梯级导轨运行,扶手带沿扶手导轨运行,各自形成自己的闭环。具体线路为:电动机—减速器—驱动链轮—驱动链—双排链轮—主传动轮—梯级链轮—梯级链—梯级运转。

电动机—减速器—驱动链轮—驱动链—双排链轮—扶手传动链—扶手链轮—扶手传动轴—扶手带摩擦驱动轮—扶手带运转。

(1) 驱动主机。驱动主机(以链条式为例)是自动扶梯的动力装置,主要由电动机、减速器、制动器和驱动链轮等组成,如图 5-5 所示。按电动机的安装位置可以分为立式驱动主机与卧式驱动主机。目前采用立式驱动主机的居多。优点是结构紧凑、占地少、质量小、便于维修、噪声低、振动小,尤其是整体式驱动主机,其电动机转子轴与蜗杆共轴,因而平衡性很好,且可消除振动及降低噪声；承载能力大，小提升高度的扶梯可由一台驱动主机驱动，中提升高度的扶梯可由两台驱动主机驱动。

（2）减速器。自动扶梯由于运行速度很低，通常驱动主机都带有减速器，主要有蜗轮蜗杆减速器、螺旋伞齿/锥齿减速器，还有行星齿轮减速器。

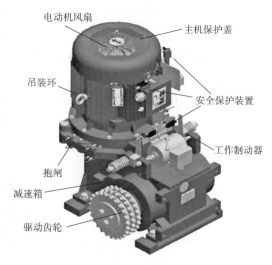

图5-5 驱动主机

由于蜗轮蜗杆减速器具有运转平稳、噪声小及体积小等优点，虽然效率较低，能量损耗高，但仍然应用较多。螺旋伞齿/锥齿减速器与蜗轮蜗杆减速器相比，效率提高15%，在同样载重情况下，消耗能量更少，一台扶梯在正常使用情况下平均节能30%。行星齿轮减速器传动效率高、结构紧凑、传动平稳、噪声小，扶手带和梯级链驱动轮同步运行，且无链传动。但结构复杂，成本高。

（3）驱动链。驱动链（见图5-6）基本采用的是标准多排套筒滚子链，安全系数>5；如果采用V带，安全系数>7，且不少于3根。还需要设置附加制动器。当链条需要承受较大载荷、传递较大功率时，可使用多排链。多排链相当于几个普通的单排链彼此之间用长销轴连接而成。其承载能力与排数成正比，但排数越多，越难使各排受力均匀，因此排数不宜过多（小于4），否则链受力不均。常用的有双排链和三排链。

图5-6 驱动链

2）桁架

桁架是自动扶梯的支撑部分，一般由矩形管、角钢、型钢等焊接而成。桁架有分体桁架与整体桁架两种，如图5-7、图5-8所示。分体桁架一般由上平台（驱动段）、中部桁架与下平台（张紧段）组成。根据地铁车站埋深的不同，自动扶梯提升的高度也不同，对于提升高度大的换乘站，还需要额外的土建支撑结构，即中间支撑，用于承担自重和乘客载荷，几何空间上将建筑物两个不同层高的楼面和不同的部分连接起来。桁架要求具有不低于40年的工作寿命，在紧急情况下作固定楼梯用,必须能够承受人员在梯级上奔跑的冲击。

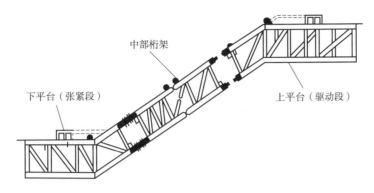

图 5-7　分体桁架

一般自动扶梯的金属结构架,为了结构的精度,只要运输、安装条件许可,把上、中、下三段骨架在制造厂拼装在一起或焊成一体成为整体桁架。两端利用承载角钢支撑在建筑物的承重梁上,形成两端支撑结构,如图 5-8 所示。当扶梯金属结构架的提升高度超过 6 m 并采用电驱动时,需在金属结构架与建筑物之间安装中间支撑,用以加强金属结构架的刚度。

图 5-8　整体桁架

地铁车站由于空间小,在进入地下通道时需要考虑通道转角对桁架长度的限制,一般不具备整梯运输和安装的条件。自动扶梯在工厂完成组装后需要做分段。一般上、下各一段,中间桁架根据需要分成一段、两段或三段。分段运输时,还需考虑运输台车的高度,其运输总高度不能超过隧道的高度。

桁架是自动扶梯内部结构的安装基础,它的整体和局部刚性的好坏对扶梯性能影响较大,因此一般规定它的挠度控制在两支撑距离的 1/750 范围内,对于公共型自动扶梯要求控制在两支撑距离的 1/1 000 范围内。重载型自动扶梯一般要求桁架挠度不大于支撑距离的 1/1 500 mm。

桁架的主要材料为碳素结构钢,连接方式是焊接。焊接时,必须采用连续双面焊,以保证焊缝的强度,防止桁架在工作中发生焊缝开裂,同时还能保证焊缝完整密闭,防止型材搭接部分锈蚀。焊接完成后,桁架整体进行热浸镀锌处理,表面进行抛丸、喷砂处理,并延长浸锌时间,降低锌温,有效保证锌层厚度 ≥100 μm;所有与桁架连接的焊接件在镀锌之前全部焊好,避免焊后破坏锌层;按照规范要求,无特殊腐蚀性气体环境下,外置桁架锌层年腐蚀厚度

≤2 μm，故 100 μm 镀锌可保证 40 年以上使用寿命。

3）运载系统

运载系统由梯级、梯级链、梯路导轨系统、梳齿板及楼层板等组成。自动扶梯运行时，梯级链将驱动主机的动力传送给梯级，使梯级沿着梯路导轨系统运行，安全、快速运输乘客。

（1）梯级。梯级是直接与乘客接触的运动部件，是乘客站立的移动平台。它是一种特殊形式的四轮小车，有两只主轮和两只辅轮。通过梯级链与主轮的轮轴铰接而带动梯级沿导轨运行，而辅轮支撑梯级上的乘客，也沿着导轨运行，通过梯路导轨的设计，使自动扶梯上分支的梯级保持水平，而在下分支中将梯级悬挂。梯级高度不小于 0.24 m，深度不小于 0.38 m。

梯级由踏板、踢板、梯级支架、主轮、辅轮组成。整体式梯级是将踏板、踢板和梯级支架三者于一体整只压铸而成的。分体式梯级是将上述三者拼装组合而成，如图 5-9 所示。整体式梯级相比分体式梯级，有加工快、精度高、自重小等优点。梯级两侧用黄色安全标志线来警戒正确的站立区域，安全标志可用黄漆喷涂在梯级脚踏板周围，也可用黄色工程塑料制成镶块镶嵌在梯级脚踏板周围。

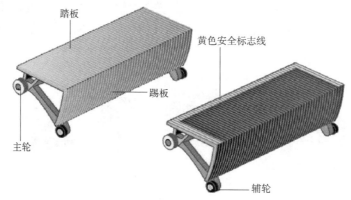

图 5-9　梯级的基本结构

①供乘客站立的面称为踏板，其表面应具有节距精度较高的凹槽，它的作用是使梯级通过上下出入口时，能嵌在梳齿中，使运动部件与固定部件之间的间隙尽量小，以避免对乘客的脚产生夹挤等伤害。另外，凹槽还可以增加乘客与踏板之间的摩擦力，防止脚产生滑移。槽的节距应有较高精度，一般槽深为 10 mm，槽宽为 5~7 mm；槽齿顶宽为 2.5~5 mm。

②踢板面为圆弧带齿的面。在梯级踏板后端做出齿形，这样可以使后一个梯级踏板前端的齿嵌入前一个梯级踢板的齿槽内，使各梯级间相互进行导向。大提升高度自动扶梯的踢板有做成光面的。在运动中，踏板与踢板以齿相啮合，在梯级进入上下水平段时，以齿槽与梳齿板的梳齿相啮合，这样确保了梯级在运动全过程中都不会出现连续缝隙，如图 5-10 所示。

③梯级支架是梯级的主要支撑结构，由两侧支架和以板材或角钢构成的横向连接件组成。

④1 只梯级有 4 只车轮，2 只铰接于牵引链条上的为主轮，2 只直接装在梯级支架短轴上的为辅轮。自动扶梯梯级轮工作特性是：转速不高，一般在 80~140 r/min 范围内，但工作载荷大（至 8 000 N 或更大），外形尺寸受到限制（直径为 70~180 mm）。目前郑州轨道交通采用的是金属轮毂式滚轮如图 5-11 所示。原因是金属轮毂有较强的承载能力。轮缘是防油的聚氨酯，采用的轴承是防水防尘轴承，用来提高滚轮的寿命。

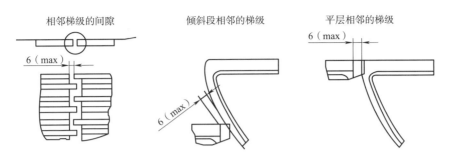

图 5-10　梯级在运动中与相邻梯级间的啮合

（2）梯级链。梯级链又称牵引链条，是指位于自动扶梯两侧的链条，连接梯级并由梯级链轮驱动，如图 5-12 所示。按照梯级主轮的安装位置区分，有置于梯级链内侧的形式，称为套筒滚子链，如图 5-13 所示；也有置于两个链片之间的形式，称为滚轮链，如图 5-14 所示。置于梯级链条内侧的结构，其主轮直径可选用较大的，例如直径为 100 mm 或更大，它可以承受较大的轮压，可以使用大尺寸的链片，适用于公共交通型自动扶梯。置于梯级链条两个链片之间的结构，其主轮既是梯级的承载件，又是与梯级链相啮合的啮合件，因而主轮直径受到限制，适合于一般提升高度的自动扶梯。

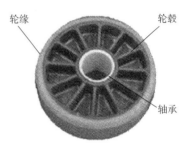

图 5-11　梯级滚轮

图 5-12　梯级链

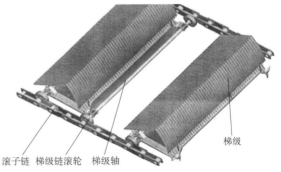

图 5-13　套筒滚子链式梯级链

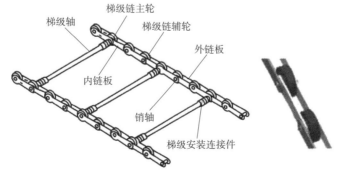

图 5-14　滚轮链式梯级链

端部驱动装置所用的梯级链一般为套筒滚子链,它由链片、销轴和套筒等组成。在我国自动扶梯制造业中,一般都采用普通套筒滚子链,因为这种链条具有较高的可靠性且安装方便。目前所采用的梯级链分段长度一般为 1.6 m,为了减少左右两根梯级链在运转中发生偏差而引起梯级的偏斜,对梯级两侧同一区段的两根梯级链的长度公差应该进行选配,保证同一区段两根梯级链的长度累积误差尽量接近,所以梯级链在生产后出厂时,就应标明选配的长度公差。链条结构如图 5-15 所示。

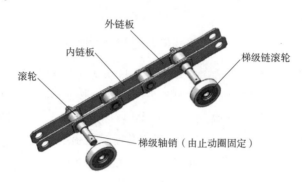

图 5-15 链条结构

(3) 前沿板及楼层板:

①前沿板。为了确保乘客上下自动扶梯的安全,必须在自动扶梯进、出口设置梳齿前沿板,它包括梳齿、梳齿板、前沿板三部分,如图 5-16 所示。梳齿的齿应与梯级的齿槽相啮合,齿的宽度不小于 2.5 mm,端部修成圆角,保证在啮合区域即使乘客的鞋或物品在梯级上相对静止,也会平滑地过渡到楼层板上。一旦有物品不慎阻碍了梯级的运行,梳齿(见图 5-17)被抬起或位移,触发微动开关切断电路使扶梯停止运行。梳齿的水平倾角不超过 40°,梳齿可采用铝合金压铸而成,也可采用工程塑料制作。梳齿板被固定支撑在前沿板上并固定梳齿,水平倾角小于 10°,梳齿板的结构可调,保证梳齿啮合深度大于 6 mm。

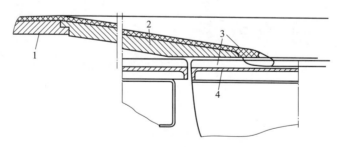

图 5-16 梳齿前沿板结构示意图
1—前沿板;2—梳齿板;3—梳齿;4—梯级踏板

②楼层板。楼层板又称踏板或盖板,主要是供人站立和通过、保障安全。此外,还具有装饰作用,如图 5-18 所示。另外,也有一些人性化的设计,如有独特的导乘指示设计可指引乘客更安全地乘梯等。不同厂家的产品花纹不尽相同,也可以根据客户要求设置花纹或者展示楼层信息甚至广告内容等。

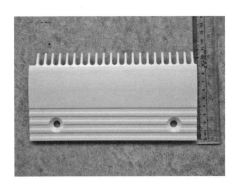 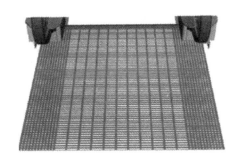

图 5-17　梳齿　　　　　　　　　图 5-18　楼层板

楼层板之间通过插扣接缝拼接成为一体，提高强度，能减少直接进入机房的泥沙和水。车站出入口的自动扶梯机房盖板都有防盗措施，盖板采用嵌入式的锁装置，不影响乘客进出扶梯。只有专用钥匙才能打开机房盖板。当用专用钥匙打开楼层板，扶梯不能运行，只能用维修控制盒操纵。

4）扶手系统

扶手系统是装在自动扶梯两侧的特殊结构形式的带式输送机，供乘客乘自动扶梯时用手扶握的，与梯级同步运行，同时也构成扶梯载客部分的护臂，是重要的安全设备，尤其在乘客出入自动扶梯的瞬间，扶手的作用显得更为重要。扶手系统由扶手带、扶手带导轨、裙板、内盖板、外盖板等组成，如图 5-19 所示。

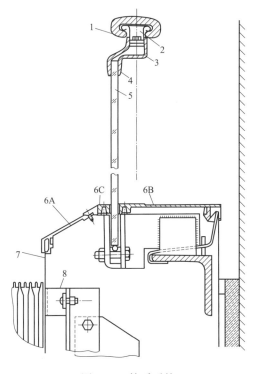

图 5-19　扶手系统

1—扶手带；2—扶手带导轨；3—扶手支架；4—玻璃垫条；5—护壁板；
6A—斜盖板；6B—外盖板；6C—内盖板；7—裙板；8—安全保护装置

（1）扶手带。扶手带是边缘向内弯曲的封闭型橡胶带，扶手带结构外层是天然（或合成）橡胶层，内层是帘布和多股钢丝或薄钢带作为抗拉层，里层是帆布或锦纶丝制品作为滑动层，如图5-20所示。扶手带必须选用高强度、在使用中几何形状稳定、耐老化及具有阻燃性的材料制成。扶手带破断拉力至少为2 500 N。

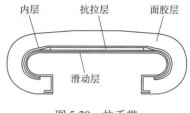

图5-20　扶手带

扶手带的质量，诸如物理性能、外观质量、包装运输等，国家标准都有明确规定。扶手带开口处与导轨或扶手架的间隙，在任何情况下不得超过8 mm，在运动中不能挤压手指和手。

①扶手带驱动装置。扶手带与梯级为同一驱动装置驱动，扶手带驱动方式常见的有两种：一种是曲线压带式，另一种是直线压带式。国家标准规定在正常运行条件下，扶手带的运行速度相对于梯级、踏板的实际速度，允差为0～2%，即扶手带的运行速度应与梯级同步或略微超前于梯级。如果相差过大，扶手带就失去意义，尤其是比梯级速度慢时，会使乘客手臂后拉，易造成事故。为防止偏差过大，要求有扶手带速度监控装置予以监控。

曲线压带式扶手带驱动如图5-21所示，通过驱动主轴上的扶手带牵引链轮和传动链将动力传递给扶手带驱动轴，扶手带驱动轴上的驱动轮（摩擦轮）驱动扶手带与梯级同步运动。由于扶手带与驱动轮是靠摩擦力来传递运动的，因此，要求扶手带驱动轮缘有耐油橡胶摩擦层，以其高摩擦力保证扶手带与梯级同步运行。为使扶手带获得足够摩擦力，在驱动轮扶手带下面，另设有压带轮组件，扶手带的张紧度由压带轮组中一个带弹簧与螺杆的张紧装置进行调整，以确保扶手带同步工作。

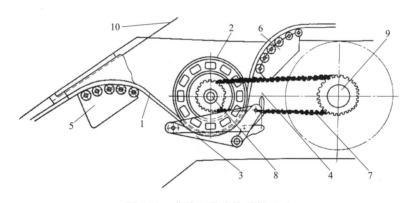

图5-21　曲线压带式扶手带驱动
1—扶手带；2—摩擦轮；3—压带轮组件；4—压带张紧装置；5—张紧滚轮组件；6—换向滚轮组件；
7—扶手带驱动链；8—扶手带驱动轴；9—驱动主轴；10—扶手带张紧装置

扶手带整条圆周长度，根据自动扶梯提升高度的不同，少则十几米，多则上百米，所需的驱动力也相当大。为了减少摩擦阻力，在直线段设有扶手带导向部件给予支撑和减少摩擦；在扶手带转向处设有导向滚轮组；在扶手带回转区域内全部增加导向条，以减少由于扶手带抖动和弯曲而增加的运动阻力。

直线压带式扶手带驱动也是利用摩擦力来驱动的，如图5-22所示，与曲线压带式扶手带驱动相比，直线压带式扶手带驱动具有弯曲点数少、运行阻力小、传动效率高的特点。

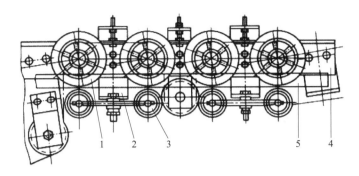

图 5-22　直线压带式扶手带驱动
1—驱动轮；2—压带机构；3—压带轮；4—传动链条；5—扶手带

②扶手带张紧装置。

扶手带张紧装置是确保扶手带正常运行的机件。消除因制造和环境变化产生的长度误差，避免因扶手带过松，造成扶手带脱轨，过劲则表面磨损严重且运行阻力增大，以及扶手带与梯级同步性超标等。因此扶手带安装时张紧力的调整十分重要。

（2）扶手支架与扶手带导轨。扶手支架大多采用合金或不锈钢经压制加工而成，连接扶手带导轨，固定护壁板及扶手照明装置的部件。扶手带导轨一般采用冷拉型材或用不锈钢经压制而成，它安装在扶手支架上，起着导向扶手带的作用。

（3）护壁板。护壁板一般采用一定厚度的钢化玻璃经拼装而成，也有根据使用场所的需要采用不锈钢板材制作的护壁板。选用的钢化玻璃应具有良好的刚性和强度且耐高温。

（4）裙板、内盖板、外盖板。裙板是与梯级（踏板或胶带）两侧相邻的围板部分。它一般用 1~2 mm 的不锈钢板材料制成，它既是装饰部件又是安全部件。为了确保扶梯的安全运行，裙板与梯级的单边间隙应不大于 4 mm，两边间隙之和不大于 7 mm。

内盖板是连接裙板和护壁的盖板。外盖板是扶手带下方的外装饰板上的盖板。内盖板与裙板之间用斜盖板连接，有时也用圆弧状板连接。内、外盖板和斜盖板一般用铝合金型材或不锈钢板制成，起到安全、防尘和美观的作用。

5）电气控制系统

自动扶梯运行时状态变化不多，但由于它是运送人的设备，因此设计中首先要考虑的是系统是否安全及部件异常时是否可以防止事故的发生。在确保安全的前提下，再进行功能设计。电气控制系统由控制柜、控制按钮等电气元件组成，主要具有对电动机实行驱动控制、对运行实行安全监测和安全保护、对关停和运行方式实行操控等功能。具体如下：

（1）给自动扶梯供电。

（2）控制自动扶梯的运行速度、运行方向及停止。

（3）监测异常事件，及时使自动扶梯停止。

（4）与其他设备和系统一起控制自动扶梯的状态或者接受远程控制。

（5）控制自动扶梯的检修操作。

（6）控制自动扶梯的照明。

（7）早期自动扶梯采用继电器控制，系统稳定可靠，但是功能单一。目前自动扶梯都采用"微机 + PLC"模式。

自动扶梯电气控制系统与电梯电气控制系统相比，区别主要体现在：

（1）自动扶梯基本上不带动载起动。

（2）自动扶梯的运行速度保持不变。

（3）自动扶梯不频繁起动或制动，无加减速问题。

（4）自动扶梯正常运行时不需要改变运行方向。

（5）自动扶梯无开关门系统。

（6）自动扶梯不需要信号登录级信号显示系统（自动起动式自动扶梯除外）。

（7）自动扶梯不需要考虑其运行位置及运行状态。

因此，自动扶梯电气控制系统相对电梯电气控制系统来说简单得多，主要包括自动扶梯主电路原理图、运行控制回路原理图、安全保护回路和照明电路。这些电气元件标志和导线端子编号应清晰，并与技术资料相称。

（1）电控系统的驱动方式。按电动机的驱动方式可将自动扶梯的电控系统分为直接驱动方式和变频驱动方式两种。

①直接驱动方式。通过接触器，将电网的 380 V 电压直接接入电动机进行驱动。在该方式下，自动扶梯只能以额定速度运行。

②变频驱动方式。通过变频器对电动机进行速度控制。在该方式下，自动扶梯可以以多种速度运行，如在无人的时候以节能速度运行，以达到节能的目的。

（2）安全回路。自动扶梯有很多安全装置，将这些安全装置串联一起，就形成了自动扶梯的安全回路，也就是安全保护系统。它可以直接对自动扶梯的电动机、接触器电源进行控制。即使控制微机出现了问题，系统也能安全制动。常见的自动扶梯电气安全装置有主驱动链断链保护、扶手带入口保护、梯级链安全保护、梳齿板安全保护、防逆转保护、急停按钮等。

（3）电气控制系统中的主要部件：

①钥匙开关。钥匙开关的主要作用是正常起动和停止自动扶梯，如图 5-23 所示，因此，一般的钥匙开关配有上行、下行的操作指引。为了提高安全性，有的厂家的钥匙开关还带有警鸣器。自动扶梯钥匙开关设置在自动扶梯的上下端部，由专人进行操作。一般的钥匙开关是弹簧式的自复位开关，有自动复位型和锁定型两种。

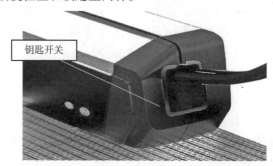

图 5-23　钥匙开关

a. 自动复位型。钥匙旋到指定位置后,自动恢复关断状态,对于电信号而言,输出的是脉冲信号。

b. 锁定型。钥匙旋到指定位置后,保持开通状态。对于电信号而言,输出的是电平信号。

②急停按钮。急停按钮位于自动扶梯两端出入口处的裙板上,如图 5-24 所示,乘客在遇到紧急情况时,可按下急停按钮,制停自动扶梯。按照规范要求,在自动扶梯的两端必须设置一个急停装置,装置之间的距离不应超过 30 m。也就是说,在高扬程的自动扶梯上,如果两端的距离超出上述要求,需要在自动扶梯中部增加一个急停按钮。

③检修控制盒。自动扶梯或自动人行道应设置带停止开关的便携式手动操作的检修装置,即检修控制盒,如图 5-25 所示,操作元件只能在用手按压的时间内运转,开关的指示装置上应有明显识别运行方向的标记,能防止意外动作的发生。驱动站和转向站均应至少设置一个检修插座。所有的检修插座应这样设置,即当连接一个以上的检修装置时,或者都不起作用,或者需要同时都起动才起作用。与检修插座相连的便携式控制装置的柔性电缆的长度应不少于 3 m,并能使检修装置到达自动扶梯或自动人行道的任何位置。当使用检修控制装置时,其他所有的起动开关都应不起作用。安全开关和安全电路在检修运行时仍应有效。

图 5-24 急停按钮

图 5-25 检修控制盒

检修控制盒盒体有 4 个按钮,分别是"急停"、"上行"、"下行"和"运行",其中后 3 个开关是自动复位式按钮开关。按下"运行"与"上行"(或"下行")按钮,便能使自动扶梯以维修速度运行。"急停"按钮是非自动复位的,按下后自动扶梯不能起动,只有将其手动复位后,才能使用其他 3 个按钮让自动扶梯以维修速度上行或下行。

当自动扶梯需要做检修状态下运行时,拉下检修插座上的插头,将手控装置插头插入检修插座上,即可使自动扶梯按点动方式作检修状态运行。在自动扶梯进行机械或电气检修时,手控装置中的停止按钮常闭触点应处于断开状态,切断控制回路,以防止事故发生。

④限位开关。在自动扶梯上,一般的安全开关都会使用限位开关,其主要的选型参数有额定电流、额定电压、开关行程等。限位开关属于机电部件,同时又属于安全部件,因此,电气、机械等方面的配合都要仔细确认。如果用在室外,还需要采用较高的外壳防护等级。

⑤检修插座。检修插座有两种:一种是检修操作用的插座,另一种是检修电源用的插座。

a. 检修操作用的插座。用于室外梯的检修插座,由于需要防水,插座是有盖的。检修操作用的插座专用于维修操纵开关盒。

b. 检修电源用的插座。在自动扶梯中，一般会提供10 A的检修电源（220 V），该检修电源与自动扶梯的动力电源通过两个不同的断路器分别控制。

6）自动起动方式

自动起动是指由使用者的进入而自动起动或加速的自动扶梯。目前，大部分自动扶梯是通过漫反射型光电传感器或压电电缆传感器进行有无乘客探测的。传感器类型有以下几种：

（1）漫反射型光电传感器。该类型传感器属于自发自收类型，传感器发出红外线，经物体反射后返回传感器，通过该方式进行乘客探测。该类传感器的探测范围较大，其探测距离是可调的，在自动扶梯上一般有效水平距离设置约为1 500 mm，有效高度约为650 mm，当人体进入这个范围时，缓慢行驶的自动扶梯开始加速。在人员达到梳齿与踏板相交线时，自动扶梯应以不小于名义速度0.2倍的速度运行，然后以不小于0.5 m/s^{2}的加速度加速。

（2）压电电缆传感器。压电电缆传感器安装在楼层板下面，当有乘客走上楼梯板时，传感器受到压力产生信号。这种传感器反应比较灵敏，不受光线和灰尘的影响。

自动起动的运行方向应预先确定，并有明显、清晰可见的标记。

7）安全保护装置

人们在乘坐自动扶梯时，与其部件接触、碰撞以及其突然的速度变化等，都存在对人员的安全隐患。因此，自动扶梯设备应有可靠的机电安全保护装置，避免各种潜在的危险事故发生，确保乘用人员和设备的安全，把事故对设备和建筑物的破坏降到最低。按标准应设置安全装置如下：

（1）工作制动器。工作制动器是自动扶梯必须配置的制动器，有带式制动器、盘式制动器和块式制动器3种结构形式。带式制动器是较为常用的一种制动器，制动力为径向方向，具有结构简单、紧凑、包角大等特点；若要增大摩擦力，可在制动钢带上铆接制动衬垫来实现；盘式制动器的方向是轴向方向，具有结构紧凑、制动平稳灵敏、散热好等特点；块式制动器是抱闸式制动器，它与电梯曳引机上的制动器相似，具有结构简单、制造与安装维修方便等特点，一般应用在立式蜗轮减速器和卧式斜齿轮减速器上，安装在自动扶梯上端部机房，工作制动器多采用这种形式，如图5-26所示。

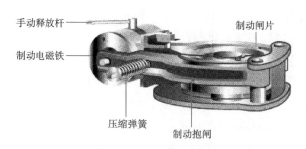

图5-26 工作制动器

工作制动器都采用常闭式。在自动扶梯运行时，持续通电，制动器释放，使之运转。《自动扶梯和自动人行道的制造与安装安全规范》中对工作制动器有3个方面的明确要求：

①制动载荷规定。规定各种规格自动扶梯在制动时每个梯级上的最大允许载荷。

②制停距离规定。根据自动扶梯运转速度的不同，制停距离必须在一定的范围内，例如名

义速度为 0.5 m/s 的扶梯，制停距离要求在 0.2~1 m 内。

③制动减速度规定。自动扶梯向下运行时，制动器制动过程中沿运行方向的减速度不应大于 1 m/s²。

（2）附加制动器。在驱动机组与驱动主轴间使用传动链条进行连接时，一旦传动链条突然断裂，两者之间即失去联系。此时，即使有安全开关使电源断电，电动机停止运转，但无法使自动扶梯梯路停止运行。特别是在有载上升时，自动扶梯梯路将突然反向运转和超速向下运行，导致乘客受到伤害。在这种情况下，如果在驱动主轴上装设一只或多只制动器，该制动器直接作用于梯级踏板或胶带驱动系统的非摩擦元件上，使其整个停止运行，则可以防止上述情况发生，这个制动器就是附加制动器。附加制动器应在制动力作用下，有载自动扶梯以有明显感觉的减速度停止下来，且最终保持在静止状态。附加制动器应该是机械式的，利用摩擦原理通过机械结构进行制动。附加制动器在开始动作时，应强制性地切断控制电路，除电源发生故障或安全电路失效的情况以外，附加制动器动作时，不要求所规定的制停距离。

附加制动器在下列情况下设置：

①梯级、踏板或胶带驱动轮之间不是用轴齿轮、多排链条、2 根或 2 根以上的单根链条连接的。

②工作制动器不是使用机电式制动器的。

③公共交通型自动扶梯。

④提升高度超过 6 m。

附加制动器应在下列 2 种情况下产生作用：

①在速度超过额定速度的 140% 之前。

②梯路突然改变规定的运行方向时。

（3）超速保护装置。自动扶梯如因驱动链断裂，传动元件断裂、打滑，电动机失效等原因发生超速，应在其速度超过额定速度 1.2 倍之前自动停车。超速保护装置实际上是一种速度监控装置，当速度运行超过额定速度的 1.2 倍时，能切断自动扶梯电源。超速保护装置有电子式和机械式两种，它可以设在驱动主机上，也可以设在驱动轮上，如图 5-27 所示。

 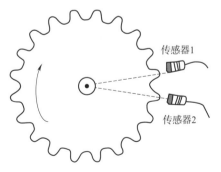

图 5-27 超速保护装置

（4）防逆转保护装置。防逆转保护装置是防止扶梯改变规定运行方向自动停止扶梯运行的装置，如图 5-28 所示，速度监测装置采用接近开关，安装在驱动电动机飞轮下，利用测速原理，通过飞轮能周期性通过接近开关来接收信号，对自动扶梯运行速度进行监控，从而实现逆转保护作用。当自动扶梯发生逆转时，驱动主机将会从额定速度减为零，然后反向运转。将一个低于额定速度的速度值设为接近开关动作的临界点，在逆转过程中，达到该临界点时，接近开关动作，切断制动器电源和主机电源，使自动扶梯停止运行。

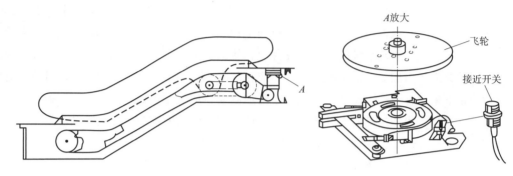

图 5-28　防逆转保护装置

（5）梯级链保护装置。梯级链由于长期在大负荷状况下使用，不可避免地要发生链节及链销的磨损、链节的塑性伸长等现象；当自动扶梯上行时，梯级链条在绕入链轮啮合处承受最大的工作应力，断链事故基本都在此处发生。通常将梯级链过度伸长和断链保护设置在一起，安装于下端站的转向盘后端，如图 5-29 所示。梯级链因磨损而过分伸长时，梯级链张紧装置后移，使梯级链保持足够的张紧力，当后移距离超过设定值时，安全开关动作，使自动扶梯停止，故障排除后将安全开关手动复位。

（6）梳齿板保护装置。梳齿板保护装置的作用是当异物卡在梳齿板和梯级之间，造成梯级不能与梳齿板正常啮合时，梯级前进力将推动梳齿板抬起或后移，使微动开关动作，自动扶梯停止运行，达到安全保护的目的。通过调整弹簧的长度，实现触动压力的调整。梳齿板开关如图 5-30 所示。

图 5-29　梯级链保护装置

图 5-30　梳齿板开关

1—梳齿板检测开关；2—固定钢板；
3—触发检测开关的连杆装置

（7）扶手带入口保护装置。通常情况下，人的手不会触碰扶手带的出入口，小孩可能因为好奇而用手去摸，手和手臂可能被扯入。扶手带入口的毛刷挡圈不应与扶手带相摩擦，其间隙应不大于 3 mm。每个扶手带入口处内部都有一个安全开关，一台自动扶梯一共有 4 个出入口，一旦有异物从扶手带入口进入时，则入口保护装置向里微动滑移，进而触及安全开关，使其动作，达到断电停运的目的。一般 30～50 N 的外力就能使微动开关动作，如图 5-31 所示。

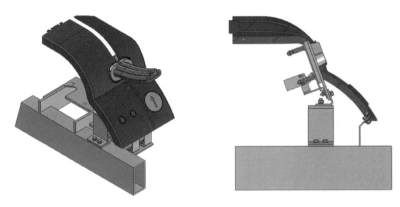

图 5-31　扶手带入口保护装置

（8）扶手带断带与速度检测装置。公共交通型自动扶梯一般都设有扶手带断带保护装置。一旦扶手带断裂，紧靠在扶手带内表面的滚轮摇臂就会下跌，安全开关动作，使自动扶梯停止运行。扶手带正常工作时应与梯级同步。如果相差过大，特别是在扶手带速度过慢时，会将乘客手臂向后拉导致摔倒。因此设置扶手带速度检测装置，扶手带与梯级的速度允许误差为 0%～2%，超过这个范围为不正常状态。

（9）裙板安全毛刷。梯级与裙板之间存在一定的间隙，为了防止乘客的脚或其他的尖锐物体夹入梯级与裙板之间的间隙内，可以选择在裙板上配置安全毛刷，如图 5-32 所示。自动扶梯必须安装裙板安全毛刷。裙板安全毛刷有单排和双排之分，双排安全毛刷的保护作用更强。

图 5-32　裙板安全毛刷

（10）裙板保护装置。自动扶梯裙板设置在梯级或踏板两侧，自动扶梯工作时，所有梯级与裙板不得发生摩擦，运动的梯级与静止的裙板之间应具有一定间隙。为防止异物夹入梯级与裙板之间的间隙，在裙板反面机架上安装有安全开关，如图5-33所示。当异物卡入时，裙板发生弹性变形，当超过一定变形量后，使安全开关动作，自动扶梯立即停车。一般自动扶梯生产厂家在自动扶梯的上部和下部装有4个裙板开关。当被挤压位置距离开关较远时，就难以起到保护作用。因此，裙板保护装置的配置不是强制性的，而是一种辅助性的安全装置。

（11）梯级塌陷保护装置。梯级塌陷是指梯级滚轮外圈的橡胶剥落、梯级滚轮轴断裂等情况发生时，会造成梯级下沉故障，将发生意外事故。当发生故障时，下沉部位撞击碰杆，使碰杆摇摆并带动转轴旋转一定角度，轴上凹块的安全开关触点动作，从而达到断电停机的目的，如图5-34所示。

 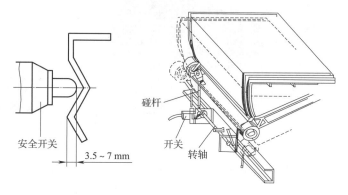

图5-33　裙板保护装置　　　　　　　图5-34　梯级塌陷保护装置

（12）梯级缺失检测装置。如维修时没有及时安装被拆卸的梯级，乘客可能因踩上没有梯级的缺口而跌入桁架，因此自动扶梯应能通过装设在驱动站和转向站的装置检测梯级或踏板的缺失，并应在缺口（由梯级缺失而导致的）从梳齿板位置出现之前停止，如图5-35所示。

（13）梯级与梳齿板照明。在梯路上下水平区段与曲线段的过渡处，梯级在形成阶梯或阶梯消失的过程中，乘客的脚往往踏在两个梯级之间而发生危险。因此，在上下水平区段的梯级下面装有绿色荧光灯，使乘客经过时能看清相邻梯级的边界，及时调整站立位置。

内外，梳齿板、裙板、扶手带及护壁板等处是对乘客造成危险伤害的高发区域，也应设置一定的荧光灯照明，以保证危险区足够的亮度，对乘客进行提醒，如图5-36所示。

 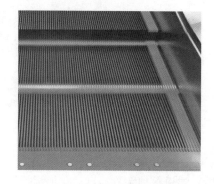

图5-35　梯级缺失监测装置　　　　　　图5-36　梯级与梳齿板照明

（14）附加安全装置与设施。附加安全装置与设施是指与自动扶梯安装位置有关的安全措施，包括防止人员从护栏外部攀登自动扶梯、被自动扶梯与建筑物间的夹角位剪切、在水平外包板上滑行等的设施。

①阻挡装置

在两台自动扶梯之间或自动扶梯与相邻墙之间设置阻挡板，防止人员在此空隙从护栏外盖板攀登扶梯。

如图 5-17 所示，当自动扶梯与墙相邻，且外盖板的宽度 b_{13} 大于 125 mm 时，在上下端部应安装阻挡装置，防止人员进入外盖板区域。当自动扶梯为相邻平行布置，且共用外盖板的宽度 b_{14} 大于 125 mm 时，也应安装这种阻挡装置，该装置应延伸到高度 h_{10} 为 25~150 mm。

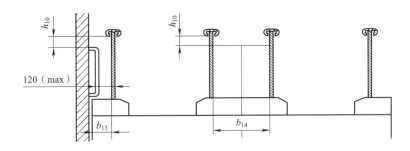

图 5-37 阻挡装置

②防滑行装置。当自动扶梯和相邻墙之间装有接近扶手带高度的扶手盖板，且建筑物（墙）和扶手带中心线之间的距离 b_{15} 大于 300 mm 时，应在扶手盖板上装设防滑行装置。该装置应包含固定在扶手盖板上的部件，与扶手带的距离不应小于 100 mm，如图 5-38 所示，并且防滑行装置之间的间隔距离应不大于 1 800 mm，高度 h_{11} 应不小于 20 mm。该装置应无锐角或锐边。对相邻自动扶梯扶手带中心线之间的距离 b_{16} 大于 400 mm 时，也应满足上述要求。

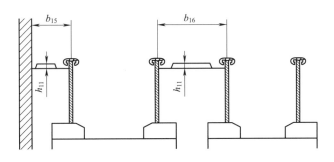

图 5-38 防滑行装置

③垂直防护板。当自动扶梯与建筑物楼板之间或相邻自动扶梯之间或与任何障碍物之间形成了夹角，扶手带外缘与障碍物之间的距离小于 400 mm 时，应设垂直防护板，防止人员被剪切，如图 5-39 所示。

④警示标识。自动扶梯的出入口处，通常张贴各种警示标识，提醒乘客在乘梯时需要注意

的安全事项。如紧握扶手带、关注随行儿童、手推车不能进入扶梯、小心夹脚等，如图 5-40 所示。

图 5-39　垂直防护板

图 5-40　警示标识

任务实施

自动扶梯常见故障的排除

1. 扶手带掉沫的故障排除

1）故障检查方法

自动扶梯运行时，发现扶手带有掉沫现象。停止自动扶梯，扒开扶手带，观察扶手导轨端部槽内以及 180°轮群处槽内是否有细沫积存。

2）故障排除步骤：

（1）观察扶手导轨连接处的过渡是否平滑，不应该有大于 0.2 mm 的台阶和大于 0.3 mm 的缝隙；若有，进行调整。若调整后还存在台阶，则用角磨机或用锉将突出位置修磨。

（2）扶手导轨内部的连接件不应超过扶手导轨顶面，扶手导轨应该平滑连接。若局部导轨缺损或有异常突起，进行修补或者更换。

（3）打开自动扶梯上部内盖板，运行扶梯，观察摩擦轮与扶手带的摩擦情况。如果扶手带运行时出现跑偏，按照调整扶手带跑偏的方法进行调整。

（4）调整完毕后，将扶手导轨端部及180°轮群清理干净。

2. 扶手带跑偏的故障排除

1）故障检查方法

运行自动扶梯时观测：

（1）扶手带运动是否偏心。

（2）扶手带与出入口橡胶是否有摩擦。

（3）扶手带出入口橡胶是否变形。

（4）扶手带出入口开关是否有动作迹象或者已经动作。

（5）用手压扶手带出入口橡胶，大约19.6 N的力，观察开关是否动作。松开手后，出入口橡胶应该自动复位。

2）故障排除步骤

（1）打开摩擦轮处上方内盖板，观察自动扶梯上行时扶手带运行轨迹。

（2）查看摩擦轮是否切带。若切带，调节导向轮群H、F、G三点（H点适当加减垫片），至轮群托轮水平，如图5-41所示。

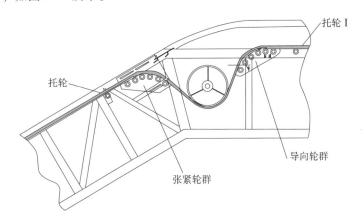

图5-41　扶手带导向轮、托轮

（3）刮出入口底部时，调节托轮Ⅰ至水平。

（4）调整扶手带导轨的水平度以及玻璃的垂直度。

3. 梯级跑偏的故障排除

1）故障检查方法

运行自动扶梯一周以上，在上下梳齿板处观察梯级是否刮梳齿。若有摩擦声，说明梯级刮梳齿。

2）故障排除步骤

（1）梳齿板偏移故障：

①将梳齿板卸下。

②将梳齿板摆正后将螺钉紧固。

（2）个别梯级刮梳齿故障：

①将自动扶梯下部踏板打开，插入检修盒。

②将刮梳齿的梯级做好记号并点动至下部折返处。

③将梯级向反方向微调，与上下梯级的梯级线对齐。

④将调好梯级点动至梳齿板处观察梳齿是否刮梯级。

⑤调整完毕，将梯级点动回来并紧固，恢复并运行。

（3）所有梯级都刮梳齿故障：

①打开前沿板左右的内盖板。

②通过前沿板滑轨的横向内六角螺栓（见图5-42）调整顶丝来调整前沿板左右移动，将另一侧内六角螺栓也做相应的旋转，移动梳齿板使其在两梯级线中间。

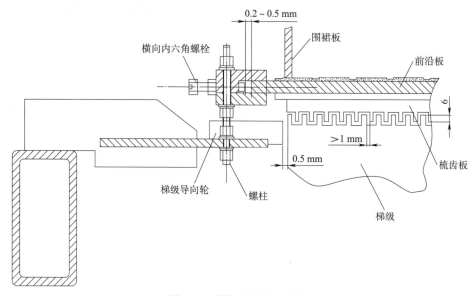

图5-42　梯级与梳齿的调整

③运行自动扶梯一周以上，观察梯级与梳齿啮合情况。无异常后将自动扶梯复原，恢复运行。

4. 梯级刮裙板的故障排除

1）故障检查方法

运行扶梯，查看摩擦的痕迹确定发生摩擦响声的故障点。

2）故障排除步骤（见图5-43）：

（1）运行自动扶梯，确认发出声响的位置。

（2）停止自动扶梯运行，拆下发出声响位置的内盖板。

（3）A向：用扳手松螺母2，紧螺母1，裙板向A方向移动，使梯级与裙板之间的缝隙增大（保证梯级与裙板之间缝隙单侧不大于4 mm，两侧之和不大于7 mm）。

B向：用扳手松螺母1，紧螺母2，裙板向B方向移动，使梯级与裙板之间的缝隙减小（保证梯级与裙板之间缝隙单侧不大于4 mm，两侧之和不大于7 mm）。

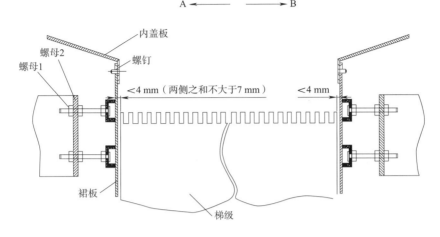

图 5-43 梯级刮裙板

（4）运行自动扶梯，观察声响是否还存在。若存在，继续调整；若不存在，将内盖板复原，恢复自动扶梯运行。

5. 梯级运行过程中各部位噪声的故障排除

1）故障检查方法

自动梯运行中出现的噪声有以下几个方面：

（1）梯级刮裙板。

（2）梯级钩刮紧急导轨。

（3）梯级导轨有异物和导轨有台阶。

（4）梯级链条链轮有损。

（5）梯级链条张紧不一。

（6）梯级固定螺钉不牢固。

2）故障排除步骤

（1）调整裙板螺母，根据实际情况进行裙板与梯级之间间隙的调整，保证梯级与裙板之间缝隙单侧不大于 4 mm，两侧之和不大于 7 mm。

（2）将刮紧急导轨的梯级卸下，把梯级钩的角度适当改变。

（3）连续卸下 3~4 个梯级，检查导轨异物并清理；修磨导轨台阶处。

（4）链条轴有锈迹应及时清理掉，防止拉伸不开。链轮有损坏应及时更换。

（5）两链条张紧不一时，可调整张紧装置达到两链条张紧一致。

（6）紧固螺钉不牢固的梯级。

6. 梯级运行到转弯处出现台阶感的故障排除

1）故障检查方法

（1）运行的直线导轨变形或左右导轨不在同一个平面位置上。

（2）梯级链条与梯级轴缺油或梯级链左右拉伸不一致。

(3) 主驱动链条拉伸变形或大小链轮的位置偏差（不在同一个平面上），引起运行跳动。

(4) 导轨接缝处不平整或有错位；导轨表面有积尘或污垢。

2) 故障排除步骤

(1) 校正导轨或予以调整。

(2) 定期清除积尘或污垢，并上油予以润滑。

(3) 校正驱动链条使其具有一定的张紧度，或更换已坏的链轮。

(4) 调整、打磨、清洗、润滑。

素质提升

做能够担当民族复兴大任的时代新人

我们平时在生活工作中会经常使用电梯，但电梯在中国的从无到有，从简易、低速到高速、舒适的发展，反映了中国工业的发展历程。新中国是在几乎一穷二白的基础上，建立起独立的、比较完整的、有相当规模和较高技术水平的现代工业体系，实现了由工业化起步阶段到工业化初级阶段，再到工业化中期阶段的大发展，推动我国从一个物资匮乏、产业百废待兴的国家发展成为世界经济发展引擎、全球的制造基地。我们用几十年时间走完了发达国家几百年走过的工业化历程，新中国工业为我国经济的繁荣、人民生活的富裕安康，以及世界经济的发展做出了卓越贡献。中国已经在实现中华民族伟大复兴的中国梦征程上迈出了决定性的步伐，这对我们"时代新人"提出新的要求。

从时代新人要求和标准来看，坚定的理想信念、强烈的担当意识、过硬的本领能力、不懈的奋斗精神，就是担当民族复兴大任的时代新人应具备的主要内涵特征。

时代新人应当具有坚定的理想信念。功崇惟志，业广惟勤。实现中华民族伟大复兴的中国梦，是长期而艰巨的伟大事业，需要付出极其艰辛的努力，没有坚定的理想信念，就会导致精神"缺钙"，就会得"软骨病"，就不可能承担并完成使命任务。担当民族复兴大任的时代新人，必须牢固树立共产主义远大理想和中国特色社会主义共同理想，以坚定的理想信念筑牢精神之基。有了坚定的理想信念，就能够开阔眼界、提升境界，在历史发展中找准定位，将个人发展和国家前途命运紧密联系起来，经受住各种风险困难考验，做到乱云飞渡仍从容，担当起民族复兴大任。

时代新人应当具有强烈的担当意识。士不可以不弘毅，任重而道远。古往今来推动社会前进的历史人物无不怀有强烈的担当意识。实现中华民族伟大复兴的中国梦，必然会面临各种重大挑战、重大风险、重大阻力、重大矛盾，最需要担当、最考验担当。时代新人必须勇于担当、担起所担，心怀中华民族伟大复兴中国梦，把忠诚和智慧献给党和人民的事业，对工作任劳任怨、尽心竭力、善始善终、善作善成。

时代新人应当具有过硬的本领能力。大志非才不就，大才非学不成。时代新人不仅要有担当的宽肩膀，而且要有成事的真本领。本领大小、能力强弱不仅仅是个人的事，还关乎党和国家事业发展大局。每个人都要不断提高胜任岗位、做好工作、干事创业的本领能力，在业务方面练就"两把刷子"，掌握真才实学，增益其所不能，努力成为各行各业的有用之才，在经济建设主战场、文化发展大舞台、社会建设新领域、科技创新最前沿、强军兴军第一线，为中华民族伟大复兴贡献智慧和才华。

时代新人应当具有不懈的奋斗精神。宝剑锋从磨砺出，梅花香自苦寒来。我们的国家和民族，从积贫积弱一步一步走到今天的发展繁荣，靠的是一代又一代人的顽强拼搏。梦在前方，路在脚下。实现中华民族伟大复兴，需要时代新人锲而不舍、驰而不息的奋斗。要立足本职、埋头苦干、攻坚克难，保持永不懈怠的精神状态和奋斗姿态，勇于到条件艰苦的基层、国家建设的一线、项目攻关的前沿经受锻炼，以辛勤的汗水、默默耕耘成就非凡业绩、创造美好生活，做走在时代前列的奋进者、开拓者、奉献者。

作为当代大学生，我们应该为民族复兴、富强，实现中国梦做些什么？我们当代大学生作为时代新人，要以民族复兴为己任，我们是国家宝贵的人才资源，是祖国的未来，我们身上肩负着人民的重托，历史的重任，我们要不忘初心、牢记使命，做一个有理想、有道德、有文化、有纪律的四有青年，与历史同向，与人民同在，与祖国同行。我们要努力学习，增长知识，树立正确的价值观，提升思想道德修养，做一个合格的大学生，做一个忠诚的爱国者。我们要树立远大的理想，讲求奉献，服务人民，奉献社会，树立改革创新意识，增强改革创新能力，做改革创新的新生力军，做社会主义核心价值观的积极践行者，听党话，跟党走，维护祖国统一和民族团结，以高扬的精神旗帜为指引，以强大的精神支柱为支撑，为实现中国梦而努力奋斗！

任务拓展

自动扶梯电气故障分析

1. 自动扶梯电气控制系统构成及其重要性

自动扶梯通常由承载系统、驱动系统、梯路系统、安全系统和电气系统这五大系统组成，其中电气系统主要包括控制柜、主驱动电动机、停止钥匙开关、启动警铃钥匙开关、制动器线圈、自动润滑电动机、上下端部的启动和移动检修盒、故障显示器等部件，是一种机电一体化的设备。

实现自动扶梯电力拖动控制和逻辑控制的核心部件是控制柜，大部分情况下控制柜位于自动扶梯的上端部机房。使分散的电气元件共同作用实现自动扶梯的自动控制与故障显示功能的器件是下端部机房的控制箱。电气开关分散在自动扶梯的各个部分，用来确保自动扶梯的安全运行。自动扶梯使用检修盒进行检修运行，利用自动润滑电器控制装置确保各个机械部件的适时润滑加油、降低运行噪声，提高运行舒适性以及延长机械的寿命。

2. 自动扶梯常见电气故障的原因分析及排除

自动扶梯的电气控制系统主要包括继电器控制、可编程控制器（PLC）控制、微机控制等几种。其中，采用可编程控制器控制的自动扶梯被广泛利用，它的主要特点是具有较少的控制柜接线，编程简单，操作方便，通用性强，相对较强的抗干扰能力，安装调试相对简单，维修也比较方便，因此其故障率大大降低。

自动扶梯的故障中有很大的部分是电气控制系统出现的故障，并且是诸多方面的因素造成

了自动扶梯的电气故障,其中主要的因素有元器件质量、安装调整质量、维修保养质量、外界环境的干扰变化等。下面举例说明

1) 自动扶梯逆转故障

自动扶梯在上下行的过程中在非人为的情况下发生运动方向改变的情况就是自动扶梯的逆转。自动扶梯逆转非常容易导致下跌、滚落、挤压、踩踏等事件,特别是满载情况下发生的概率更高,严重危害到民众的人身安全,是自动扶梯事故中危害最大的一种。

自动扶梯逆转的原因错综复杂,电网错断相、失电压等原因造成电动机反转或者驱动力不足,特别是在重载的情况下,就会造成上行的自动扶梯逆转;低压元件也会造成自动扶梯逆转;装置的短路、粘连、断路等故障,或者安全电路、制动器控制回路故障而失效,无法发挥正常的保护、控制、制停等作用,也将导致自动扶梯逆转。

2) 驱动系统故障

自动扶梯的驱动系统主要包括主传动系统和扶手带驱动系统,包含着很多受力传动部件,其中受力相对较大的是连接固定这些传动部件的零部件,如驱动主机固定螺栓、梯级链和驱动链的链销等,如果这些部件发生断裂或者松动,传动部件就会失去控制,严重影响到自动扶梯的安全运行,同时扶手带的驱动如果动力不足也会影响到自动扶梯的安全运行。如果自动扶梯的器件达不到设计需求,或者在安装过程中没有按照标准的程序安装就会造成断裂和松脱;另外,在自动扶梯长期运行的过程中一定要经常维护保养,否则可能导致不能够及时发现自动润滑油不供油或者供油不稳定等状况,处于失油状态或者其他非正常状态下运行的自动扶梯,都会严重磨损梯级链、驱动链,导致梯级运行摆动,甚至发生断链。

扶手带的运动大多都是利用摩擦力来进行驱动的,如果扶手带的驱动装置的压紧力不足,或者没有做好维护保养工作,导致扶手带老化磨损甚至发生断裂,以至于摩擦力不足,所以驱动力不足,极容易造成扶梯上的乘客无法站稳甚至跌倒,从而引发事故。同时,制作缺陷、安装误差或者调试不到位都会导致自动扶梯的扶手带断裂或者脱落,使自动扶梯驱动力不足,造成事故等。

3) 梯级下陷

正常运行的情况下,自动扶梯梯级的前后滚轮共同作用于导轨上,保持梯级踏面的平衡水平,但是如果梯级滚轮本身就存在制造缺陷而在调试的时候没被发现就投入到正常的使用中,就会导致梯级不能与梳齿板啮合。此外,滚轮在运行中的长期磨损,又没有得到良好的维护保养时,就有可能导致剥离、龟裂等严重的问题。或者因为不良使用,例如远超于标准质量的载荷作用在梯级上的时候,导致机械设备变形,甚至梯级不能与梳齿板啮合,从而引发故障。

任务5.2 升降电梯的检修

任务导入

随着中国经济的快速发展,高层建筑越来越多,电梯是高层建筑中必备的垂直运输设备,可以说,电梯已成为城市化发展的一个标志。电梯是一种典型的现代机电设备,具有占地面积小、运输安全、合理的特点。了解并掌握电梯的结构、规格和分类有助于进行电梯常见故障的处理。

知识准备

1. 升降电梯的分类与结构

电梯有一个轿厢和一个对重,通过钢丝绳将它们连接起来。钢丝绳通过驱动装置(曳引机)的曳引带动,使电梯轿厢和对重在电梯内导轨上做上下运动。

曳引绳两端分别连着轿厢和对重,缠绕在曳引轮和导向轮上。曳引电动机通过减速器变速后带动曳引轮转动,靠曳引绳与曳引轮摩擦产生的牵引力,实现轿厢和对重的升降运动,达到运输目的。固定在轿厢上的导靴可以沿着安装在建筑物井道墙体上的固定导轨往复升降运动,防止轿厢在运行中偏斜或摆动。常闭块式制动器在电动机工作时松闸,使电梯运转,在失电情况下制动,使轿厢停止升降,并在指定层站上维持其静止状态,供人员和货物出入。轿厢是运载乘客或其他载荷的箱体部件;对重用来平衡轿厢载荷、减少电动机功率;补偿装置用来补偿曳引绳运动中的张力和重量变化,使曳引电动机负载稳定,轿厢得以准确停靠;电气系统实现对电梯运动的控制,同时完成选层、平层、测速、照明工作;指示呼叫系统随时显示轿厢的运动方向和所在楼层位置;安全装置保证电梯运行安全。

1)升降电梯的分类

各国对电梯的分类采用了不同的方法,根据我国的行业习惯,归纳为以下几种:

(1)按用途分类:

乘客电梯:为运送乘客设计的电梯,要求有完善的安全设施以及一定的轿内装饰。

载货电梯:主要为运送货物而设计,通常有人伴随的电梯。

医用电梯:为运送病床、担架、医用车而设计,轿厢具有长而窄的特点。

杂物电梯:供图书馆、办公楼、饭店运送图书、文件、食品等的电梯。

观光电梯:轿厢壁透明,供乘客观光用的电梯。

车辆电梯:用作装运车辆的电梯。

船舶电梯:船舶上使用的电梯。

建筑施工电梯:建筑施工与维修用的电梯。

其他类型电梯:除上述常用电梯外,还有一些特殊用途的电梯,如冷库电梯、防爆电梯、矿井电梯、电站电梯、消防员用电梯、斜行电梯、核岛电梯等。

(2)按驱动方式分类:

交流电梯:用交流感应电动机作为驱动力的电梯。根据拖动方式又可分为交流单速、交流双速、交流调压调速、交流变压变频调速等。

直流电梯:用直流电动机作为驱动力的电梯。这类电梯的额定速度一般在 2.00 m/s 以上。

液压电梯:一般利用电动泵驱动液体流动,由柱塞使轿厢升降的电梯。

齿轮齿条电梯:将导轨加工成齿条,轿厢装上与齿条啮合的齿轮,电动机带动齿轮旋转使轿厢升降的电梯。

螺杆式电梯:将直顶式电梯的柱塞加工成矩形螺纹,再将带有推力轴承的大螺母安装于油缸顶,然后通过电动机经减速机(或传动带)带动螺母旋转,从而电梯轿厢在旋转螺杆带动下,上升或下降。

直线电机驱动的电梯：其动力源是直线电机。

电梯问世初期，曾用蒸汽机、内燃机作为动力直接驱动电梯，现已基本淘汰。

（3）按速度分类

低速梯：常指速度低于 1.00 m/s 的电梯。

中速梯：常指速度在 1.00~2.00 m/s 的电梯。

高速梯：常指速度大于 2.00 m/s 的电梯。

超高速梯：速度超过 5.00 m/s 的电梯。

随着电梯技术的不断发展，电梯速度越来越高，区别高、中、低速电梯的速度限值也在相应地提高。

（4）按有无司机分类：

有司机电梯：电梯的运行方式由专职司机操纵来完成。

无司机电梯：乘客进入电梯轿厢，按下操纵盘上所需要去的层楼按钮，电梯自动运行到达目的层楼，这类电梯一般具有集选功能。

有/无司机电梯：这类电梯可变换控制电路，平时由乘客操纵，如遇客流量大或必要时改由司机操纵。

（5）按控制方式分类：

手柄开关操纵电梯：电梯司机在轿厢内控制操纵盘手柄开关，实现电梯的起动、上升、下降、平层、停止的运行状态。

按钮控制电梯：是一种简单的自动控制电梯，具有自动平层功能，常见有轿外按钮控制、轿内按钮控制两种控制方式。

信号控制电梯：这是一种自动控制程度较高的有司机电梯。除具有自动平层、自动开门功能外，尚具有轿厢命令登记、层站召唤登记、自动停层、顺向截停和自动换向等功能。

集选控制电梯：是一种在信号控制基础上发展起来的全自动控制的电梯，与信号控制的主要区别在于能实现无司机操纵。

并联控制电梯：2~3 台电梯的控制线路并联起来进行逻辑控制，共用层站外召唤按钮，电梯本身都具有集选功能。

群控电梯：是用微机控制和统一调度多台集中并列的电梯。群控有梯群的程序控制、梯群智能控制等形式。

（6）其他分类：

按机房位置分类，有机房在井道顶部的（上机房）电梯、机房在井道底部旁侧的（下机房）电梯、机房在井道内部的（无机房）电梯。

按轿厢尺寸分类，则经常使用"小型"和"超大型"等抽象词汇表示。此外，还有双层轿厢电梯等。

2）升降电梯的结构

电梯是一种典型的现代化机电设备，基本组成包括机械和电气两大部分。

（1）曳引系统。电梯曳引系统的功能是输出动力和传递动力，驱动电梯运行。主要由曳引机、曳引绳、导向轮和反绳轮组成。曳引机为电梯的运行提供动力，由电动机、曳引轮、联轴器、减速箱和电磁制动器组成。曳引绳的两端分别连轿厢和对重,依靠曳引绳和曳引轮之间的摩擦来驱动轿厢升降。导向轮的作用是分开轿厢和对重的间距,采用复绕型还可以增加曳引力。

(2) 导向系统。电梯的导向系统包括导轨、导靴、导轨支架,这些都安装在井道中。导轨能限制轿厢和对重在水平方向产生移动,确定轿厢和对重在井道中的相对位置,对电梯升降运动起到导向作用。导靴能够保证轿厢和对重沿各自轨道运行,分别安装在轿厢架和对重架上,即轿厢导靴和对重导靴,各4对。导轨支架固定在井道壁或横梁上,起到支撑和固定导轨作用。

(3) 门系统。门系统由轿厢门、层门、开门机、联动机构等组成。轿厢门设在轿厢入口,由门扇、门导轨架等组成;层门设在层站入口处;开门机设在轿厢上,是轿厢和层门的动力源。

厅门在各层站的入口处,可防止候梯人员或物品坠入井道,分为半分式、旁开式、直分式等。厅门的开关由安装在轿门上的门刀控制,可与轿门同时打开、关闭,厅门上装有自动门锁,可以锁住厅门,同时也可通过门锁上的微动开门控制电梯起动或停止,这样就能保证轿门和厅门完全关闭后电梯才能运行。

呼梯装置设置在厅门附近,当乘客按动上行或下行按钮时,信号指示灯亮,表示信号已被登记,轿厢运行到该层时停止,指示灯同时熄灭。在底层基站的呼梯装置中还有一把电锁,由管理人员控制开启、关闭电梯。

门锁的作用是在门关闭后将门锁紧,通常安装在厅门内侧。门锁是电梯中的一种重要安全装置,当门关闭后,门锁可防止从厅门外将厅门打开出现危险,同时可保证在厅门、轿门完全关闭后,电路接通,电梯才能运行。

层楼显示装置设在每站厅门上面,面板上有代表电梯运行位置的数字和运行方向的箭头,有时层楼显示装置与呼梯装置安装在同一块面板上。

(4) 轿厢。电梯的轿厢部分包括轿厢、轿厢门、安全钳装置、平层装置、安全窗、开门机、轿内操纵箱、指示灯、通信及报警装置等。

轿厢由轿厢架和轿厢体两部分组成,是运送乘客和货物的承载部件,也是乘客能看到电梯的唯一结构。轿厢架是承载轿厢的主要构件,是固定和悬吊轿厢的承重框架,垂直于井道平面,由上梁、立梁、下梁和拉条等部分构成。轿厢体由轿厢底、轿厢壁、轿厢顶和轿厢门构成。轿厢底是轿厢支撑负载的组件,由框架和底板等组成。轿厢壁由薄钢板压制成形,每个面壁由多块长方形钢板拼接而成,接缝处嵌有镶条,起到装饰及减震作用,轿厢内常装有整容镜、扶手等。轿厢顶也由薄钢板制成,上面装有开门机、门电动机控制箱、风扇、操纵箱和安全窗等,发现故障时,检修人员能上到轿厢顶检修井道内的装置,也可供乘客安全撤离轿厢。轿厢顶需要一定的强度,应能支撑两个人的重量,以便检修人员进行维修。

轿厢门是乘客、物品进入轿厢的通道,也可避免轿内人员或物品与井道发生相撞。同厅门一样,轿厢门也可分为中分式、旁开式和直分式几种。轿厢门上安装有门刀,可控制厅门与轿门同时开启或关闭。另外,轿门上还装有安全装置,一旦乘客或物品碰及轿门,轿门将停止关闭,重新打开,防止乘客或物品被夹。

平层装置的作用是将电梯的快速运行切换到平层前的慢速运行,同时在呼层时能控制电梯自动停靠。

(5) 重量平衡系统。重量平衡系统由对重和重量补偿装置组成。对重由对重架和对重块组成。对重安装在井道中，对重将平衡轿厢自重和部分额定载重。同时减少电动机功率的损耗。对重的重量应按规定选取，使对重与电梯负载尽量匹配，这样能够减小曳引绳与绳轮间的曳引力，延长钢丝绳的使用寿命。重量补偿装置是补偿高层电梯中轿厢与对重侧曳引绳长度变化对电梯的平衡设计影响的装置。

(6) 电力拖动系统。电力拖动系统由曳引电动机、供电系统、速度反馈装置、调速装置等组成，它的作用是对电梯进行速度控制。曳引电动机是电梯的动力源，根据电梯配置可采用交流电动机或者直流电动机。供电系统是为电动机提供电源的装置。速度反馈装置为调速系统提供电梯运行速度信号。一般采用测速发电机或速度脉冲发生器与电动机相连。调速装置对曳引电动机进行速度控制。

(7) 电气控制系统。电梯的电气控制系统由控制装置、操纵装置、平层装置和指层显示装置等部分组成。其中控制装置根据电梯的运行逻辑功能要求，控制电梯的运行，设置在机房中的控制柜上。操纵装置是由轿厢内的按钮箱和厅门的召唤箱按钮来操纵电梯的运行的。平层装置是发出平层控制信号，使电梯轿厢准确平层的控制装置。所谓平层，是指轿厢在接近某一楼层的停靠站时，欲使轿厢地坎与厅门地坎达到同一平面的操作。位置显示装置是用来显示电梯所在楼层位置的轿内和厅门的指示灯，厅门指示灯用箭头指示电梯的运行方向。

(8) 安全保护系统。安全保护系统包括机械的和电气的各种保护系统，可保护电梯安全使用。机械方面的保护有：限速器和安全钳起超速保护作用，缓冲器起冲顶和撞底保护作用，还有切断总电源的极限保护装置。电气方面的安全保护在电梯的各个运行环节中都有体现。

限速安全装置是电梯中最重要的安全装置，包括限速器和安全钳。当电梯超速运行时，限速器停止运转，切断控制电路，迫使安全钳开始动作，强制电梯轿厢停止运动；而当电梯正常运行时，限速器不起作用。限速器与安全钳联合动作才能起到控制作用。

安全钳与限速器配套使用，构成超速保护装置，当轿厢或对重超速运行或出现突然情况时，限速器操纵安全钳将电梯轿厢紧急停止并夹持在导轨上，为电梯的运行提供最后的安全保证。安全钳安放在轿厢架下的横梁上，成对使用，按其运动过程的不同可分为瞬时式安全钳和滑移式安全钳。

缓冲器安装在井道中，是电梯的最后一道安全装置。在电梯运行中，当其他所有保护装置都失效时，电梯便会以较大速度冲向顶层或底层，造成严重的后果。缓冲器可以吸收轿厢的动能，减缓冲击，起到保护乘客和货物的作用，减少损失。

如图5-45所示，电梯通电后，拖动电梯的电动机开始转动，经过减速机、制动器等组成的曳引机，依靠曳引轮的绳槽与曳引绳之间的摩擦力使曳引绳移动。因为曳引绳两端分别与轿厢和对重连接，且它们都装有导靴，导靴又连着导轨，所以曳引机转动，拖动轿厢和对重做方向相反的相对运动（轿厢上升，对重下降）。轿厢在井道中沿导轨上、下运行，电梯就开始竖直升降。

曳引绳的绕法：按曳引比（曳引绳线速度与轿厢升降速度之比）常有三种方法，即半绕1:1吊索法、半绕2:1吊索法和全绕1:1吊索法，如图5-46所示。

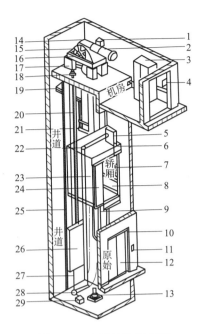

图 5-44 电梯结构示意图

1—制动器；2—曳引电动机；3—电气控制柜；4—电源开关；5—位置检测开关；6—开门机；7—轿内操纵盘；8—轿厢；9—随行电缆；10—层楼显示装置；11—呼梯装置；12—厅门；13—缓冲器；14—减速器；15—曳引机；16—曳引机底盘；17—导向轮；18—限速器；19—导轨支架；20—曳引绳；21—开关碰块；22—终端紧急开关；23—轿厢框架；24—轿厢门；25—导轨；26—对重；27—补偿链；28—补偿链导向轮；29—张紧装置

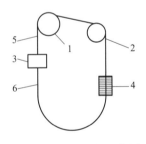

图 5-45 电梯运行示意图

1—曳引轮；2—导向轮；3—轿厢；
4—对重；5—曳引绳；6—平衡链

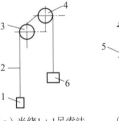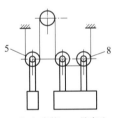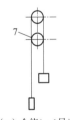

（a）半绕1∶1吊索法　（b）半绕2∶1吊索法　（c）全绕1∶1吊索法

图 5-46 曳引方式示意图

1—对重装置；2—曳引绳；3—导向轮；4—曳引轮；
5—对重轮；6—轿厢；7—复绕轮；8—轿厢轮

2. 电气控制系统

电梯的种类多，运行速度范围要求大，自动化程度有高、低之分，工作时还要接受轿厢内、层站外的各种指令，并保证安全保护，系统准确动作。这些功能的实现都要依靠电气控制系统。

电气控制系统是由控制柜、操纵箱、指层灯箱、召唤箱、限位装置、换速平层装置、轿顶检修箱等十几个部件，以及曳引电动机、制动器线圈、开关门电动机及开关门调速开关、极限开关等几十个分散安装在各相关电梯部件中的电器元件构成。

电气控制系统决定着电梯的性能和自动化程度。随着科学技术的发展，电气控制系统发展迅速。在目前国产电梯的电气控制系统中，除传统的继电器控制系统外，又出现采用微机控制的无触点控制系统。在拖动系统方面，除传统的交流单速、双速电动机拖动和直流发电机-电动机拖动系统外，又出现交流三速、交流无级调速的拖动系统。

电梯通常采用的电气控制系统有继电器-接触器控制系统、半导体逻辑控制系统和微机控制系统等。无论哪种控制系统，其控制线路的基本组成和主要控制装置都类似。

1) 电气控制线路的组成

电气控制线路的基本组成包括轿厢内指令环节、厅门召唤环节、门控制环节、起动环节、平层环节等。对主驱动系统较为复杂的电梯还有电动机调速与控制环节等。各环节之间的控制关系如图5-47所示。各种控制环节相互配合，使电动机依照各种指令完成正反转、加速、等速、调速、制动、停止等动作，从而实现电梯运行方向（上、下）、选层、加（减）速、制动、平层、自动开（关）门、顺向（反向）截梯、维修运行等。为实现这些功能，控制电路中经常用到自锁、互锁、时间控制、行程控制、速度控制、电流控制等许多控制方式。

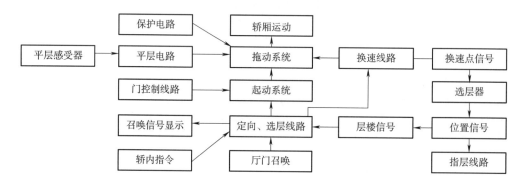

图 5-47　电气控制电路组成图

2) 电气控制系统主要装置

（1）操纵箱位于轿厢内，常有按钮操作和手柄开关两种操作方式。它是操纵电梯上、下运行的控制中心。在它的面板上一般有控制电梯工作状态（自动、检修、运行）的钥匙开关、轿厢内指令按钮与记忆指示灯、开（关）门按钮、上（下）慢行按钮、厅外召唤指示灯、急停按钮、电风扇和照明开关等。

（2）召唤按钮箱。安装在层站门口，供厅外乘用人召唤电梯。中间层只设上行与下行两个按钮，基站还设有钥匙开关以控制自动开门。

（3）位置显示装置。在轿厢内、层站外都有。用灯光或数字（数码管或发光二极管）显示电梯所在楼层，以箭头显示电梯运行方向。

（4）控制柜。控制电梯运行的装置。柜内装配的电器种类、数量、规格与电梯的停站层数、运行速度、控制方式、额定载荷、拖动类型有关，大部分接触器-继电器都安装在控制柜中。

（5）换速平层装置。电梯运行将要到达预定楼层时，需要提前减速，平层停车。完成这个任务的是换速平层装置，如图5-48所示。它由安装在轿厢顶部和井道导轨上的电磁感应器和隔磁板构成。当隔磁板插入电磁感应器，干簧管内触点接通，发出控制信号。

（6）选层器通常使用的是机电联锁装置。用钢带链条或链条与轿厢连接，模拟电梯运行状态（把电梯机械系统比例缩小）。有指示轿厢位置、选层信号、确定运行方向、发出减速信号等作用。这种机电联锁式的选层器内部有许多触点。随着控制技术的发展，现在已经应用了数控选层器和微机选层器。

（7）轿顶检修厢。安装在轿厢顶，内部设有电梯快下（慢下）按钮、点动开门按钮、轿顶检修转换开关、检修灯开关和急停按钮，是专门用于维修工检修电梯的。

（8）开、关门机构。电梯自动开、关门，多采用小型直流电动机驱动。因直流电动机的调速性能好，可以减少开、关门的抖动和撞击。

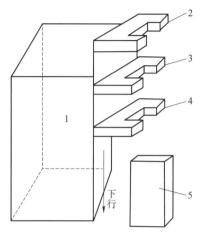

图 5-48　换速平层装置
1—轿厢；2、3、4—电磁感应器；5—隔磁板

3. 电梯的安全保护系统

电梯运行的安全可靠性极为重要，在技术上采取了机械、电气和机电联锁的多重保护，其级数之多、层次之广是其他任一种提升设备不能相比的。电梯应有如下安全保护设施：超速保护装置；供电系统断相、错相保护装置；撞底缓冲装置；超越上、下极限工作位置时的保护装置；厅门锁与轿门电气联锁装置；井道底坑有通道时，对重应有防止超速或断绳下落的装置等设施。

（1）机械安全保护装置。为保证电梯安全运行，机械系统安全保护装置中，除曳引绳的根数一般在 3 根以上，且安全系数至少达 12，另外还设有以下几种安全保护装置。

①限速器和安全钳。限速器安装在机房内，安全钳安装在轿厢下的横梁下面，限速器张紧轮在井道地坑内。当轿厢下行速度超过 115% 额定速度时，限速器动作，断开安全钳开关，切断电梯控制电路，曳引机停转。如果此时出现意外，轿厢仍快速下降，安全钳即可动作把轿厢夹在导轨上使轿厢不致下坠。

②缓冲器。设置在井道底坑内的地面上，当发生意外，轿厢或对重撞到地坑时，用来吸收下降的冲击力。分为弹簧缓冲器和油压缓冲器。

③安全窗。装在轿厢的顶部。当轿厢停在两层之间无法开动时，可打开它将轿厢内人员用扶梯放出。安全窗打开时，其安全触点要可靠断开控制电路，使电梯不能运行。

（2）电气安全保护装置。电气保护的接点都处于控制电路之中。如果它动作，整个控制回路不能接通，曳引电动机不能通电，最终轿厢不能运动。

①超速断绳保护。这种保护实质为机电联锁保护。它将限速器与电气控制线路配合使用。当电梯下降速度达到额定速度的 115% 时，限速器上第一个开关动作，要求电梯自动减速；若达到额定速度的 140% 时，限速器上第二个开关动作，切断控制回路后再切断主驱动电路，电动机停止转动，迫使电梯停止运行，强迫安全钳动作，将电梯制停在导轨上。这种保护是最重要的保护之一，凡是载客电梯必须设有这种保护。

②层门锁保护。电梯在各个门关好后才能运行，这也是一种机电联锁保护。当机械钩子锁锁紧后，电气触点闭合，此时电梯的控制回路才接通，电梯能够运行。另外，电梯门上还设有

关门保护（如关门力限制保护，光控、电控门锁等），防止乘客关门时被夹伤。

③终端超越保护。电梯在运行到最上或最下一层时，如果电磁感应器或选层器出现故障而不能发出减速信号，电梯就会出现冲顶或撞底这样的严重故障。在井道中依次设置了强迫减速开关、终端限位开关，这几种开关中的一个动作都可迫使电梯停止运行。

④三相电源的缺相、错相保护。为防止电动机因缺相和错相（倒相）损坏电梯，造成严重事故而设置的保护。

⑤短路保护。与所有机电设备一样都有熔断器作为短路保护。

⑥超载保护。设置在轿厢底和轿厢顶。当载重量超过额定负载110%时发生动作，切断电梯控制电路，使电梯不能运行。

图5-49是普通交流双速载客电梯安全保护系统框图。从中可看出各种安全保护装置的动作原则。

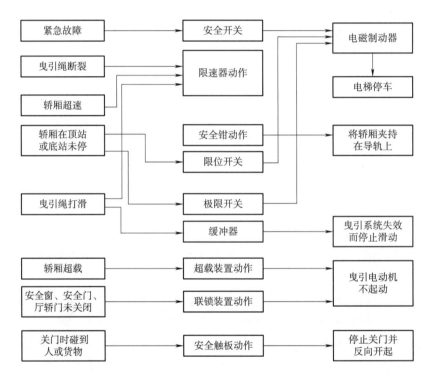

图5-49　普通交流双速载客电梯安全保护系统框图

任务实施

电梯故障检修

电梯主要是由机械、拖动回路、电气控制部分组成。拖动系统也可以属于电气系统，因而电梯的故障可以分为机械故障和电气故障。遇到故障时，首先应确定故障属于哪个系统，是机械系统还是电气系统，然后再确定故障是属于哪个系统的哪一部分，接着再判断故障出自哪个元件或哪个动作部件的触点上。

判断故障出自哪个系统普遍采用的方法是：首先置电梯于"检修"工作状态，在轿厢平层位置（在机房、轿顶或轿厢操作）点动电梯慢上或慢下来确定。为确保安全，首先要确认所有厅门必须全部关好并在检修运行中不得再打开。因为电梯在检修状态下上行或下行，电气控制电路是最简单的点动电路，按钮按下多长时间，电梯运行多长时间，不按按钮电梯不会动作，需要运行多少距离可随意控制，速度又很慢，轿厢运行速度小于 0.63 m/s，所以较安全，便于检修人员操作和查找故障所属部位，这是专为检修人员设置的功能。电动回路没有其他中间控制环节，它直接控制电梯拖动系统，电梯在检修运行过程中检修人员可细微观察有无异常声音、异常气味，指示信号是否正常等。电梯点动运行只要正常，就可以确认，主要机械系统和电气系统中的主拖动回路没有问题，故障出自电气系统的控制电路中；反之，不能点动电梯运行，故障就出自电梯的机械系统和电气系统主拖动电路。

1. 机械系统的故障

1）机械系统故障形成的基本原因

（1）连接件松脱引起的故障。故障电梯在长期不间断运行过程中，由于振动等原因而造成紧固件松动或脱落，机械零部件发生位移、脱落或失去原有精度，从而造成磨损，碰坏电梯机件而造成故障。

（2）自然磨损引起的故障。机械零部件在运转过程中，必然会产生磨损，磨损到一定程度必须更换新的零部件，所以电梯必须在运行一定时期后进行检修，提前更换一些易损件，不能等出了故障再更换，那样就会造成事故或不必要的经济损失。平时日常维修中需要及时地调整、保养，电梯才能正常运行。若不能及时掌握滑动、滚动运转部件的磨损情况并加以调整，就会加速机械磨损，从而造成零件因机械磨损而失效，造成故障或事故。如曳引绳磨损到一定程度必须及时更换，否则会造成大的事故；各部运转轴承等都是易损件，必须定期更换。

（3）机械疲劳造成的故障。某些机械零部件经常不断地长时间受到弯曲、剪切等应力，会产生机械疲劳现象，机械强度塑性减小。某些零部件受力超过强度极限，产生断裂，造成机械事故或故障。如曳引绳长时间受到拉应力，又受到弯曲应力，又有磨损产生，更严重时受力不均，某股绳可能受力过大首先断裂，增加了其余股绳的受力，造成连锁反应，最后全部断裂，可能发生重大事故。

（4）润滑不良引起的故障。润滑油的作用是减少摩擦力、减少磨损、延长机械寿命，同时还起到冷却、防锈、减震等作用。若润滑油太少、质量差、品号不对或润滑不当，会造成机械零部件的过热、烧伤、抱轴或损坏。

所以日常做好维护保养工作，定期润滑有关零部件，检查有关紧固件情况，调整机件的工作间隙，就可以大大减少机械系统的故障。

2）机械系统的故障诊断与排除方法

（1）电梯机械系统发生故障时，维修工应向电梯司机、管理员或乘客了解出现故障时的情况和现象。如果电梯仍可运行，可让司机采用点动方式操作让电梯上、下运行，维修工通过耳听、手摸、测量等方式分析判断故障点。

（2）故障发生点确定后，按有关技术规范的要求，仔细进行拆卸、清洗、检查测量。通过检查，确定造成故障的原因，并根据机件的磨损和损坏程度进行修复或更换。

（3）电梯机件经修复或更换后，投入运行前需经认真检查和调试后，才可交付使用。

2. 电气控制系统的故障

1）电梯电气控制系统的故障类型

（1）控制板故障。在整个电气控制系统中，其核心部分是控制板。它是通过各种电气元件来传送信号，继而控制电梯运行的。在电梯控制操作过程中，控制板若受到电磁干扰以及散热不良等问题的影响，就会发生软件的故障，使得电梯无法正常运行。在日常的使用中一定要注意控制板抗干扰的保护工作。

（2）变频器故障。在电梯控制中变频器装置的有效配置，可以更好地控制电梯的运行速度。变频器是通过改变电源的参数，从而有效地控制电动机的转速，继而将电梯的整体运行控制到位。通常来讲，驱动板的故障与过电流故障、充电电阻被烧毁的故障以及过载故障等，是较为常见的变频器故障。若在电梯起动以及停止的时候有很强的抖动状况出现，则多半是变频器的驱动板故障。可参考变频器专用操作手册来实现高效率的故障排查。

（3）继电器故障。在电梯的整体运行过程中，若继电器触点通过的电流过大，引起了电弧的烧蚀，则会使得接触器触头发生热粘连，继而使得电路发生短路，倘若有严重状况时，则多半是周边的元器件受到损坏、发生其他故障。如若在继电器之中，其弹簧片丧失弹性或出现老化等，则会出现短路状况。在检修的过程中，应检查继电器的外观及接线柱、触头，并细致地清除灰尘。

（4）安全回路故障。在整个电气控制系统之中，安全回路属于关键的电气回路部分，其能够预防电梯冲顶及撞底故障的出现。倘若电梯未按所设定的指令来运行，发生失速失控故障时，安全回路会控制安全继电器自动断开，电梯减速并停止运行。

（5）门电锁回路故障。在电梯电气系统的故障检修过程中发现，门锁故障频率比较高。如若轿厢门与厅门未关闭，门锁继电器亦不会吸合，电梯是不能常规运行的。通常来讲，门锁电气的开关出现损坏、接触不良等各类故障，都将使得电梯的运行受到干扰，继而发生故障。如开关运行故障以及扒门停梯故障，都会有较大的潜在风险。故而，在检修时，应着重检查门锁短接问题及门锁触点的粘连等，找出故障原因，采取可靠的检修措施，消除隐患。

（6）电磁干扰方面的故障。电梯的运行中比较容易被电磁干扰，继而造成故障。通常而言，若外部的电网与变频器装置存在电磁辐射的深度干扰，电梯控制信号就无法正常传输。此外，控制器以及电子芯片、通信设备等受到电磁干扰，都会造成控制器终止运行，或引起通信设备的问题，继而引起故障。因此，为了减少电磁干扰，应使弱电与强电线路分开，要隔离控制板以及高频动力线，防止相互干扰。

2）电气控制系统的故障诊断方法

当电梯控制电路发生故障时，首先要问、看、听、闻，做到心中有数，所谓问，就是询问操作者或报告故障的人员故障发生时的现象情况，查询在故障发生前是否做过任何调整或更换元件工作；所谓看，就是查看每一个零件是否正常工作，看控制电路的各种信号指示是否正确，看电气元件外观颜色是否改变等；所谓听，就是听电气系统工作时是否有异响；所谓闻，就是闻电路、电气元件是否有异常气味。在完成上述工作后，便可采用下列方法查找电气控制电路的故障。

（1）故障代码诊断法。当前运用的故障诊断的方法基本是在电气系统的子系统及模块的基础上来展开故障排查作业，借助故障代码处理来诊断以及评估故障发生的范围，继而提升故障诊断率。每一个故障代码都会有自己的意义，会表示单独的故障问题，只要故障代码识别正确，就能够快速判断其对应的故障。

（2）静态电阻测量法。静态电阻测量法就是在断电情况下，用万用表电阻挡测量电路的阻值是否正常，从而判断故障点。

（3）电位测量法。当静态电阻测量法无法确定故障点时，可在通电情况下进行测量各个电子或电气元件的两端，因为在正常情况下，电流闭环电路上各点电位是一定的，所谓各点电位就是指电路元件上各个点对地的电位是不同的，而且有一定的大小要求，电流是从高电位流向低电位，顺电流方向去测量电气元件上的电位大小应符合这个规律。所以用万用表去测量控制电路上有关点的电位是否符合规定值，就可判断故障点所在，然后再判断引起电流值变化的原因，是电源不正确，还是电路有断路，还是元件损坏造成的。

（4）短路法。控制环节的电路都是由开关或继电器、接触器触点组合而成的。当怀疑某个或某些触点有故障时，可以用导线把该触点短接，此时通电若故障消失，则证明判断正确，说明该电气元件已坏。但注意，当做完发现故障点试验后要立即拆除短接线，不允许用短接线代替开关或开关触点。

（5）断路法。控制电路还可能出现一些特殊故障，如电梯在没有内选或外呼指示时就停层等。这说明电路中某些触点被短接了，查找这类故障的最好办法是断路法，就是把怀疑产生故障的触点断开，如果故障消失了，说明判断正确。断路法主要用于"与"逻辑关系的故障点。

（6）替代法。根据上述方法，发现故障出于某点或某块电路板，此时可把认为有问题的元件或电路板取下，用新的或确认无故障的元件或电路板代替，如果故障消失则判断正确；反之，需要继续查找，往往维修人员对易损的元器件或重要的电子板都备有备用件，一旦有故障马上换上一块就解决问题了，故障件带回来再慢慢查找修复，这也是一种快速排除故障的方法。

（7）经验法。为了能够做到迅速排除故障，除了不断总结自己的实践经验，还要不断学习别人的实践经验。

3）电气系统排除故障的基本思路

电气控制系统有时故障比较复杂，而且现在电梯都是微机控制，软硬件交织在一起，这就要求我们遇到故障时，首先思想不要紧张，厘清思路。排除故障时遵循：先易后难、先外后内、综合考虑的原则。

电梯运行中比较多的故障是开关接点接触不良引起的故障，所以判断故障时应根据故障及柜内指示灯显示的情况，先对外部线路、电源部分进行检查，即门触点、安全回路、交直流电源等，只要熟悉电路，依次查找，很快即可解决。

4）检测接触不良的方法

（1）在控制柜电源进线板上，通常接有电压表，观察运行中的电压，若某相电压偏低且波动较大，该相可能就有虚接部位。

（2）当接点接触不良时会发热。所以，用点温计测试每个连接处的温度，找出发热部位，打磨接触面，拧紧紧固螺钉。

（3）用低压大电流测试虚接部位。将总电源断开，再将进入控制柜的电源断开，装一套电流发生器，用 10 mm² 铜芯电缆临时搭接在接触面的两端，调压器慢慢升压，短路电流达到 50A 时，记录输入电压值。按上述方法对每一个连接处都测一次，记录每个接点电压值，哪一处电压高，就是接触不良点。

（4）随行软电缆内部折断虚接测试法。当某根电缆有时通时断接触不良现象时，接通短路电流升至 8 A，调压器定位不动，连续开合 15 次，每次接通时间 2～3 min，如果发现电流表指针不动，说明折断电缆已被测试电源烧断；若电流值不变，证明此线没有折断。

3. 电梯常见故障的分析与排除（见表 5-2）

表 5-2　电梯常见故障的分析与排除

故障现象	故障原因	排除方法
电梯电源有电，而电梯不工作	电梯安全回路发生故障，有关线路断了或松开	检查安全回路继电器是否吸合，如果不吸合，线圈两端电压又不正常，则检查安全回路中各安全装置是否处于正常状态和安全开关的完好情况，以及导线和接线端子的连接情况
	电梯安全回路继电器发生故障	检查安全回路继电器两端电压，电压正常而不吸合，则安全回路继电器线圈烧坏断路。如果吸合，则安全回路继电器触点接触不良，控制系统接收不到安全装置正常的信号
电梯能自动关门，但关门后电梯不能起动	本层厅门机械门锁没有调整好或损坏，不能使门电锁回路接通，从而使电梯不起动	调整或更换门锁，使其能正常接通门电锁回路
	本层层门机械门锁工作正常，但门电锁接触不良或损坏，不能使门电锁回路接通，使电梯起动	保养和调整或更换门电锁，使其能正常接通门电锁回路
	门电锁回路有故障，有关线路断开了或松动	检查门电锁回路继电器是否吸合，如果不吸合，线圈两端电压又不正常，则检查门电锁回路的其他元件接触情况，使其正常
	门电锁回路继电器故障	检查门电锁回路继电器两端电压，电压正常而不吸合，则门电锁回路继电器线圈断路。如果吸合，则门电锁回路继电器触点接触不良，控制系统接收不到厅门、轿门关闭的信号
电梯能开门，但不能自动关门	关门行程限位开关（或光电开关）动作不正常或损坏	调整或更换关门行程限位开关（或光电开关），使其能正常工作
	开门按钮动作不正常（有卡阻现象不能复位）或损坏	调整或更换开门按钮，使其能正常工作
	门安全触板或光幕光电开关动作不正常或损坏	调整或更换安全触板或光幕光电开关，使其能正常工作

项目 5　电梯的检修

续表

故障现象	故 障 原 因	排 除 方 法
电梯能开门，但不能自动关门	关门继电器失灵或损坏	检修或更换关门继电器，使其正常
	超重装置失灵或损坏	检修或更换超重装置，使其正常
	本层层外召唤按钮卡阻不能复位或损坏	检修或更换本层层外召唤按钮，使其正常
	有关关门线路断了或接线松开	检查有关线路，使其正常
电梯能开门，但按下关门按钮不能关门	关门按钮触点接触不良或损坏	检修或更换关门按钮，使其正常
	关门行程限位开关（或光电开关）动作不正常或损坏	调整或更换关门行程限位开关（或光电开关），使其正常
	开门按钮动作不正确（有卡阻现象不能复位）或损坏	调整或更换开门按钮，使其正常
	门安全触板或光幕光电开关动作不正确或损坏	调整或更换安全触板或光幕光电开关，使其正常
	关门继电器失灵或损坏	检修或更换关门继电器，使其正常
	超重装置失灵或损坏	检修或更换超重装置，使其正常
	本层层外召唤按钮卡阻不能复位或损坏	检修或更换本层层外召唤按钮，使其正常
	有关关门线路断了或接线松开	检查有关线路，使其正常
电梯能关门，但电梯到站不开门	开门继电器失灵或损坏	检修或更换开门继电器，使其正常
	开门行程限位开关（或光电开关）动作不正常或损坏	调整或更换开门行程限位开关（或光电开关），使其正常
	电梯停车时不在平层区域	查找停车不在平层区域的原因，排除故障后，使电梯停车时在平层区域
	平层感应器（或光电开关）失灵或损坏	检修或更换平层感应器（或光电开关），使其正常
	有关开门线路断了或接线松开	检查有关线路，使其正常
电梯能关门，但按下开门按钮不开门	开门继电器失灵或损坏	检修或更换开门继电器，使其正常
	开门行程限位开关（或光电开关）动作不正确或损坏	调整或更换开门行程限位开关（或光电开关）
	开门按钮触点接触不良或损坏	检修或更换开门按钮，使其正常
	开门按钮动作不正确（有卡阻现象不能复位）或损坏	调整或更换开门按钮
	有关开门线路断了或接线松开	检查有关线路，使其正常
电梯不能开门和关门	门机控制电路故障，无法使门机运转	检查门机控制电路的电源、熔断器和接线线路，使其正常
	门机故障	检查和判断门机是否不良或损坏，修复或更换门机
	门机传动带打滑或脱落	调整传动带的张紧度或更换新传动带
	有关开门线路断了或接线松开了	检查有关线路，使其正常
	层门、轿门挂轮松动或严重磨损，导致门扇下移拖地，不能正常开关门	调整或更换层门、轿门挂轮，保证一定的门扇下端与地坎间隙，使厅门、轿门能正常工作

素质提升

不负韶华　与国共进

电梯维保人员职业素养要求主要包括：安全意识、合作与沟通能力、社会责任心和服务意识、自主学习能力等。

1. 安全意识

电梯维保工作安全主要涉及维保期间其他人的人身安全和维保人员自身的安全，因此平时都要严格按实际工作规范要求摆放防护栏和设置安全警戒线。维保人员自身的安全则需要严格遵守操作规程，规范佩戴安全带、安全帽，规范进入轿顶、底坑等操作空间。这要成为工作习惯。

2. 合作与沟通能力

电梯维保工工作过程中，要求两人或以上配合进行维修保养工作，当两人处于不同操作空间时，应用对讲系统保持实时通话，一方面是确保双方的人身安全，另一方面提高工作效率。因此，在电梯维保过程中，通过两人或多人共同维修来提高团队合作、沟通交流能力。

3. 社会责任心和服务意识

电梯关乎使用者的生命安全，因此电梯维保工要有社会责任心，要对别人的生命安全负责。电梯的维保属于电梯售后服务的一部分，在工作中注重社会责任心和服务意识的逐步养成，做事要有责任心，要对别人的生命负责。

4. 自主学习能力

随着技术的更新换代，电梯的控制系统、功能电路、电器元件等也必将发生变化，要想紧跟时代步伐，就要求维保工要有较强的自主学习能力。与社会同步发展。

5. 工匠精神

工匠精神在电梯故障维修中主要体现在注重细节、耐心执着、精益求精等方面。在更换紧固导线时，安装完成后要用力拉扯导线，确保导线安装牢固可靠。在利用万用表进行测量时，不能测错测量点，测错可能导致无法正确维修电路，甚至导致万用表、元器件损坏。

通过这些细节的操作，培养认真细致、精益求精的工作精神。电路维修不是一蹴而就的，可能要花费几小时甚至几天进行研究和测量，要有不排除故障不罢休的耐心和执着。逐步培养不畏困难，勇于登攀的工匠精神。

6. 爱国主义精神

现今，我国正由制造业大国迈向制造业强国。但对于电梯这个行业，我国与发达国家相比还有差距，我们的国家荣誉感和爱国主义精神，要求我们要努力在技能上取得提高、技术取得突破，让我国电梯行业技能、技术不受制于人，为祖国繁荣发展奉献自己力量。

任务拓展

电梯的日常维修保养

1. 目的

规范电梯维修保养工作，确保电梯各项性能完好。

2. 适用范围

适用于管辖区内的电梯维修保养。

3. 电梯维修保养的程序要点

（1）《电梯维修保养年度计划表》的制定：

①每年的12月份，由电梯操作人员和电梯机电维修人员一起研究、制定《电梯维修保养年度计划表》并上报审批。

②制定《电梯维修保养年度计划表》的主要依据是：电梯使用的频度；电梯的运行状况（故障隐患）；合理时间（避开节假日、特殊活动日等）。

③《电梯维修保养年度计划表》包括如下内容：

a. 维修保养项目及内容。

b. 备品、备件计划。

c. 具体实施维修保养的时间。

d. 预计费用。

（2）电梯机电维修人员进行电梯维修保养时，应按《电梯维修保养年度计划表》要求进行。

（3）电梯维修保养安全操作规程：

①维修保养前的安全准备工作：

a. 在电梯基站门口处放置"检修停用"标牌。

b. 关好厅门。不能关厅门时，用合适的护栅挡住入口处，防止无关人员进入电梯轿厢或进入电梯井道。

c. 有人在轿顶上做检修工作时，必须按下轿顶检修箱上的检修开关并关好厅门。

②维修过程中的安全注意事项：

a. 给转动部位加油、清洗或观察曳引绳的磨损情况时必须关停电梯。

b. 人在轿顶上工作时，站立之处应有一定的安全空间，脚下不得有油污，否则应打扫干净，以防滑倒。

c. 人在轿顶上准备开动电梯以观察有关电梯零部件的工作情况时，必须牢牢握住防护栏，并应注意整个身体置于轿厢外框尺寸之内，防止被其他部件碰伤。需要由轿内维修人员开电梯时，要交代和配合好，未经轿顶维修人员许可不准开动电梯。

d. 禁止在维修工作时吸烟。

e. 检修电器部件时应尽可能避免带电作业，必须带电操作或难以在完全切断电源的情况下操作时，应预防触电，并应有监护人、必备的工具和材料，特别应注意预防电梯突然起动运行。

f. 使用的维修手持灯必须采用带护罩的、电压为36 V以下的安全灯。最好使用手电筒。

g. 严禁维修人员站在井沿处向井道内探身，严禁维修人员两只脚分别站在轿厢顶与厅门地面进行长时间的维修操作。

h. 底坑深度超过1.5 m的，应使用梯子上下，禁止攀附线缆和轿底其他部位上下。进入底坑后，应将底坑检视灯箱上的急停开关或限速器张紧装置的断绳开关断开。

i. 应尽量避免在井道内上下同时作业，必须同时作业时，下方作业人员戴上安全帽；维修未完，维修人员需暂时离开现场时，应做到：
- 关闭所有厅门，暂时关不上的，必须设置明显标示物，设置安全围挡，并在该厅门口悬挂"危险、切勿靠近"警告牌，并派人看守。
- 切断电梯总电源开关。
- 排除热源，如电烙铁、电焊、喷灯等。

③维修保养工作结束后应做到：

a. 将所有开关恢复到原始状态，检查维修工具、材料有无遗落在设备上。

b. 清点工具、材料，打扫工作现场，摘除悬挂的警告牌。

c. 通电试运行，观察电梯运行情况，发现异常及时整改。

d. 电梯试运行正常后，通知有关人员电梯恢复正常运行。

（4）电梯机电维修人员负责电梯的日常维修保养工作（清洁、润滑、调整、测试和安全装置效能检查），电梯的大中修可委托专业厂家进行。

（5）电梯机电维修人员每3个月对电梯主要零部件进行一次检查、清洁、润滑，着重对安全装置效能检查。对电梯进行保养时，可以一台电梯的全部保养项目一次性进行，也可以对辖内所有电梯分项目进行保养。主要保养项目如下：

①检查曳引电动机、减速箱有无异常噪声；检查润滑情况，对曳引电动机轴承加注润滑油，减速箱加入蜗轮蜗杆润滑油。

②检查曳引电动机和减速箱联轴器弹性圈有无损伤，如有则应更换弹性圈；检查曳引电动机、减速箱地脚螺栓有无松动现象，如有则应紧固。

③检查制动器电磁铁与铜套间是否润滑良好、动作是否灵活无阻碍，否则应加润滑剂；检查各固定螺栓、弹簧调节螺母是否紧固无松动，如松动则应拧紧；检测制动器温升，不得超过60℃。

④轿厢门直流电动机电刷的磨损量如果超过新装时厚度的1/3时，则应更换。

⑤检查限速器旋转销轴处，并加注润滑油；检查限速器轮、张紧轮轮槽有无异常磨损，如磨损严重则应更换并做必要调整；曳引绳应完好无油污；限速器夹绳钳口处应无油污或异物；地脚螺栓应紧固，无松动现象。

⑥检查张紧装置动作是否灵敏可靠，否则应调整；检查限位开关是否处于正常位置，如未在正常位置则应调整。

⑦检查安全钳传动连杆动作是否灵活无卡阻，如果有阻滞现象则应调整，并对各传动处加注润滑油。安全钳楔块与导轨的间隙应为2~4 mm；安全钳钳口应清洁无油污。

⑧清洁控制柜内各元器件，检查接触器、继电器动作是否正常，有无异常声响，触点有无打火、熔焊、积炭现象。如有，则应进行整修。整修达不到要求的，则应更换同型号规格的接触器、继电器；检查熔断器有无松动、发热现象，若有则应处理并拧紧；检查各仪表、信号灯是否正常，如损坏则应予以更换。

⑨检查机械选层器钢带有无断齿、开裂和扭曲现象，若有则应更换钢带；检查各传动机构动作是否灵活无阻滞，如阻滞则应对各传动部位加润滑油；检查电气触点或开关接触是否良好，

否则应擦拭或修理。

⑩清除轿门、各厅门导轨的灰尘、油污。

⑪检查各厅门门锁接触是否良好，否则应修理；门锁转动部位应注入润滑油；检查操纵箱按钮、开关操作是否灵活可靠，失效的应及时更换。

⑫检查自动门传动机构、安全触板传动机构是否正常；各部位螺钉、定位装置是否紧固；门机传送带有无损伤，开关门动作是否灵活可靠，轿厢门限位开关、减速开关、门锁接点、电阻器等有无损坏。要求门刀距厅门地坎 5～8 mm，运行中门刀不能碰门轱辘，门刀与门轱辘间隙为 3 mm，厅门不能从外面用手扒开。对各转动轴加润滑油，保证转动灵活自如，安全触板动作灵敏可靠。

⑬检查轿厢和对重导靴油盒中油量（正常应为2/3 油盒），缺油应及时补充；检查滚轮导靴胶皮有无开裂、膨胀，如开裂、膨胀则应更换。

⑭检查断相保护、超速保护、机械联锁、厅门和轿门机电联锁、油压缓冲器复位开关、急停开关、安全钳开关、检修开关、终端限位安全装置是否动作可靠，对不符合要求的要调整或更换，对传动部位应加润滑油。

⑮清除对重架、对重块、缓冲器上的杂物，清扫底坑、清洁接油盒。

⑯检查并紧固感应器各部位螺栓，清除各部位尘土、污物。

⑰检查每根曳引绳张力是否一致，绳有无伸长，如伸长则应进行相应调整。曳引轮绳槽应清洁无油污。

⑱检查导轨连接板、压道板的连接螺栓是否紧固，如松动则应拧紧。

⑲做好中间接线盒外部清洁，紧固各端子板压线螺母。

（6）电梯机电维修人员应将上述维修保养工作清晰、完整、规范地记录在《维修保养记录表》内，并整理成册后存档，保存期为长期。

项目总结

（1）掌握电梯的结构组成和工作原理是进行电梯故障诊断与修理的基础。

（2）电梯故障诊断与修理的一般步骤要点：先初步分析和判断，依据故障现象，分析故障原因，分清是外部因素还是内在原因造成的；确定故障检查部位；然后拆卸检查，分析确定故障原因，进行修复；最后试车验收。

知识巩固练习

一、判断题

1. 额定载荷 1 000 kg 以下的电梯可以使用任何类型的缓冲器。　　　　　　（　　）
2. 制动器在正常情况下，通电时保持制动状态。　　　　　　　　　　　　（　　）
3. 电梯限位开关动作后，切断危险方向运行，但可以反向运行。　　　　　（　　）
4. 门锁的电气触点是验证锁紧状态的重要安全装置，普通的行程开关和微动开关是不允许用的。　　　　　　　　　　　　　　　　　　　　　　　　　　　　（　　）

5. 导向轮的主要作用是调整曳引绳与曳引轮的包角。（   ）
6. 电梯的每次运行过程分为启动加速、平稳运行和减速停止3个阶段。（   ）
7. 电梯速度是影响舒适感的主要因素。（   ）
8. 机房所有转动部位须涂成红色，并有旋转方向标志。（   ）
9. 电梯司机发现电梯运行异常时，应记入运行记录后继续运行，待维修人员到达时进行停梯修理。（   ）
10. 电梯机房严禁闲杂人员进入。（   ）
11. 电梯出现关人时，一名维修人员即可完成盘车放人操作。（   ）
12. 由司机操纵的电梯在使用中，不经允许不得使电梯转入自动运行状态。（   ）
13. 电梯层门钥匙任何人都可以使用。（   ）
14. 电梯维修、保养人员少量引酒后，不影响其安全工作。（   ）
15. 曳引绳应每月用汽油清洗。（   ）
16. 地坎槽中有异物可能造成电梯无法启动。（   ）
17. 短接层门联锁开关后使电梯运行，是电梯维修中经常使用的故障判断方法。（   ）
18. 电梯维修、检查中，严禁身体横跨于轿顶和层门间工作。（   ）

二、简答题

1. 试述电梯的结构组成及其基本工作原理。
2. 试述电梯电气控制系统的基本组成及其基本工作原理。
3. 电梯的主驱动系统有哪几类？分别适用于什么场合？
4. 试述电梯的常见故障及排除方法。
5. 当电梯出现已接受选层信号，但门关闭后不能启动的故障时，应该如何排除？

技能评价

本项目的评价内容包括专业能力评价、方法能力评价及社会能力评价3个部分。其中自我评分占30%、组内评分占30%、教师评分占40%，总计为100%，见表5-3。

表5-3　学习情境5 综合评价表

类别	项目	内容	配分	考核要求	扣分标准	自我评分 30%	组内评分 30%	教师评分 40%
专业能力评价	任务实施计划	1. 态度及积极性； 2. 方案制定的合理性； 3. 安全操作规程遵守情况； 4. 考勤及遵守纪律情况； 5. 完成任务实施报告	30	目的明确，积极参加任务实施，遵守安全操作规程和劳动纪律，有良好的职业道德和敬业精神，技能训练报告符合要求	方案制定占5分；遵守安全操作规程占5分；考勤及遵守劳动纪律占10分；技能训练报告完整性占10分			

项目 5　电梯的检修

续表

类别	项目	内容	配分	考核要求	扣分标准	自我评分 30%	组内评分 30%	教师评分 40%
专业能力评价	任务实施情况	1. 拆装方案的拟定； 2. 起重设备的正确拆装； 3. 起重设备的常见故障诊断与排除； 4. 简单起重设备的调试； 5. 任务实施的规范化、安全操作	30	掌握起重设备的拆装方法与步骤以及注意事项，能正确分析起重设备的常见故障及修理；能进行系统调试；任务实施符合安全操作规程并功能实现完整	正确选择工具占 5 分；正确拆装起重设备占 5 分；正确分析故障原因拟定修理方案占 10 分；技能训练完整性占 10 分			
	任务完成情况	1. 相关工具的使用； 2. 相关知识点的掌握； 3. 任务实施的完整性	20	能正确使用相关工具；掌握相关的知识点；具有排除异常情况的能力并提交任务实施报告	工具的整理及使用占 10 分；知识点的应用及任务实施完整性占 10 分			
方法能力评价		1. 计划能力； 2. 决策能力	10	能准确查阅工具、手册及图样；能制定方案；能实施计划	查阅相关资料能力占 5 分；选用方法合理性占 5 分			
社会能力评价		1. 团结协作； 2. 敬业精神； 3. 责任感	10	具有组内团结协作、协调能力；具有敬业精神及责任感	团结协作能力占 5 分；敬业精神及责任心占 5 分			
合计			100					

年　　月　　日

项目 6　轨道交通屏蔽门的检修

本项目主要介绍轨道交通屏蔽门（简称"屏蔽门"）日常维护与保养的相关知识，了解其故障类型，掌握其故障诊断原则、故障诊断步骤、故障诊断技术与排除方法，熟知屏蔽门的技术资料，掌握屏蔽门机械装置、控制系统的主要功能、结构特点以及常见故障诊断与排除思路及方法，培养屏蔽门维护、常见故障诊断与排除的基本技能。

知识目标

1. 熟悉屏蔽门技术资料，掌握屏蔽门日常维护内容；
2. 掌握屏蔽门机械装置、传动装置用途、工作原理以及常见故障现象和故障诊断与排除方法；
3. 掌握控制系统基本组成、各部分功能以及常见故障现象和故障诊断与排除方法；
4. 掌握屏蔽门系统工作原理、类型及特点，掌握系统常见故障现象和故障诊断与排除方法。

能力目标

1. 能够查阅技术资料，完成屏蔽门日常维护与管理，具有通过工具查阅图样资料、搜集相关知识信息的能力；
2. 能够利用维修设备及工具，正确分析故障现象并对故障进行分类，具有自主学习新知识、新技术和创新探索的能力；
3. 具有良好的协作工作能力，具有主动工作的自觉性。

素质目标

1. 在知识学习、能力培养中，弘扬民族精神、爱国情怀和社会主义核心价值观；
2. 培养实事求是、尊重自然规律的科学态度，勇于克服困难的精神，树立正确的人生观、世界观及价值观；
3. 通过学习轨道交通屏蔽门的检修，懂得"工匠精神"的本质，提高道德素质，增强社会责任感和社会实践能力，成为社会主义事业的合格建设者和接班人。

任务 6.1　屏蔽门的日常维护

任务导入

屏蔽门是安装于地铁和轻轨交通车站站台边缘，将轨道与站台候车区隔离，设有与列车门相对应，可多级控制开启与关闭滑动门的连续屏障。屏蔽门是集建筑、机械、材料、电子和信息等学科于一体的高科技产品，是地铁站台安全防护的核心设施。屏蔽门的维护保养可以延长屏蔽门各零部件、系统和各种装置的使用寿命，可以预防故障及事故的发生。

屏蔽门故障发生的原因一般都比较复杂，故障的种类也多样。屏蔽门发生的故障主要从机械、接口、电气等这三者综合反映出来，使得系统全部或部分丧失功能，设备无法正常工作。

屏蔽门的点检，就是按有关维护资料的要求和相关规定，对屏蔽门进行定点、定时的检查和日常维护保养。技术资料是机床维护保养及维修的指南，它在设备维护保养及维修工作中，可以提高维修工作效率和维修的准确性。

屏蔽门故障有很多类型，它可以按故障发生的部位、故障的性质、故障发生后有无报警、故障发生的原因、发生故障的后果等多种方法进行分类。其故障诊断方法有观察检查法、系统自诊断法、参数检查法、功能测试法、部件交换法、测量比较法和原理分析法等几种。

本任务将介绍屏蔽门相关技术资料及日常维护保养的内容、屏蔽门常见故障的类型、故障诊断的方法及故障检测维修原则，通过日常维护典型实例，学习屏蔽门的日常维护及常见故障诊断方法。

知识准备

1. 屏蔽门系统功能及种类

随着国家积极财政政策的实施，我国轨道交通建设进入高速发展期。目前我国城际轨道交通建设处于快速发展和不断完善过程，改善轨道交通系统工程及配套设施，优化候车环境，提高城市交通水平，将是一种必然的要求和趋势。屏蔽门系统是应用在城市轨道交通中的一种安全装置。它是围绕地铁站台边缘设置的局部可控开关的隔离屏障，将列车与地铁站台候车区域隔离开来。当列车到达和出发时可自动开启和关闭，为乘客营造一个安全、舒适的候车环境。我国大部分城市的地铁已经安装了或即将安装屏蔽门系统。作为一项安防技术的应用，屏蔽门系统在城市轨道交通中发挥了非常重要的作用。

（1）屏蔽门系统功能。通过安装屏蔽门系统，有效地减少了空气对流造成的站台冷热气的流失，减少了列车运行产生的噪声及活塞风对车站的影响，保障了列车和乘客上下车及进出站时的安全，提供了舒适的候车环境，提高了地铁运营社会效益。据地铁行业运营报告，地铁屏蔽门系统使空调设备的冷负荷减少35%以上，环控机房的建筑面积减少50%，空调能耗降低了30%，总结起来屏蔽门在地铁运营中具有不可替代的重要作用：屏蔽门可以防止人和物体落入轨道和非法闯入隧道，安装屏蔽门系统可杜绝因此引发的事故、延迟运营与增加额外成本等；减少站台区与轨行区之间气流的交换，降低通风空调系统的运营能耗；成为铁路车辆和车站基础设施之间的紧急栏障安全系统；减少列车运行噪声及活塞风对站台候车乘客的影响，改善乘客候车环境；保障乘客和工作人员的人身安全，阻挡乘客进入轨道，拓宽乘客在站台候车的有效站立空间；有效管理乘客，当列车停靠在正确的位置上，乘客才可以进入列车或站台；在火灾或其他故障模式下，可以配合相关系统进行联动控制；可以利用屏蔽门设置广告显示屏，达到资源的最大利用化，同时对车站整体空间布置进行优化。

（2）根据结构形式，屏蔽门有以下几种：

①全封闭式屏蔽门，如图 6-1 所示。它是一道自上而下从站台地板至天花板间全封闭式玻璃隔离墙和闸门，沿着车站站台边缘和两端头设置，能把站台候车区与列车进站停靠区完全隔离。这种屏蔽门系统的主要功能是增加安全性、节约能耗以及降低噪声等。适合新建或已运营运路段增建站台门的轨道交通系统。

图 6-1 全封闭式屏蔽门

②全高式屏蔽门，如图 6-2 所示。又称准屏蔽门，它是一道上不封顶的玻璃隔离墙和活动门或不锈钢篱笆门。只于近天花板处留下一缝隙，或者直接与车站的空间连通，这样的设计允许轨道与站台间有空气对流。与全封闭式屏蔽门相比，安装位置基本相同，但结构简单，高度低，空气可以通过屏蔽门上部流通，造价也低。它主要是起一种隔离的作用，提高站台候车乘客的安全，同时它也还能起到一定的降噪作用。全高式屏蔽门适合新建或已运营运路段增建站台门的轨道交通系统。

图 6-2 全高式屏蔽门

③半高式屏蔽门，如图 6-3 所示。在站台地板至天花板间提供一个半封闭式的闸门，虽然其遮蔽的范围仅一半而已，但其提供的安全保护一点都没有打折扣，乘客依然于安全的环境下

候车。半高式屏蔽门同样适合新建或已运营运路段增建站台门的轨道交通系统。

图 6-3　半高式屏蔽门

2. 屏蔽门系统的组成

屏蔽门系统由机械和电气两部分构成,机械部分包括门体结构和门机系统,电气部分包括电源和控制系统。下面将重点介绍门机系统结构和工作原理。

门体结构是安装在站台边缘,由门体框架、滑动门、应急门、端门和固定门等组成的。滑动门关闭时可作为车站站台公共区与隧道区域的屏障;打开时,为乘客提供上、下列车的通道,也可作为在车站隧道区域发生火灾或故障时乘客的疏散通道。滑动门设有锁紧和障碍物探测两种安全装置。应急门除屏蔽作用外,在列车进站停车时,由于列车故障无法将列车车门与滑动门对准时,为乘客疏散提供应急通道。

门机系统主要由门控单元(DCU)、直流无刷电动机及减速箱、驱动带、电磁闸锁、模式开关、就地供电源单元、指示灯和控制线路等组成。DCU 内装有一个微处理器,是存储数据、电动机速度曲线和软件的存储单元,并具有自诊断功能;微处理器提供脉宽调制(PWM)驱动信号,用于驱动直流无刷电动机,在此控制方式下 DCU 将监测电动机的电动势、电流和位置,实现电动机的四象限运行,从而对门的整个运行过程进行制动和加速控制;电动机转轴与减速箱直接连接;每道滑动门单元均有一套电磁式门锁紧装置(即电磁闸锁),闸锁上装有四个开关,两个是锁闭监测安全开关,这两个安全开关用于证实锁是否已经可靠闭合锁紧,另外两个是应急安全开关,用以证实滑动门是否因滑动门上的手动解锁装置动作而打开过;门机是以 DCU 为核心的,在屏蔽门打开前,屏蔽门单元控制器(PEDC)或站台就地控制盘(PSL)向其发出 OPEN 和 ENABLE 硬线指令,电磁闸锁开始解锁,当 DCU 确定门已经解锁时,将驱动直流无刷电动机通过减速箱带动驱动带,驱动带拖动门挂板(挂板内装有滑动轮)实现滑动门开门,门完全打开后停留在打开位置,直至 PEDC 或 PSL 取消"开门"命令,门才会关闭并将保持在"关闭和锁紧"状态;每侧站台的 DCU 采用 CAN BUS 总线与 PEDC 连接,构成分布式控制网络;门机内部元器件均采用模块化结构,便于安装和维修。

电源包括驱动 UPS、控制 UPS、配电柜等。

控制系统是由 PEDC、PSL、屏蔽门远方报警盘(PSA)、DCU、安全继电器、CAN BUS 总线和控制线路等组成的。

3. 屏蔽门的控制方式

屏蔽门系统具有系统级、站台级和就地级三种控制方式：

（1）系统级控制方式（最低级）：列车到站并停在允许的误差范围内时．由列车驾驶员在驾驶室内进行开门操作，控制命令经信号系统（SIG）发送至中央控制盘（PSC），由 PEDC 发出 OPEN 和 ENABLE 信号，通过门控单元（DCU）进行自动控制滑动门开/关门，实现屏蔽门的系统级控制操作。

（2）站台级控制方式：当系统级控制不能正常实现时，列车驾驶员在站台就地控制盘（PSL）上进行开/关门操作，控制命令经安全继电器通过 DCU 进行控制，实现屏蔽门的站台级控制操作。

（3）手动操作控制方式（最高级）：当控制系统电源故障或个别屏蔽门操作机构发生故障时，站台工作人员在站台侧用钥匙或乘客在轨道侧用开门把手打开屏蔽门。

门单元具有自动、测试和隔离三种控制模式：正常状态下门应处于自动模式，测试模式是维修人员检修时使用的，隔离模式是在门单元发生故障供站台工作人员使用，将故障的门单元隔离出系统，不再参与整个系统的运作以减少对系统和乘客的影响；在测试和隔离模式下门单元将不再接受系统级和站台级控制信号的控制，并旁通关闭和锁紧信号。

屏蔽门的配电系统：由低压配电系统提供 2 路独立 380 V、50 Hz 的三相交流电源与驱动 UPS 和控制 UPS 连接，驱动 UPS 输出与驱动电源配电盘连接，配电盘装有各个门机单元内的门单元就地供电单元（LPSU）的断路器；每个车站分 10 路馈出，每侧站台分为 5 路馈出，每一回路将对应 6 节车厢 5 门单元中的一个车门，因此单一供电电路的故障只会影响一节车厢中一个车门相对应的一个屏蔽门单元；驱动 UPS 将为两侧站台共 60 个（每侧 30 个）屏蔽门提供驱动电源；驱动 UPS 能够为所有的 60 个门控单元提供 30 min 的静止载荷或完成 60 个门控单元开关门 3 次的要求；控制 UPS 能够为 PEDC、PSL 和 PSA 提供 30 min 持续工作的要求。

屏蔽门的信息传递：在屏蔽门系统信息传递中分为关键信号和非关键信号，关键信号的传递采用硬线连接，主要有信号系统至 PEDC 开关门命令、关闭和锁紧信号均采用双触点串联以提高系统的可靠性，ENABLE 信号采用奇偶数门两路分别传送给奇数门和偶数门，当一路发生故障时只会影响一半门的开关；非关键信号的传递采用软线连接，DCU 与 PEDC 之间是通过两条双向 CAN BUS 总线来传递非关键控制指令和状态信息；PEDC 与 PSA、EMCS（机电控制系统）之间采用双 RS-485 来传递屏蔽门的即时状态信息，便于站台和车站控制室工作人员监视屏蔽门的状态。

屏蔽门的绝缘：屏蔽门的门体框架与车站地是绝缘的，门体框架通过导线与轨道连接，实现与轨道等电位；站台边缘 2.1 m 宽的地板均做绝缘处理，以避免产生跨步电压对人身造成危害。

安全方面：

（1）屏蔽门在设计上均可在站台侧或轨道侧手动打开屏蔽门，便于乘客疏散；

（2）当车站或区间、列车发生火灾时，经车站工作人员确认后，可以在车站控制室消防联动盘操作屏蔽门火灾模式开关，控制屏蔽门开门，配合车站通风系统工作；

（3）在系统级的控制方式下，当屏蔽门全部关闭但信号系统未收到"关闭和锁紧"信号或因个别门发生故障使信号系统未收到"关闭和锁紧"信号致使列车无法离开站台，此时需要人工确认屏蔽门是否已关闭和锁紧，并操作 PSL 上的"关闭和锁紧忽略"自复开关给信号系统直至列车离开站台后，才可以松手以确保安全；

（4）滑动门具有障碍检测功能，当滑动门检测到障碍物时，门将打开并后退 50 mm 的距离，以释放障碍物，然后再次关门，以免夹伤乘客。

4. 屏蔽门系统相关缩略语

（1）屏蔽门。英文全称 platform screen door，简称 PSD。屏蔽门是安装于地铁和轻轨交通车站站台边缘，将轨道与站台候车区隔离，设有与列车门相对应，可多级控制开启与关闭滑动门的连续屏障。

（2）滑动门。英文全称 automatic sliding door，简称 ASD。为中分双开式门，关闭时隔断站台和轨道，开启时供乘客上下列车，在非正常运行模式和紧急运行模式下，作为乘客的疏散通道，一侧屏蔽门有 24 道与列车门对应的滑动门。

（3）固定门。英文全称 fixed panel，简称 FP。固定门设置在滑动门与滑动门之间、滑动门与端门之间，在站台公共区与隧道区域之间起隔离作用。

（4）应急门。英文全称 emergency egress door，简称 EED。隔断站台和轨道，有门锁装置，在紧急情况下允许手动打开，站台工作人员在站台侧用钥匙打开应急门，或由列车驾驶员通过广播指导乘客压推杆锁打开应急门。

（5）端门。英文全称 platform end door，简称 PED。站台两端的应急门，主要用于车站工作人员在站台和轨道之间的进出，同时兼顾紧急情况下疏散乘客的要求，有门锁装置，在紧急情况下允许手动打开。乘客在轨道侧压推杆锁打开端门，或由站台工作人员在站台侧用钥匙打开端门。

（6）屏蔽门中央接口盘。英文全称 platform station controller，简称 PSC。它是屏蔽门控制系统的核心，位于屏蔽门设备房的控制柜内。

（7）就地控制盘。英文全称 local control panel，简称 LCP。每侧站台头端端门外设置一套 LCP，位置应与列车正常停车时驾驶门相对应，以便于列车驾驶员控制屏蔽门的开关。当因信号系统（SIG）故障失效或屏蔽门控制系统对屏蔽门门机控制器控制故障时，由列车驾驶员或被授权操作人员操作此开关控制屏蔽门的开关。

（8）综合后备盘。英文全称 interface backup panel，简称 IBP。在车站控制室 IBP 上控制屏蔽门的紧急控制开关。当发生火灾时，车站工作人员视具体情况可经授权操作此开关，打开/关闭整侧屏蔽门。

（9）单元控制器。英文全称 platform edge door controller，简称 PEDC。是每个控制子系统的主要设备，属于整个总线网络的主设备，实现系统内部信息的收发、采集、汇总和分析，并实现与综合监控系统、PSL、DCU 之间的信息交换，并能够查询逻辑控制单元中各个回路的状态；具有足够存放数据和软件的存储单元，具有运行监视功能及自诊断功能。

（10）门机控制器。英文全称 door control unit，简称 DCU。滑动门的电气控制装置，每个滑动门均配置一个，并安装在门体上部的顶盒内。

（11）模式开关。英文全称 local control box，简称 LCB。LCB 开关安装于每道滑动门门头门楣梁右侧。将 LCB 开关转至"手动"位时，用于屏蔽开/关门信号对该道门的控制，并短接本道滑动门及对应应急门的关闭锁紧信号，同时开/关滑动门；将 LCB 开关转至"隔离"位时，用于屏蔽开关门信号对该道门的控制，旁路本道滑动门及对应应急门的关闭锁紧信号。

（12）不间断电源。英文全称 uninterruptible power supply，简称 UPS。为屏蔽门提供可靠的、平稳的驱动及控制电源。

（13）屏蔽门操作指示盘。英文全称 platform screen doors alarm，简称 PSA。用于监视屏蔽门的状态及故障信息，位于屏蔽门设备房内。

（14）综合监控系统。英文全称 integrated supervisory control system，简称 ISCS。采用计算机网络、自动控制、通信及分布智能等技术，实现对城市轨道交通相关系统的互联。对各相关机电设备的集中监控和各子系统之间的信息互通、信息共享和协调联动，确保机电设备处于安全、高效、节能和最佳运行状态，充分发挥各种设备应有的作用，从而为乘客提供一个舒适的乘车环境，并保证乘客的安全和设备的正常运行。

（15）信号系统。英文全称 signal system，简称 SIG。信号系统是一个集行车指挥和列车运行控制为一体的非常重要的机电系统，它直接关系到城市轨道交通系统的运营安全、运营效率以及服务质量。它保证乘客和列车的安全，实现列车快速、高密度、有序运行的功能。

5. 屏蔽门存在的安全隐患

（1）地铁屏蔽门虽然很好地改善了乘客上下车的状况，但也存在一些安全隐患。例如它一般是被动式防护，列车紧急停车按钮、红外线探测等装置，如果没有人为的触碰或影响将不进行安全防护，对乘客造成影响，甚至影响地铁的正常运行。

（2）地铁屏蔽门间隙夹人现象也时常发生，地铁界限分为列车运动最大界限、屏蔽门安全空间、等候区域 3 部分，间隙位于列车运动最大界限和屏蔽门安全空间之间，又考虑到屏蔽门发生意外的形变程度，而预留出一定的空间，一旦乘客进入其中，司机和站务人员又未及时发现而启动列车时，会造成极大危险。

（3）屏蔽门容易受物理破坏。如果受到外力碰撞、焊接缺陷等，会造成玻璃破碎，这种情况下不仅对乘客是威胁，如果碎片掉入轨道，更会影响地铁的正常运行。屏蔽门系统中具有夹人检测功能，当屏蔽门夹人屏蔽门不能关闭时，列车不能从站台动车。当屏蔽门检测故障时，需检查所有屏蔽门机械关好后，再打"互锁解除"到合位，让屏蔽门系统向列车发出可以动车信号，或是屏蔽门因故障不能关闭，做好安全防护措施后，可以打"互锁解除"到合位，打到发出让列车可以离站信号。由此可见，打"互锁解除"前确认是否安全是关键。

（4）屏蔽门与车门之间空隙要求符合人体尺寸的临界尺寸要求，当车门与屏蔽门都关闭时，其空隙只能容下身材瘦小的成人或是孩童。由于红外线装置的不稳定性和激光方式装置的高昂费用影响，国内外地铁普遍采用物理方式来防止空隙留人。物理方式的安全设备主要在滑动门边缘加装防夹板和在站台尾端屏蔽门的固定门加装软管灯。

（5）在屏蔽门即将关闭时，乘客冲门或是有乘客仍在上下车都可能会导致屏蔽门夹人。原因有乘客自身原因、关门报警故障（无报警声、无灯闪）、屏蔽门自动关闭或列车驾驶员过早关门。

6. 屏蔽门安全防护装置

（1）物理方法。常用的物理安全防护方法是锁紧装置。即门内安装机械锁并带有高强度把手。此锁紧装置,俗称轨道站台屏蔽门锁(应急门锁)。工作原理是当电磁铁带动滑块向上运动,销跟随其移动,使锁舌转动并接连带动锁块转动脱离固定销,使小球绕固定点转动,从而触发开关接通电源。继而锁紧,避免出现危险状况。这种方法是传统机械防护方法,自动化程度不够,反应比较缓慢,效果比较差,依赖于人的反应能力。

(2)红外探测器。红外探测器是常用的安全防护装置,结构和原理:一个红外探测器至少有一个对红外辐射产生敏感效应的物体,和可以让红外线透过并划分区域的介质。电流-电压变换器把来自热电元件的电流变换成电压信号;在地铁门边安装红外发射器和红外接收器,发射器在门上方发射红外信号,与接收器形成保护帘幕。一旦遇到障碍,红外接收器所接收的红外信号就会不均匀,而阻止门的关闭,以防发生意外。红外探测器的优势:环境适合性优于可见光,尤其是在夜间和恶劣天气下的屏蔽性好,抗干扰能力强,比雷达和激光探测安全且保密性强,不易被干扰,与雷达系统相比,红外系统体积小、质量小、功耗低。安全装置本身也存在一些问题。根据目前的安全防护装置的使用情况,存在的问题是锁闭结构原理复杂,开锁时要求各零件之间有较好的配合关系和准确度。

任务实施

屏蔽门的管理

1. 屏蔽门的日常管理

(1)当屏蔽门发生故障时,应使门处于关闭隔离状态,以确保乘客和工作人员的安全,如需打开屏蔽门需专人监控;

(2)严禁在列车进出站时使用端门和应急门,任何工作人员使用端门后,必须确认已关闭和锁紧,严禁使用物品阻挡端门自闭;

(3)严禁在滑动门门槛上堆放物品或人、物品依靠在门体上;

(4)清洁门体、地板和隧道时,不得使屏蔽门框架底部的绝缘套淋到水;

(5)不得在站台边缘2.1 m宽的绝缘地板上钻孔和安装设备设施,破坏其绝缘;

(6)在运营时间内对屏蔽门进行维修时,应设置安全防护和故障提示标志并要通过广播提醒乘客屏蔽门已发生故障,需要在轨道侧维修时应在运营结束后进行,以免影响行车和人身安全。

2. 屏蔽门设备巡检流程及内容

1)巡检流程说明

巡检人员到车站询问车站工作人员设备是否异常,无异常则开始正常巡检;若设备异常,则按照故障检修流程处理。

当车站工作人员报异常时,应按照车站工作人员指引查看故障设备;若设备异常,则进入非计划检修流程。

当车站工作人员未报异常时,巡检人员应按照巡检要求继续巡检。在巡检过程中查看设备是否正常;若设备异常,则进入非计划性检修流程。

巡检完成应在设备房填写相应巡检表格。

回到车站控制室还钥匙、登记销点,结束本站后继续巡检下一站情况。

2）巡检内容（见表6-1）

表6-1 巡检内容

项目	内容	标准
门体	检查门体玻璃	无划伤和破裂现象
	检查滑动门开、关门情况	同步、顺畅、无拖地、无二次关门
	检查门头指示灯	能正确反映门的状态
	检查门体外观	无刮痕、无擦伤、防尘盖无脱落
	检查绝缘地板清洁保养情况	无破损、不潮湿、无气泡、无深度划痕、无表皮脱落等现象。与屏蔽门密封连接，密封条无脱落、凹陷等现象
	绝缘地板与密封胶条连接情况	与屏蔽门密封连接，密封条无脱落、凹陷等现象。修复处理后保证门体、绝缘地板绝缘达要求
电源系统	检查驱动UPS电源。内容包括：进线电压、输出电压、功率因数、运行状态、电池组串联电压、电池温度和外观	电源参数正常，指示灯显示正常，无报警声，无历史故障记录，风扇运行正常。电池温度不烫手、无变形、漏液、鼓胀、接线端及气孔无盐霜现象
	检查控制UPS电源。内容包括：进线电压、输出电压、运行状态、指示灯测试、环境温度、UPS/电池/主机是否过载、电池温度和外观	电源参数正常，指示灯显示正常，无报警声，风扇运行正常。电池温度不烫手、无变形、漏液、鼓胀、接线端及气孔无盐霜现象
控制系统	检查PEDC工作状态、插接状况	检查PEDC投入使用通道的状态指示灯长亮，备用通道的状态指示灯闪烁。接口可靠连接
	检查系统电源箱电压、电流是否正常	电源参数正常
	查看综合监控系统（ISCS）报警信息	无故障报警信息
	检查MODBUS工作状态	MODBUS与主控正常通信，指示灯显示正常
机房	检查机房的温度	温度≤30℃，相对湿度≤80%
	检查机房有无漏水	天花板无渗水的痕迹，各冷风机的管道和风口无滴水、漏水现象

3. 屏蔽门设备计划修流程及方法

计划修是一种预防性检修，是一种在一定的检修周期内对电源系统进行检修，从而达到预防故障发生的维修活动。根据检修周期的不同，维护项目也不同。常见检修周期：一级为日常保养（日检修）；二级为二级保养［周检、半月检（双周检）、月检、季检］；三级为小修（半年检、年检、两年检）；四级为中修（三年检、四年检、五年检、六年检）；五级为大修（根据厂家要求的运行年限及动作次数进行检修）。

1）月检作业流程（见表6-2）

表6-2 月检作业流程表

作业内容	检修步骤	检修标准	图例
滑动门机械装置及门单元控制系统检修	观察前盖板及盖板锁，并用钥匙开合前盖板	清洁无污迹，锁完好，与门头间隙紧	

项目6 轨道交通屏蔽门的检修

续表

作业内容	检修步骤	检修标准	图 例
滑动门机械装置及门单元控制系统检修	观察门机上方有无结构渗水	无漏水的痕迹	
	使用抹布、毛刷等工具清洁门机内导轨及其他部件	导轨光滑,门挂板平稳移动,门体运动无阻碍	
	用手轻拨门机内端子接线及DCU接线端口,查看DCU母板是否正常	牢固可靠、无变形破损	
	手动开关各滑动门的应急解锁装置	锁杆上升解锁到位,回落顺畅无滞留	
	使用LCB开关门,观察电动机及减速器状况	无异响、漏油	

185

续表

作业内容	检修步骤	检修标准	图例
滑动门机械装置及门单元控制系统检修	使用 LCB 开关门,观察滑动门门锁、门锁检测开关和锁闭监测开关是否灵活可靠	灵活可靠,正常工作	
	使用 LCB 开关门,并用模拟障碍物测试障碍物检测功能是否正常	灵敏度及动作响应过程符合设计要求	
	使用 LCB 开关门,观察滑动门是否摩擦立柱胶条	间隙为 6 mm,无摩擦	
	观察滑动门门槛中是否存在异物	无异物及垃圾	
	检查玻璃、密封胶是否完好	外观完好,紧密固定	

项目6　轨道交通屏蔽门的检修

续表

作业内容	检修步骤	检修标准	图　例
滑动门机械装置及门单元控制系统检修	检查屏蔽门后封板紧固、密封情况	外观完好，无脱落迹象	
	导向灯带是否完好	应全部点亮	
	观察并用手轻拨瞭望灯带固定夹、灯带尾塞、灯带电源接插件是否松动	紧固牢靠，无松动	
	检查瞭望灯带内灯泡是否有盲点、是否明显变暗	无盲点，无暗光	

续表

作业内容	检修步骤	检修标准	图例
中央接口盘检修	使用红外测温仪检查控制柜内继电器等电气元件的温升并听设备有无运行噪声	电气元件正常，无噪声，无异常发热	
	用抹布清洁柜体、电缆槽架外表面	干净无尘，稳固	
	清洁柜内设备，检查元器件标识是否齐全	设备干净、标识齐全	
	观察PSC柜内安全继电器、时间继电器、固态继电器是否工作正常	安装、接线稳固；器件动作指示正常	
	检查PSC柜内布线、器件安装	整齐、稳固、清洁、无老化、破损	

项目 6　轨道交通屏蔽门的检修

续表

作业内容	检修步骤	检修标准	图　例
中央接口盘检修	对屏蔽门机房进行打扫	干净无尘	
	使用试灯按钮测试 PSC 的面板指示灯	正常显示	
	手动切换 PEDC 各通道，观察能否正常使用	功能正常	
	检查 PSC 监视软件是否死机，查看时钟信息、运行记录及故障记录。将数据记录下载到 U 盘保存	软件正常运行，数据记录可顺利下载到 U 盘	

续表

作业内容	检修步骤	检修标准	图 例
驱动电源柜检修	柜体表面清洁是否完成	柜体保持清洁、无污渍	
	清洁设备，检查元器件标识是否齐全	设备干净，元器件标识齐全	
	紧固各开关、接线端子、接地点的接线	接线牢靠无松动	
	检查电压表能否正确显示电压值，误差是否在正常范围内	DC 90~130 V	
	检查电流表能否正确显示电流值，误差是否在正常范围内	0~3 A	

项目 6 轨道交通屏蔽门的检修

续表

作业内容	检修步骤	检修标准	图 例
驱动电源柜检修	检查电源监视屏信息显示是否正常	故障应有相应记录	
控制电源柜检修	柜体表面清洁是否完成	柜体保持清洁无污渍	
	清洁设备，检查元器件标识是否齐全	设备干净，元器件标识齐全	
	紧固各开关、接线端子、接地点的接线	接线牢靠无松动	
	检查电压表能否正确显示电压值，误差是否在正常范围内	AC 220 V、AC 50 V；DC 120 V、DC 24 V	

续表

作业内容	检修步骤	检修标准	图例
控制电源柜检修	测量电池电压	DC 90~130 V	
就地控制盘检修	箱体表面清洁是否完成	箱体保持清洁、无污渍	
	清洁设备,检查元器件标识是否齐全	设备干净,元器件标识齐全	
	紧固各开关、接线端子的接线	接线牢靠无松动	
应急门、端门检修	检查门体玻璃是否有划痕和裂纹	门体玻璃无任何破损	
	清洁顶箱内各元器件及端子	器件干净无灰尘	

续表

作业内容	检修步骤	检修标准	图例
应急门、端门检修	检查门体是否能够关闭锁紧及锁紧装置是否正常	应急门及端门能够顺利关闭且锁紧	
	检查门体闭锁行程开关与门锁是否吻合	间隙为 2~3 mm	
	检查门体锁芯、紧固螺钉、锁杆、锁盘、撞针、行程开关等门锁机构是否紧固无松动、磨损、变形现象	门锁机构无松动、无严重磨损、无变形现象	
	记录应急门、端门锁杆落下长度	不低于 5 mm	

2) 季检作业流程（见表 6-3，包含月检作业内容）

表 6-3 季检作业流程表

作业内容	检修步骤	检修标准	图例
滑动门机械装置及门单元控制系统检修	检查传动带及传动装置工作是否正常	传动带无裂纹，传动装置无异响	

续表

作业内容	检修步骤	检修标准	图例
滑动门机械装置及门单元控制系统检修	检查门体滚轮工作是否正常	滚轮无裂痕、无异响	
	检查门机内电线、电缆是否正常	电线、电缆无松动和破损	
控制电源柜检修	检查电池外观，测量电池温度	电池无泄漏，长期温度不超过 30 ℃，短时温度不超过 40 ℃	
就地控制盘检修	用试灯按钮测试 PSL 面板指示灯	指示灯均正常点亮	
	操作 PSL 进行开关门，观察能否实现站台级控制	整侧滑动门执行开关命令	
	操作 PSL 进行互锁解除，观察指示灯是否亮起，PSA 是否有事件记录	互锁解除指示灯正常点亮，PSA 有事件记录	

项目6 轨道交通屏蔽门的检修

3）半年检作业流程（见表6-4，包含季检作业内容）

表 6-4 半年检作业流程表

作业内容	检修步骤	检修标准	图 例
滑动门机械装置及门单元控制系统检修	测量并记录门体关门力（抽测4道门）	关门力不大于133 N	
	检查门导靴是否正常	导靴无剐蹭、无异响	
	记录电刷长度（抽测4道门）	电刷突出部分不低于10 mm	
	电动机及减速器安装是否松动	固定牢靠	
控制电源柜检修	对UPS电池进行放电，同时记录电压值	放电完成后，电压值应低于110 V	

195

续表

作业内容	检修步骤	检修标准	图例
紧急后备控制盘检修	检查 IBP 外观完整性	IBP 屏蔽门部分器件外观正常	
	检查 IBP 是否可正确控制整侧滑动门	正确响应开关门命令	
	检查 PSA 是否正确记录 IBP 操作事件	每次操作均有记录	
应急门、端门检修	检查轨道侧和站台侧的手动推杆以及解锁装置是否正常	推杆及解锁装置顺畅无卡滞	
	门体打开是否顺畅，没有拖地等异常现象	门体打开正常位置应不小于 90°	

项目6　轨道交通屏蔽门的检修

续表

作业内容	检修步骤	检修标准	图　例
应急门、端门检修	门体防撞条是否有松动以及松脱现象	门体防撞条无松脱	
	检查端门闭门器是否有效	门体打开90°后有足够的关门力度	
	检查门头指示灯功能是否正常	应急门打开长亮，端门打开长亮	
	检查门机内各电气线路行程开关是否正常	行程开关功能正常	
	检查门机内线路接线是否牢固	接线牢靠无松动	

197

4）年检作业流程（见表6-5，包含半年检作业内容）

表6-5　年检作业流程表

作业内容	检修步骤	检修标准	图例
滑动门机械装置及门单元控制系统检修	检查门体、门槛紧固情况是否正常	无松动	
	门体底座清洁	干净无异物	
	门体上下支撑机构紧固情况检查	无松动	
	门体等电位电缆检查	固定牢靠无松动	
	门体上方电缆线槽是否牢靠	固定牢靠无松动	

素质提升

责任感与使命感

屏蔽门是地铁站台安全防护的核心设施，可以预防故障及事故的发生。所以要确保屏蔽门的安全运行，这就要求我们要具有高度的责任感和使命感，确保我们的工作万无一失。我们每个人就是安全生产的"屏蔽门"。

有了责任感，我们就有勇气排除万难、争取成功，尽心尽力、尽职尽责，以满腔热情和高度负责的精神把本职工作做好。责任表达着个人存在的价值，责任让企业更有凝聚力、战斗力和竞争力。

责任是一种担当，一种约束，一种动力，一种魅力。工作呼唤责任，工作意味着责任。责任是对本人所负使命的忠诚和信守。责任感是一切行为的根本，是一切制造力的源泉。每一个人在本人的工作岗位上，都希望把工作做好。要做好工作，需要有一定的智慧，但仅仅靠智慧绝不能获得成功。有一个最重要的要素，那就是责任——一种努力行动，使事情结果变得更积极的心态。比尔·盖茨也曾对他的员工说："人可以不伟大，但不可以没有责任心。"这说明一个人只有具有高度的责任感，才能在执行中勇于负责，在每一个环节中力求完美，保质保量地完成任务。

事实上，当一个人去完成某一项工作时，本质上确实是在履行一种契约，责任感确实是对契约的遵守和敬畏。只有信仰的力量和自我约束，才能促使一个人不仅能准确无误地去完工作，而且，甚至比要求的做得还出色。在完成工作的过程当中不但做到没有怨言，而且，还感到骄傲和荣耀，让责任感成为本人做好工作的动力。责任感既不能成为一个人工作中承担压力的痛苦过程，也不当作一个非做不可的苦差事。它是一种源自内心的高度自觉。在以后的工作中，我们要时刻提醒自己，工作中应有的高度负责态度，认认真真做好每一项工作。

责任感是以高标准要求的个人工作态度。一个人对待工作的态度不同，工作质量亦不同。只有以高标准来要求自己，才能在实践中不断提高自身素质，提升个人的人生价值。所以，在以后的工作中，不管多小的事情，都应该要求自己全力以赴，努力做到最好。

责任承载着使命，你的责任就是你的使命。使命感是一种不管任务有多么困难，都一定要完成的坚定信念。但只有责任感和使命感对于更好的完成工作是不够的，还需要有优秀的专业知识和技能支持。这就要求我们，努力提高自身的以业务知识底蕴和职业素养为基础的执行力。所以，高效执行力在工作中也起着关键作用。执行力是决定企业成败的重要因素，是构成企业核心竞争力的重要一环，而具有高度的责任感和使命感正是确保高效执行力的前提。

作为一名优秀的企业员工，要树立与企业同成长的思想，把企业的命运和个人的命运紧密联系在一起，与企业同呼吸共命运。在工作中，要做一个有责任感和使命感的员工，努力提高个人的职业素养，以高效的执行力做好每一项工作。

任务拓展

屏蔽门应急情况操作指引

1. 列车到站后，一道或多道屏蔽门不能正常打开的应急处理指引

列车驾驶员发现屏蔽门故障，做好乘客广播，报告行调，并通知车站人员，视情况适当延长停站时间。

站台站务人员发现两道及以下屏蔽门不能打开或门头指示灯报警时，立即将故障门单元LCB开关转到"手动关"位，引导乘客从正常屏蔽门上下车。

站台站务人员发现三道及以上屏蔽门不能打开或门头指示灯报警时，立即将故障门单元LCB开关转到"手动开"位，如打不开，则使用三角钥匙手动打开屏蔽门，但应保证相邻屏蔽门不能连续关闭两对，引导乘客上下车。

乘客上下车完毕后，站台站务人员确认屏蔽门站台安全后向列车驾驶员显示"好了"信号。列车驾驶员观察头端墙PSL，确认门全关且锁紧灯是否点亮，如亮，列车离站；如不亮，报告行调同意后，确认站台安全的情况下，站务使用互锁解除发车。

待列车发车后，站台站务人员张贴故障告示，对开启的屏蔽门，加强监督防护。

2. 列车发车前，一道或多道屏蔽门不能正常关闭的应急处理指引

列车驾驶员发现屏蔽门故障，做好乘客广播，报告行调，并通知车站人员，视情况适当延长停站时间。

站台站务人员发现两道及以下滑动门不能关闭或门头指示灯报警时，引导乘客上下车后，立即将故障门单元LCB开关转到"手动关"位，如不能关闭，则手动关闭屏蔽门；站台站务人员确认屏蔽门站台安全后向列车驾驶员显示"好了"信号，列车驾驶员观察头端PSL确认门全关且锁紧灯是否点亮，如亮，列车离站；如不亮，报告行调同意后，确认站台安全的情况下，站务使用互锁解除发车。

出现多道屏蔽门无法关闭时，站台站务人员将故障门单元LCB钥匙开关转到"手动关"位，如不能关闭，则手动关闭屏蔽门，但应保证相邻屏蔽门不能连续关闭两对，报告行调，确认站台安全后向列车驾驶员显示"好了"信号，按行调指令使用互锁解除发车。

待列车发车后，站台站务人员张贴故障告示，对处于开启状态的屏蔽门，加强监督防护。

3. 整侧屏蔽门不能实现系统级控制，不能与列车车门自动联动打开/关闭的应急处理指引

列车驾驶员操作PSL控制关闭屏蔽门后，观察头端PSL确认门全关且锁紧灯是否点亮，如亮，列车离站；如不亮，报告行调，站务人员确认站台安全的情况下，按行调指令使用互锁解除发车。

4. 整侧屏蔽门不能正常关闭（使用PSL仍不能关闭）的应急处理指引

列车驾驶员发现屏蔽门故障，做好乘客广播，报告行调，并通知站台站务人员。

站台站务人员将故障门单元LCB钥匙开关转到"手动关"位，如不能关闭，则手动关闭屏蔽门，但应保证相邻屏蔽门不能连续关闭两对。

站台站务人员组织人员对开启的屏蔽门进行安全防护，确认屏蔽门站台安全后向列车驾驶员显示"好了"信号，经行调同意后，在确认站台安全的情况下使用互锁解除发车。

5. 整侧屏蔽门不能正常打开（使用PSL仍不能打开）的应急处理指引

列车驾驶员发现屏蔽门故障，立即报行调并告知站台站务人员，做好乘客广播。

站台站务人员视客流情况决定开启屏蔽门的数量，立即将故障门单元LCB开关转到"手动开"位，如不能打开，则手动开启屏蔽门，至少保证每节车厢打开不少于一道屏蔽门，同时做好现场防护。

站台站务人员引导乘客从已开启门上下车。

乘客上下车完毕,站台站务人员确认屏蔽门站台安全后,向列车驾驶员显示"好了"信号,按行调指令使用互锁解除发车。

列车驾驶员凭行调指令,确认互锁解除指示灯点亮和站台站务人员"好了"信号后动车。

站台站务人员操作"互锁解除",接发后续列车。

后续列车的列车驾驶员按行调指令进站,并做好乘客广播,通知乘客从已开启的屏蔽门上下车,适当延长停站时间,凭行调指令,确认互锁解除指示灯点亮和站台站务人员"好了"信号后动车。

6. 屏蔽门无全关且锁紧信号,列车进站发生自动停车或紧急制动,出站紧急制动,或无法出站的应急处理指引

列车驾驶员立即通过信号屏查看是否有屏蔽门故障信息,立即报告行调。

站台站务人员接报后立即确认站台屏蔽门状态,向行调报告。

站台站务人员按行调要求确认屏蔽门站台安全后操作"互锁解除",接发后续列车。

列车驾驶员按行调指令确认站台安全时,限速 25 km/h 进站或出站。

后续列车站台站务人员使用"互锁解除",接发后续列车。

7. 屏蔽门玻璃破裂或破碎的应急处理指引

如果列车准备进站,立即按压站台紧急停车按钮,并报告行调。

如果屏蔽门破裂,应将破裂门 LCB 钥匙开关转到"手动关"位处于关闭状态,操作"手动开"开关打开相邻的两道屏蔽门(如为1-1屏蔽门破裂,则打开1-2屏蔽门;6-4屏蔽门破裂,则打开6-3屏蔽门),及时用透明胶带先横后竖将玻璃表面粘满。透明胶带粘贴完毕后,将破裂屏蔽门保持常开,并在确保安全的前提下将相邻的两道屏蔽门恢复自动位,同时做好安全防护,安排人员在故障处站岗监护,以防止乘客或物品掉入轨道。

若固定门破裂,应将相邻两对屏蔽门处于"手动开"状态并保持常开,将固定门做好安全防护,安排人员在故障站台站岗监护。

若端门破裂,应将端门保持常开并指派人员监护。

若应急门破裂,将该应急门关闭,操作相邻两侧屏蔽门 LCB 钥匙开关"手动开"位置打开屏蔽门进行泄压,确认"关闭且锁紧"信号正常,如无"关闭且锁紧"信号,需在 PSL 处操作互锁解除。

列车准备出站时站台岗应确认站台安全后显示"好了"信号,指示列车驾驶员动车。

若门玻璃破裂,应立即报告行调,并及时在破裂玻璃表面粘贴透明胶带,粘贴方法:先横后竖将玻璃表面粘满透明胶带,防止门玻璃突然爆裂。

若门玻璃已破碎并掉下,将站台破碎玻璃清理完毕,防止玻璃碎片掉入轨行区。若碎玻璃掉进轨道影响列车运行时,需及时报告行调,并及时进行清理。

行调根据屏蔽门的破损情况,必要时要求列车驾驶员降低列车进出站速度。

车站应保护好现场,协助维修部门进行维修和事后处理。

8. 屏蔽门夹人夹物应急处理指引（见图6-4）

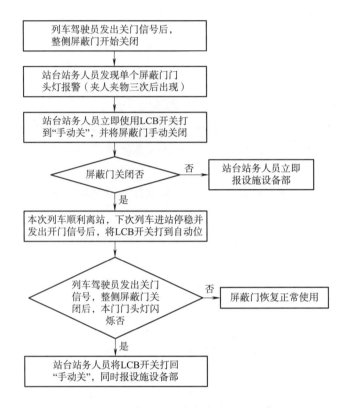

图6-4 屏蔽门夹人夹物应急处理程序

9. 整侧屏蔽门关闭后，动车前整侧或部分屏蔽门自动打开的应急处理指引

列车驾驶员发现屏蔽门故障后报站台站务人员及行调，行调通知站台站务人员到列车头端PSL处协助处理；站务人员到列车头端列车驾驶员处使用PSL关门，整侧屏蔽门关闭，此时PSL操作允许转换钥匙开关不要转到"自动"位。

待屏蔽门关闭后，列车驾驶员按规定动车。

待列车尾部越过出站信号机，完全离开车站后，将PSL操作允许转换钥匙开关恢复到"自动"位，拔出钥匙。

端门处观察下一趟列车关门情况，若后续列车仍存在同样问题时，继续协助列车驾驶员操作屏蔽门。

对于列车离站后，PSL操作允许转换钥匙开关转至"自动"位屏蔽门仍自动打开的，需要一直将PSL操作允许转换钥匙开关保持在"PSL允许"位，列车到站后利用PSL开关屏蔽门。

10. 应急门/端门被活塞风吹开的应急处理指引

将该扇应急门关闭，并操作相邻一侧屏蔽门LCB钥匙开关到"关门"位置（即面对应急门：若应急门左扇被活塞风吹开时，则操作左侧应急门相邻屏蔽门LCB钥匙开关到"关门"位置；若应急门右扇被活塞风吹开时，则操作右侧应急门相邻屏蔽门LCB钥匙开关到"关门"位置），确认"关闭且锁紧"信号正常。若显示不正常，则操作PSL互锁解除，并在现场防护，防止应急门未锁紧，再次打开。

11. 具备自动折返功能的车站屏蔽门应急处理指引

当一侧站台列车进站发生自动停车或紧急制动，出站紧急制动，或无法出站时，列车驾驶员立即报告行调。

站台站务人员接报后立即观察该侧站台屏蔽门 PSL 上"门全关且紧指示灯"状态，如 PSL 上"门全关且紧指示灯"不亮，按行调要求确认屏蔽门站台安全后操作"互锁解除"，接发后续列车，如该侧站台屏蔽门 PSL 上"门全关且紧指示灯"亮，则观察另外一侧站台屏蔽门状态。

如另外一侧站台处于屏蔽门开关过程中、乘客上下车期间，则等待另外一侧站台屏蔽门完全关闭后，列车进出站；如另外一侧屏蔽门处于故障状态中，则站务人员按行调要求确认屏蔽门站台安全后操作"互锁解除"，列车进出站。

任务 6.2　屏蔽门的检修

任务导入

依据屏蔽门系统构成，它的故障诊断修理主要包括：门单元故障、系统级故障、PSL（站台就地控制盘）控制故障。由故障现象，发现故障单元，最终找出故障点、排除故障，使设备正常运行。

因屏蔽门安装位置和运行要求的特殊性，要求每个维修人员熟悉屏蔽门系统的工作原理和相关安全措施，同时要借助 PSA（屏蔽门操作指示盘）来分析和处理故障；每侧站台的屏蔽门都装有一个 PSA，PSA 内装有系统维护工具软件，它可以实时反映屏蔽门的状态、UPS 工作情况和屏蔽门内部、外部通信和接口的状态，并实时记录故障。例如，在站台级控制方式下屏蔽门有偶数门不能开门，此时 PSA 将发出蜂鸣声且界面上相对应的门单元将变为红色（正常为绿色），提醒工作人员屏蔽门已发生故障。故障处理步骤如下：

（1）进入 PSA 报警信息框查看报警信息，假如是 ENABLE 命令故障；

（2）检查 ENABLE 变压器是否能正常工作、接线是否牢固、输入/输出是否正常；

（3）检查安全继电器是否能正常工作、接线是否牢固、输入/输出是否正常；

（4）处理完毕后在 PSL 上进行开关门，观察屏蔽门是否恢复正常。

在故障修复后必须再观察三趟列车开关门正常后方可认为设备已恢复正常。

知识准备

1. 屏蔽门故障分析流程

1）门单元故障分析流程（见图 6-5）

门单元故障点定位，参考 PSA 工具内的报警诊断信息分析定位故障点。

注意：如因 DCU 故障需要更换 DCU 时，要留意其软件版本是否正确，并做必要的软件升级。

2）人工检查门单元操作步骤（见表 6-6）

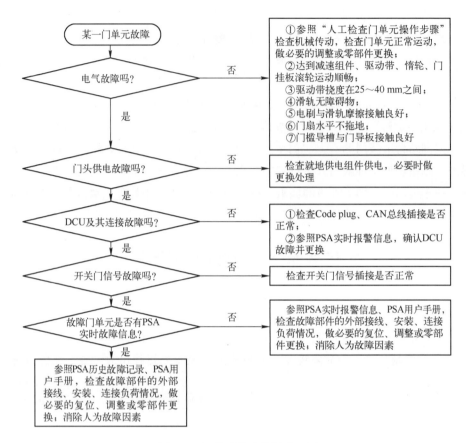

图 6-5　门单元故障分析流程图

表 6-6　人工检查门单元操作步骤

序　号	步　　骤
1	确认门单元关闭且锁紧
2	断开对应门单元的供电回路
3	检查 DCU 所有的连接电缆、门头所有接线端子
4	用隔离钥匙隔离该门单元
5	检查闸锁检测开关的状态：紧急手动释放检测开关、门关闭极限行程开关
6	确认门扇的人工紧急释放机构与门闸锁的距离约为 1 mm
7	用操作钥匙人工解开闸锁锁栓，轻轻推开门扇
8	确认闸锁锁栓被解开
9	在闸锁锁栓被解开时，目测闸锁检测开关的状态是否已经转换
10	目测人工紧急释放机构已经复位，检测开关状态已经转换
11	小心推动门扇至完全打开位置
12	确认门扇能自如无粘连阻滞、无异响地滑动至全开的位置
13	小心推动门扇至全关闭位置
14	确认门扇关闭且锁紧

续表

序号	步骤
15	确认门检测极限开关转换回初始状态
16	在 PSCC 柜合上对应门单元的供电回路
17	检查门头方式开关仍然处于隔离方式
18	把门头测试开关打到"人工开门"位置
19	确保门扇在（由 DCU 控制）电动机驱动下无异响、无阻滞地滑动打开。同时注意检查门状态指示
20	把门头测试开关置于"手动"位置
21	确保门扇在（由 DCU 控制）电动机驱动下无异响、无阻滞地滑动关闭。同时注意检查门状态指示
22	确保门扇能自然地关闭与锁紧

3）系统级故障分析流程

说明：参考 PSA 内的报警诊断信息分析定位故障点。

注意：如因 PEDC 故障需要更换时，要留意其软件版本是否正确，并做必要的软件升级。

4）PSL 控制故障分析流程（见图 6-6）

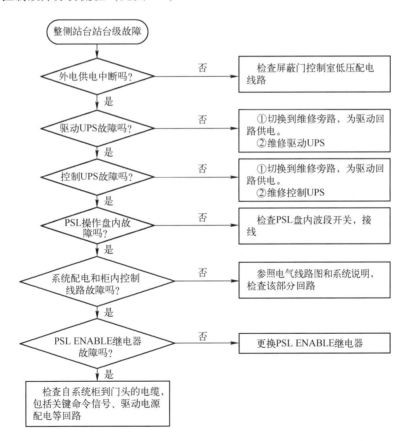

图 6-6 PSL 控制故障分析流程

说明：参考 PSA 工具内的报警诊断信息分析定位故障点。

检查自系统柜到门头的电缆，包括关键命令信号、驱动电源配电等回路。

📞 任务实施

1. 屏蔽门的常见故障处理方法

1)屏蔽门无法关闭(见表6-7、表6-8)

表6-7 屏蔽门无法关闭原因

序号	系统/设备	故障现象	故障原因	处理指南
1	屏蔽门门体	屏蔽门无法关闭	屏蔽门剐蹭门槛	调整门槛间隙(详细步骤见操作卡片1)
2	屏蔽门传动机构		屏蔽门分中不适	调整传动带挂板(详细步骤见操作卡片2)
3	屏蔽门闸锁		屏蔽门闸锁回弹不畅	调整并润滑闸锁(详细步骤见操作卡片3)
4	屏蔽门门体		屏蔽门限位器松动	调整限位器(详细步骤见操作卡片4)
5	屏蔽门门体		屏蔽门剐蹭立柱胶条	调整立柱胶条(详细步骤见操作卡片5)

表6-8 屏蔽门无法关闭处理操作卡片

(操作卡片1)调整门槛间隙操作步骤	(1)将屏蔽门打到隔离位
	(2)打开屏蔽门盖板,断开门机端子排上的开关
	(3)手动拉开屏蔽门至全开状态
	(4)调整门槛间隙处于10 mm以内,并确保间隙两侧门槛平齐
	(5)手动推拉屏蔽门反复3次,确认屏蔽门不再触碰门槛
	(6)合上门机端子排上的开关,LCB打到就地位,开关测试3次,无触碰门槛
	(7)LCB钥匙开关打到自动位,屏蔽门关闭,设备恢复正常
(操作卡片2)调整传动带挂板操作步骤	(1)将屏蔽门打到隔离位
	(2)打开屏蔽门盖板,断开门机端子排上的开关
	(3)松开传动带挂板固定螺钉,手动关闭屏蔽门至锁紧状态
	(4)紧固传动带挂板固定螺钉
	(5)手动推拉屏蔽门反复3次,确认屏蔽门可以关闭且锁紧
	(6)合上门机端子排上的开关,LCB钥匙开关打到就地位,开关测试3次,屏蔽门均可以关闭并锁紧到位
	(7)LCB钥匙开关打到自动位,屏蔽门关闭,设备恢复正常
(操作卡片3)调整并润滑闸锁操作步骤	(1)将屏蔽门打到隔离位
	(2)打开屏蔽门盖板,断开门机端子排上的开关
	(3)手动打开屏蔽门,用WD40润滑闸锁,并调整闸锁机构
	(4)手动推拉屏蔽门反复3次,确认屏蔽门可以关闭且锁紧
	(5)合上门机端子排上的开关,LCB钥匙开关打到就地位,开关测试3次,屏蔽门均可以关闭且锁紧
	(6)LCB钥匙开关打到自动位,屏蔽门关闭,设备恢复正常
(操作卡片4)调整限位器操作步骤	(1)将屏蔽门打到隔离位
	(2)打开屏蔽门盖板,断开门机端子排上的开关
	(3)手动打开屏蔽门至全开状态,然后紧固限位器
	(4)手动推拉屏蔽门反复3次,确认屏蔽门不会触碰限位器

续表

（操作卡片4）调整限位器操作步骤	（5）合上门机端子排上的开关，LCB钥匙开关打到就地位，开关测试3次，屏蔽门均不会触碰限位器，且可以正常开关
	（6）LCB钥匙开关打到自动位，屏蔽门关闭，设备恢复正常
（操作卡片5）调整立柱胶条操作步骤	（1）将屏蔽门打到隔离位
	（2）打开屏蔽门盖板，断开门机端子排上的开关
	（3）手动打开屏蔽门至全开状态，然后紧固立柱胶条
	（4）手动推拉屏蔽门反复3次，确认屏蔽门不会触碰立柱胶条
	（5）合上门机端子排上的开关，LCB钥匙开关打到就地位，开关测试3次，屏蔽门均不会触碰立柱胶条，且可以正常开关
	（6）LCB钥匙开关打到自动位，屏蔽门关闭，设备恢复正常

2）屏蔽门无法打开（见表6-9、表6-10）

表6-9 屏蔽门无法打开原因

序号	系统/设备	故障现象	故障原因	处理指南
1	屏蔽门闸锁	屏蔽门无法打开	屏蔽门闸锁转动机构卡滞或电磁铁吸力不足	调整闸锁及电磁铁（详细步骤见操作卡片1）
2	DCU		DCU驱动控制板故障	更换DCU（详细步骤见操作卡片2）

表6-10 屏蔽门无法打开处理操作卡片

（操作卡片1）调整闸锁及电磁铁操作步骤	（1）将屏蔽门打到隔离位
	（2）打开屏蔽门盖板，断开门机端子排上的开关
	（3）手动打开屏蔽门至全开状态，然后调整闸锁解锁机构并润滑
	（4）检查并调整电磁铁弹簧
	（5）手动推拉屏蔽门反复3次，确认屏蔽门可以正常打开
	（6）合上门机端子排上的开关，LCB钥匙开关打到就地位，开关测试3次，屏蔽门均可以正常开关
	（7）LCB钥匙开关打到自动位，屏蔽门关闭，设备恢复正常
（操作卡片2）更换DCU操作步骤	（1）将屏蔽门打到隔离位
	（2）打开屏蔽门盖板，断开门机端子排上的开关
	（3）拆掉DCU，安装新的DCU
	（4）合上门机端子排上的开关，LCB钥匙开关打到就地位，开关测试3次，屏蔽门均可以正常开关
	（5）LCB钥匙开关打到自动位，屏蔽门关闭，设备恢复正常

3）屏蔽门的端门无法开关（见表6-11、表6-12）

表6-11 屏蔽门的端门无法开关原因

序号	系统/设备	故障现象	故障原因	处理指南
1	端门	端门无法开关	上下锁头变形	调整上下锁头（详细步骤见操作卡片1）
2	端门		锁芯卡滞	调整锁芯（详细步骤见操作卡片2）
3	端门		推杆断裂	更换推杆（详细步骤见操作卡片3）

表 6-12　屏蔽门的端门无法开关处理操作卡片

（操作卡片1）调整上下锁头操作步骤	（1）利用行车间隔时间或非运营期间，拆掉故障锁头螺钉
	（2）调整变形锁头
	（3）重新安装调整后的锁头并紧固
	（4）反复测试端门开关3次，无故障
	（5）关闭端门，设备恢复正常
（操作卡片2）调整锁芯操作步骤	（1）利用行车间隔时间或非运营期间，拆掉故障锁芯
	（2）调整变形锁芯
	（3）重新安装调整后的锁芯并紧固
	（4）反复测试端门开关3次，无故障
	（5）关闭端门，设备恢复正常
（操作卡片3）更换推杆操作步骤	（1）利用行车间隔时间或非运营期间，拆掉故障推杆
	（2）重新安装新推杆并紧固
	（3）反复测试推杆开关3次，无故障
	（4）关闭端门，设备恢复正常

4）屏蔽门控制系统报警（见表6-13、表6-14）

表 6-13　屏蔽门控制系统报警原因

序号	系统/设备	故障现象	故障原因	处理指南
1	PEDC	软件显示控制系统报警	PEDC控制通道故障	更换PEDC（详细步骤见操作卡片1）

表 6-14　屏蔽门控制系统报警处理操作卡片

（操作卡片1）更换PEDC操作步骤	（1）打开PSC控制柜前柜门，断开PEDC电源开关
	（2）打开PSC控制柜后柜门
	（3）拆掉PEDC上连接的所有航空插头或接插件
	（4）拆除PEDC固定螺钉
	（5）安装新的PEDC并固定
	（6）连接所有航空插头或接插件
	（7）合上PEDC电源开关
	（8）重新下载监视软件程序到PEDC
	（9）利用PSL开关测试整侧屏蔽门3次，观察监视软件滑动门状态是否与现场一致
	（10）监视软件无控制系统报警，滑动门开关状态显示正常，关闭控制柜前后柜门，设备恢复正常

5）屏蔽门的工控机死机（见表6-15、表6-16）

表 6-15　屏蔽门的工控机死机原因

序号	系统/设备	故障现象	故障原因	处理指南
1	工控机	综合监控脱落扫描	工控机监视软件运行卡滞，导致工控机死机	重启工控机（详细步骤见操作卡片1）

项目6 轨道交通屏蔽门的检修

表 6-16 屏蔽门的工控机死机处理操作卡片

（操作卡片1）重启工控机操作步骤	（1）发现屏蔽门脱落扫描后，打开 PSC 控制柜前柜门
	（2）晃动鼠标，若无任何反应，说明工控机死机
	（3）关闭工控机开关，静止 1 min 后，重开工控机
	（4）运行屏蔽门监视软件及 MODBUS 接口软件
	（5）观察 3 趟车，监视软件状态是否正常
	（6）监视软件状态与现场屏蔽门开关相符，设备恢复正常

6）屏蔽门后封板脱落（见表 6-17、表 6-18）

表 6-17 屏蔽门后封板脱落原因

序号	系统/设备	故障现象	故障原因	处理指南
1	屏蔽门后封板	后封板上部脱离结构梁，下部连接橡胶条	屏蔽门后封板因震动导致固定安装钉脱落	紧固后封板（详细步骤见操作卡片1）

表 6-18 屏蔽门后封板脱落处理操作卡片

（操作卡片1）紧固后封板操作步骤	（1）找到后封板脱落位置，接触网挂接地线
	（2）搭建脚手架
	（3）重新加固后封板，确保射钉固定点间距不低于 20 cm
	（4）施工结束后，拆除地线
	（5）设备恢复正常

7）屏蔽门的应急门被隧道风吹开（见表 6-19、表 6-20）

表 6-19 屏蔽门的应急门被隧道风吹开原因

序号	系统/设备	故障现象	故障原因	处理指南
1	应急门	应急门打开	应急门上下锁头均未插入锁孔	调整应急锁头（详细步骤见操作卡片1）

表 6-20 屏蔽门的应急门被隧道风吹开处理操作卡片

（操作卡片1）调整应急门锁头操作步骤	（1）在站台侧将应急门打开
	（2）调整应急门锁芯，确保上下锁头顺畅滑动
	（3）在站台侧将应急门关闭，观察上锁头插入深度是否满足 5 mm
	（4）在轨行区侧，观察下锁头插入深度是否满足 5 mm
	（5）在轨行区侧，用力推动应急门，确保锁头不会滑出
	（6）以上满足要求，设备恢复正常

8）屏蔽门玻璃自爆（见表 6-21、表 6-22）

表 6-21 屏蔽门玻璃自爆原因

序号	系统/设备	故障现象	故障原因	处理指南
1	屏蔽门	屏蔽门玻璃爆裂	风压或安全玻璃自身质量	更换屏蔽门门体（详细步骤见操作卡片1）

表 6-22 屏蔽门玻璃自爆处理操作卡片

（操作卡片 1）更换屏蔽门门体操作步骤	（1）清理站台及轨行区玻璃碎渣
	（2）用宽胶带将爆裂门体粘接起来，从金属框开始先横向粘、后纵向粘
	（3）将故障门体及邻近的滑动门打开泄压
	（4）电客车停运后，需安排至少四人，拆卸故障屏蔽门
	（5）安装新的屏蔽门门体，调试门体，手动开关屏蔽门 3 次
	（6）LCB 钥匙开关打到就地位，电动开关 3 次无故障。设备恢复正常

9）屏蔽门 PSC 数据总线故障报警（见表 6-23、表 6-24）

表 6-23 屏蔽门 PSC 数据总线故障报警原因

序号	系统/设备	故障现象	故障原因	处理指南
1	屏蔽门 PSC 控制柜	屏蔽门 PSC 面板数据总线故障灯亮	屏蔽门工控机通信板卡接触不良	调整通信板卡插槽（详细步骤见操作卡片 1）
2			屏蔽门 CAN 总线接插件松动	紧固接插件（详细步骤见操作卡片 2）

表 6-24 屏蔽门 PSC 数据总线故障报警处理操作卡片

（操作卡片 1）调整通信板卡插槽操作步骤	（1）非运营期间，断开屏蔽门工控机开关
	（2）打开屏蔽门工控机面板
	（3）更换通信板卡插槽
	（4）合上屏蔽门工控机面板
	（5）合上屏蔽门工控机开关
	（6）运行屏蔽门监视软件及 MODBUS 接口软件
	（7）PSL 控制屏蔽门开关 3 次，确保监视软件状态与现场一致，设备恢复正常
（操作卡片 2）紧固接插件操作步骤	（1）非运营期间，检查 CAN 总线接插件松动位置
	（2）因为是热插拔，屏蔽门工控机无须断电
	（3）重新插拔并紧固接插件
	（4）PSL 控制屏蔽门开关 3 次，确保监视软件状态与现场一致，设备恢复正常

10）PSL 无法联动开关屏蔽门（见表 6-25、表 6-26）

表 6-25 PSL 无法联动开关屏蔽门原因

序号	系统/设备	故障现象	故障原因	处理指南
1	PSL	整侧屏蔽门不受控制，无法开关	PSL 箱内继电器卡扣松动	紧固继电器（详细步骤见操作卡片 1）
2			PSL 箱内线缆接插件接触不良	更换接插件（详细步骤见操作卡片 2）

表 6-26 PSL 无法联动开关屏蔽门处理操作卡片

（操作卡片 1）紧固继电器操作步骤	（1）在非运营期间，打开 PSL 箱盖，重新压接继电器卡扣
	（2）开关测试 10 次，整侧屏蔽门响应是否正常
	（3）屏蔽门正常开关，设备恢复正常

（操作卡片2）更换接插件操作步骤	（1）在非运营期间，打开PSL箱盖，重新插拔接插件
	（2）如果接插件不松，仍然无法控制开关门，更换接插件
	（3）开关测试10次，整侧屏蔽门响应是否正常
	（4）屏蔽门正常开关，设备恢复正常

2. 屏蔽门的系统故障处理方法

1）屏蔽门门机电源模块故障

（1）故障现象。下行屏蔽门2-2、3-2、4-2、5-2、6-2无法联动打开。（站台每侧屏蔽门各门单元的编号形式：从站台上行/下行方向头端墙开始往尾端墙方向依次编号，分别为上行/下行第1-1单元、第1-2单元、第1-3单元、第1-4单元；第2-1单元～第2-4单元；第3-1单元～第3-4单元；……；第6-1单元～第6-4单元。）

（2）处理过程。检修人员切断总电源和UPS供电并重新启动中央接口盘PSC，故障仍然存在。对故障门供电电压进行测量，发现故障门开关电源模块进线电压为DC 110 V（正常），输出电压为DC 0.3 V（正常为48 V）。对调2-1、2-2电源模块，2-2设备恢复正常，2-1无法动作，最终确定电源模块损坏。列车停运后，对故障门电源模块进行更换，经通电测试，设备恢复正常。同时，对上级供电回路进行了测量，自动双切箱提供三相五线制供电，相电压显示为228 V，线电压显示为396 V，均属于正常范围，再次测量交流电整流后输出驱动电源回路为120 V，电源模块更换后，上电测量输出电压为48.5 V，属于正常范围。

（3）原因分析。通过查看PSA数据库，发现下行2-2、3-2、4-2、5-2、6-2屏蔽门EDA中断（电源模块故障会造成此现象），测量2-2、3-2、4-2、5-2、6-2五道屏蔽门门头内电源模块电压发现，输入电压为DC 110 V，输入电压值正常；输出电压为直流0.3 V，输出电压值不正常，正常应为48 V。通过对调滑动门2-1与故障门2-2的电源模块，2-2恢复正常，2-1出现故障，最终判断为开关电源模块损坏，开关变压器不良，造成输出电压下降，电源模块内部结构如图6-7所示。

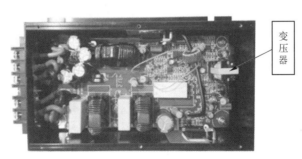

图6-7 电源模块内部结构

（4）采取措施。将故障电源模块返厂维修。因开关电源模块负责给滑动门门控单元DCU及电动机供电，属于核心部件，在检修规程中，增加对电源模块输出电压的测量。以郑州地铁1号线为例，由于每站电源模块为48套，数量较多，且为4路独立供电，在检修作业时，连续抽测4道滑动门电源模块输出参数值，并检查电源监控平台的故障信息。

2)屏蔽门导靴安装板脱落故障

（1）故障现象。屏蔽门导靴安装板脱落，屏蔽门存在晃动现象。

（2）处理过程。专业人员接到故障通知后，立即赶到现场抢修处理，电客车限速 25 km/h 进出车站。当日运营结束后，专业人员进行了抢修，对屏蔽门导靴安装板进行了加固处理，屏蔽门恢复正常使用。

（3）原因分析。屏蔽门导靴结构如图 6-8 ~ 图 6-11 所示，屏蔽门导靴安装板为屏蔽门的宽度，导靴分为两段，每段用三个 M3 螺钉固定在导靴安装板上。导靴安装板通过中间三个、两端各两个共计七个 M3 螺钉固定于屏蔽门下横框底部，与屏蔽门下横框连接的不锈钢管壁厚度为 2 mm，M3 螺距为 0.5 mm，有效螺纹圈数为三圈。导靴及安装板承受门体侧方压力和隧道风压，使运动构件与门槛有摩擦及碰撞，因此导靴安装板及导靴均是受力构件。采用小规格螺钉不能满足经常运动、摩擦、振动且长期受力的导靴结构的连接强度。

图 6-8 导靴整体图

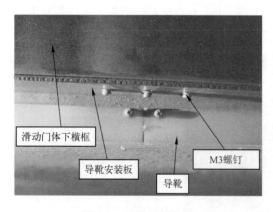

图 6-9 导靴局部结构

图 6-10 螺栓缺失

从产品更换和维护方面分析，该导靴设计结构安装在屏蔽门下横框底部，距离门槛表面的间距仅为 20 mm 左右，而 M3 螺钉需使用螺丝刀进行紧固和拆卸，无法正常拆卸和维护。导靴的更换及螺钉紧固需要拆卸防爬板后进行，如需更换导靴安装板，难度很大，需把整扇滑动门轨行区侧防爬板及门槛拆下方可进行。

从现场安装环境及设计思路可知，此部位属于隐蔽工程，超出正常维修保养范围，然而该导靴结构的连接强度不够、螺钉选型不合理、产品设计存有缺陷。对比国内其他屏蔽门厂家的导靴结构(见图 6-12),其安装板采用九个 M6 不锈钢螺钉,该螺钉紧固在滑动门下横框侧面铆接螺母上,可长期有效紧固,无须维护。

图 6-11 屏蔽门防爬板

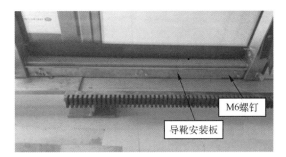

图 6-12 某厂家导靴图

(4)采取措施。导靴安装板脱落是由于结构设计不合理,无法承受长期的隧道风压和门槛部件的反复摩擦。经充分讨论决定,采用氩弧焊接方式处理。门体和导靴安装板均为 304 不锈钢,所以采用现场氩弧焊接方式,焊接时需调整好导靴安装板位置后再焊接,此方式只需拆卸屏蔽门下防爬板与门槛踏步板就可操作,焊接后结构强度大。

3)屏蔽门闸锁回弹不畅故障

(1)故障现象。屏蔽门关门后,门头灯延迟熄灭或一直闪烁。

(2)处理过程。车站人员临时将该故障屏蔽门隔离,手动关闭门体。专业人员赶到现场后,调整闸锁转动机构并充分润滑后,设备恢复正常。

(3)原因分析。屏蔽门闸锁为转动机械锁,屏蔽门接收到开门命令后,闸锁包含的电磁铁上电吸合,解锁状态如图 6-13、图 6-14 所示,电磁铁联动转轴脱扣,闸锁上的锁盘依靠自身重力作用逆时针转动,左右门体挂件上的撞杆脱离锁扣,屏蔽门打开。屏蔽门接收到关门命令后,屏蔽门执行关闭动作,左右门体挂件上的撞杆撞击转动机构,锁盘顺时针旋转,联动转轴正好卡入锁盘预留锁扣,锁盘将无法逆时针转动,左右门体挂件上的撞杆被锁闭。锁紧状态如图 6-15、图 6-16 所示。

图 6-13 闸锁解锁状态(正面)

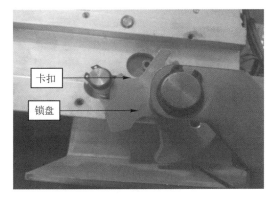

图 6-14 闸锁解锁状态(反面)

图6-15 闸锁锁紧状态（正面）

图6-16 闸锁锁紧状态（反面）

分析闸锁联动机构可以看出，各部件之间的啮合间隙很小（约2 mm），对设备安装精度要求很高，因为屏蔽门左右挂件是反复运动的部件，开关门过程伴随着部件之间的正常撞击，容易造成挂件松动导致移位。另外，施工过程中安装调试精度不够。综上所述，屏蔽门闸锁回弹不畅、卡滞原因有四个：左右门体安装调整不对中、屏蔽门挂件因撞击松动、闸锁锁头轴承润滑不畅、传送带长时间运转产生一定形变伸长后出现松弛。

（4）采取措施。针对屏蔽门闸锁回弹不畅、卡滞的几个原因分别采取以下措施：

①门体不对中。因门体调整耗费时间太长，本着"发现一处彻底解决一处"的原则，逐步将施工遗留的门体不对中问题彻底解决。

②屏蔽门挂件松动。屏蔽门挂件因撞击易松动且无法避免，将易松动的门体挂件列入重点关注对象，在保养计划时重点处理，降低该故障发生率。

③闸锁锁头轴承润滑不畅。将闸锁锁头轴承润滑列入保养计划中，因润滑油易沾染灰尘，每次保养喷洒不宜过多。

④传送带松弛。因前期施工调整不到位或季节因素都会造成传送带松弛或张紧，将传送带张紧测试列入季度检修抽查项目，可以有效降低该故障发生率。测试方法：将2 kg重力砝码放置于传送带中间部位，如图6-17所示。传送带垂直方向下降25～40 mm属于正常范围，超出此范围须调整传送带。

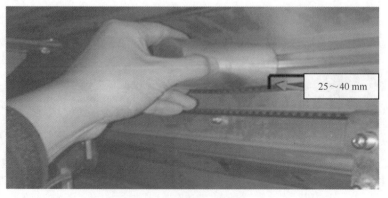
图6-17 传送带张紧测量方法

素质提升

提高自身素质　做改革创新先锋

高铁、地铁是当今高速发展的高科技产业，我们在屏蔽门的故障维修工作中会使用各种先进的检测仪器和方法，而且随着技术的不断发展，就需要我们与时俱进，不断地学习新知识、掌握新技术，成为具有开拓创新精神的时代新人。

学习是新时代青年增强修养、提高本领、做好工作的前提。当今社会发展迅速，我们在各自的工作岗位上需要面临不断变换的新环境、新业务、新要求，只有通过勤奋学习、开拓创新，才能不断适应各类环境，才能进一步提高自身工作能力，为做好各项工作奠定良好基础。

我们要从各个环节培养自己的职业能力，提高自身综合素质。具备包括社会适应能力、实践动手能力、市场竞争能力、开拓创新能力、独立自学能力和人际交往能力等的职业能力。

1. 社会适应能力

在学校就体会到适应社会的紧迫感、危机感，可以促进职业知识的学习和职业技能的掌握，培养提高学习能力，为走向社会奠定坚实的思想基础。一个人适应社会的能力是其素质、能力的综合反映。适应社会能力的强弱是与他的思想品德、知识技能、活动能力、创造能力、处理人际关系的能力以及健康状况等密切相连的。一般来说，一个素质比较高、各方面能力比较强、身心健康的大学生走上社会后，能够很快适应环境，适应工作，即使是在比较困难的条件下和比较差的环境中，也能变不利的因素为有利因素，通过自己的努力取得好的成绩。

2. 实践动手能力

大家在学校课程学习中，能设计、控制和评价自己的学习活动，这是适应学习型社会，实现终身学习必不可少的能力。专业知识的实践能力是将自己所学知识转化为物质的重要保证，同时它也是高级专门人才所必备的一项基本实践技能。就我国目前的现实情况看，要加快经济建设的速度，除了要有一支高水平的科研队伍外，还必须要有一支高素质的熟练掌握现代技术、实践能力较强的基层人员和劳动大军。因此，应把培养自己的专业实践能力作为一个特殊要求，始终贯穿于学习的全过程。这不但包括基本的专业知识、专业技能、相关学科知识，要求大家能够在迅速变化的信息社会中，收集、分析、应用和处理各种信息，了解、选择、使用和评价相关技术以及在工作中应用技术等能力。

3. 市场竞争能力

随着社会主义市场经济的进一步发展与完善，市场竞争更趋激烈，而市场竞争归根到底是人才的竞争。充满竞争的市场需要具有竞争力的人才。作为一个立志成为现代化人才的大学生，如果不懂竞争，不具备竞争能力，在竞争的激流中就有随时被淘汰的危险。市场经济条件下的职业技术人才，必须具有很强的竞争能力。这就要求我们不只是具有单一的从事某项工作的某种技能，而应是能适应与之相关专业的多种技能。

4. 开拓创新能力

开拓创新能力是人的各种智力因素和能力因素在新的层面上有机结合之后所形成的一种合力，开拓创新能力是优秀人才的标志，也是取得竞争优势的必备素质之一。没有创新，企业就没有生命力；没有创新，科学技术就不可能发展。

5. 独立自学能力

学会学习是生存的必由之路。在当今知识经济时代，技术发展的速度越来越快，知识更新的速度也越来越快，技术转化为生产力的周期也越来越短，学生在学校积累的知识不可能受用一生。因此，应培养学生具有较强的学习能力，特别是自学能力，使之养成爱思考、爱探索、爱研究、爱提问的良好习惯，学会学习，学会做人，学会生活，学会工作，学会创新，学会全面提高自己的能力。学会学习能使人终身受益。当前是一个科学技术日新月异、高科技产品层出不穷的时代，要想在社会上站稳脚跟，长久稳步发展，必须不断地学习新知识和新技术，经常给自己"充电"，及时了解国内外本专业和相关专业的发展形势，不断创新，这样才能把技术变成产品和财富。这就要求我们除了具有扎实的基础知识和较强的实践能力外，还应该具有很强的自学能力，要不断地学习新技术和新知识，跟上时代的步伐，在当前知识更新和知识爆炸的年代不断汲取有用的东西，并能从中取长补短，这样才能在改革的大潮中永远立于不败之地。

6. 人际交往能力

人际交往能力实际上就是与他人相处的能力。要重视人际交往能力培养不仅是因为未来的工作环境之需要，还因为社会上的人际关系远比学校的同学、师生关系复杂得多，社会生活要求步出校门的大学生必须与各种各样的人发生这样或那样的关系。能否正确、有效地处理好这些关系，不仅影响到学生对环境的适应状况，而且影响着他们的工作效能、心理健康、生活和事业的成败。

身为新时代的大学生，要想有所作为，就必须以时代的历史使命为己任，把握时代的脉搏，跟上时代发展的潮流。只有切实提高自身的综合素质，才能够符合高速发展变化的时代要求，担负起时代赋予的历史使命和社会责任。

当代大学生要着眼于自身的全面发展，认真学习党的二十大精神，提高自己的政治水平、政策水平和综合素质；加强科学知识、科学方法、科学思想、科学精神的学习，树立正确的世界观、人生观和价值观；积极倡导爱国主义、集体主义、社会主义思想，反对并抵制各种拜金主义、享乐主义、极端利己主义等腐朽思想；加强自身修养，培养高尚的道德品质、较强的法纪观念，提高心理素质，形成坚强的意志、健全的人格，克服价值观念混乱、理想信仰迷惘、政治意识淡化、道德行为失范的现象，在今后人生的奋斗的征途中，一定要坚持学习科学文化与加强思想修养的统一、学习书本知识与投身社会实践的统一、实现自身价值与服务祖国人民的统一、树立远大理想与进行艰苦奋斗的统一，扎扎实实、认认真真地学习好本领，练好基本功，掌握新的知识，使自己成为理想远大、热爱祖国、追求真理、勇于创新、德才兼备、全面发展的社会主义接班人，为祖国的繁荣富强和民族复兴，奋斗不息，塑造无悔的青春！

任务拓展

屏蔽门通用检修仪器仪表的使用

1. 数字万用表

数字万用表是用于基本故障诊断的便携式装置，主要功能就是对电压、电流、电阻、二极管进行测量。

1)电压的测量

万用表调整为电压挡及适当量程,万用表并联在电路中。("V-"表示直流电压挡,"V~"表示交流电压挡);数值可以直接从显示屏上读取,如图6-18所示。

2)电流的测量

万用表调整为电流挡及适当量程,万用表串联在电路中。("A-"表示直流电流挡,"A~"表示交流电流挡);数值可以直接从显示屏上读取,如图6-19所示。

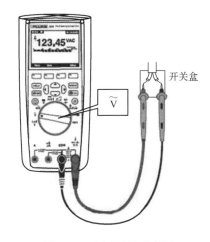

图6-18 电压测量示意图　　图6-19 电流测量示意图

需要特别指出的是,如果误用数字万用表的电流挡测量电压,很容易将万用表烧坏。因此,在先测电流后,再测电压时要格外小心,注意随即改变转盘和表笔的位置。

3)电阻的测量

万用表调到欧姆挡"Ω"并选择适当量程,万用表与被测电阻并联,待接触良好时读取数值,如图6-20所示。

4)二极管的测量

将万用表调到二极管挡,用红表笔接二极管的正极,黑表笔接负极,两表笔与被测二极管并联,这时会显示二极管的正向压降;利用二极管挡测对地阻值判断电路是否开路或短路,如图6-21所示。

2. 兆欧表

兆欧表是专供用来检测电气设备、供电线路绝缘电阻的一种便携式仪表。电气设备绝缘性能的好坏,关系到电气设备的正常运行和操作人员的人身安全。为了防止绝缘材料由于发热、受潮、污染、老化等原因所造成的损坏,为便于检查修复后的设备绝缘性能是达到规定的要求,都需要经常测量其绝缘电阻。

1)兆欧表的接线

兆欧表有三个接线端钮,分别标有L(线路)、E(接地)和G(屏蔽);当测量电力设备对地的绝缘电阻时,应将L接到被测设备上,E可靠接地即可,如图6-22所示。

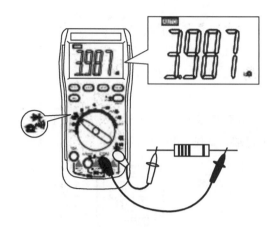
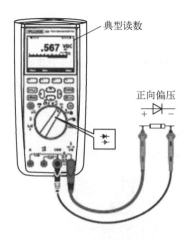

图 6-20　电阻测量示意图　　　　图 6-21　二极管测量示意图

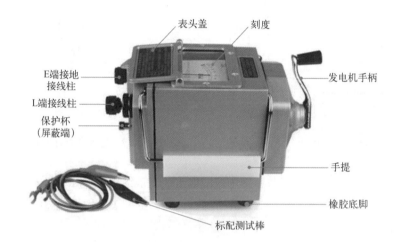

图 6-22　兆欧表

2）兆欧表的检测（见图 6-23）

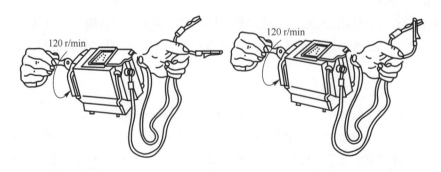

图 6-23　兆欧表检测示意图

（1）开路试验。在兆欧表未接通被测电阻之前，摇动手柄使发电机达到 120 r/min 的额定转速，观察指针是否指在标度尺"∞"的位置。

（2）短路试验。将端钮 L 和 E 短接，缓慢摇动手柄，观察指针是否指在标度尺的"0"位置。

3）兆欧表使用注意事项

（1）观测被测设备和线路是否在停电的状态下进行测量，并且兆欧表与被测设备间的连接导线不能用双股绝缘线或绞线，应用单股线分开单独连接。

（2）将被测设备与兆欧表正确接线。摇动手柄时应由慢渐快至额定转速 120 r/min。

（3）正确读取被测绝缘电阻值大小。同时，还应记录测量时的温度、湿度、被测设备的状况等，以便于分析测量结果。

（4）兆欧表未停止转动之前或被测设备未放电之前，严禁用手触及，防止人身触电。

3. 钳形电流表

使用钳形电流表可直接测量交流电路的电流，不需断开电路。钳形电流表外形结构如图 6-24 所示。测量部分主要由一只电磁式电流表和穿心式电流互感器组成。穿心式电流互感器铁芯做成活动开口，且成钳形。

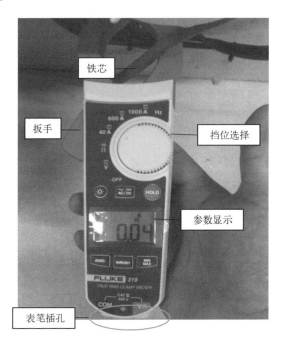

图 6-24　钳形电流表外形结构

1）原理

当被测载流导线中有交变电流通过时，交流电流的磁通在互感器二次绕组中感应出电流，该电流被电流表转换成数字信号，在钳形电流表的表盘上可读出被测电流值。

2）使用方法及注意事项

（1）测量前，应检查读数是否为零，否则应进行调整。

（2）测量时，量程选择旋钮应置于适当位置，将被测导线置于钳口内中心位置，以减少测量误差。

（3）如果被测电路电流太小，可将被测载流导线在钳口部分的铁芯上缠绕几圈再测量，然后将读数除以穿入钳口内导线的根数即为实际电流值。

（4）钳形电流表只能测量单一线路的电流，测量三相电流时要分别测量。

（5）使用钳形电流表测量时，要注意与带电体保持足够的安全距离，避免发生触电事故。

（6）钳形电流表用完后，应关闭电源，放置于通风阴凉处。

项目总结

（1）地铁屏蔽门系统是一个典型的机电一体化产品，其沿站台边缘布置，将车站站台与行车隧道区域隔离开，降低车站空调通风系统的运行能耗。同时，减少了列车运行噪声和活塞风对车站的影响，防止人员跌落轨道产生意外事故，为乘客提供了舒适、安全的候车环境，提高了地铁的服务水平。

（2）屏蔽门控制系统主要由中央接口盘（PSC）、就地控制盘（PSL）、门控单元（DCU）、通信介质、通信接口及外围设备等组成。中央接口盘（PSC）又由主监视系统（MMS）、两个单元控制器（PEDC）、接线端子、接口设备及控制配电回路组成。典型站配置一个中央接口盘（PSC）、两个就地控制盘（PSL）、每扇滑动门一个门控单元（DCU）。

（3）故障诊断方法有观察检查法、系统自诊断法、参数检查法、功能测试法、部件交换法、测量比较法和原理分析法等几种。

（4）屏蔽门通用维修工具及仪器仪表的正确使用，是对屏蔽门运行的维护、维修工作的基本技能要求。

知识巩固练习

简答题

1. 屏蔽门主要由哪些部分组成？说明其功能。
2. 屏蔽门故障的诊断有几种方法？简要说明故障诊断的一般步骤。
3. 屏蔽门日常维护及保养主要包括哪几方面？
4. 屏蔽门门机电源模块故障有哪些？如何排除？
5. 屏蔽门导靴安装板脱落故障常见的有哪些？如何排除？
6. 屏蔽门滑动门闸锁回弹不畅故障常见的有哪些？如何排除？
7. 屏蔽门端门无法开关的故障原因有哪些？如何排除？
8. 屏蔽门应急门被隧道风吹开原因有哪些？如何排除？
9. 屏蔽门后封板脱落原因有哪些？如何排除？
10. 屏蔽门滑动门无法打开原因有哪些？如何排除？
11. 屏蔽门滑动门无法关闭原因有哪些？如何排除？
12. 维修屏蔽门前应做好哪些准备工作（资料及工具）？
13. 简述钳形电流表的使用方法。
14. 简述数字万用表的使用方法。

15. 简述示波器的使用方法。
16. 简述内阻测试仪的使用方法。

技能评价

本项目的评价内容包括专业能力评价、方法能力评价及社会能力评价等3部分。其中,自我评分占30%、组内评分占35%、教师评分占35%,总计为100%,见表6-27。

表6-27 技能评价

种类	项目	内容	配分	考核要求	扣分标准	自我评分 30%	组内评分 35%	教师评分 35%
专业能力评价	任务实施计划	1. 态度及积极性; 2. 方案制定的合理性; 3. 安全操作规程遵守情况; 4. 考勤及遵守纪律情况; 5. 完成技能训练报告	30	目的明确,积极参加任务实施,遵守安全操作规程和劳动纪律,有良好的职业道德和敬业精神,技能训练报告符合要求	方案制定占5分;遵守安全操作规程占5分;考勤及遵守劳动纪律占10分;技能训练报告完整性占10分			
	任务实施情况	1. 熟知技术资料对屏蔽门的日常维护; 2. 屏蔽门机械装置故障诊断与排除; 3. 屏蔽门控制系统故障诊断与排除; 4. 屏蔽门电源系统故障诊断与排除; 5. 任务的实施规范化,安全操作	30	能熟知技术资料;掌握屏蔽门日常维护内容;能分析机械及控制系统、接口系统、传动系统,并能排除常见故障;能掌握屏蔽门系统工作原理,并能排除常见故障;任务实施符合安全操作规程	任务相关系统的功能、工作原理分析占10分;故障诊断与常见故障排除占10分;任务实施步骤正确与完整性占10分			
	任务完成情况	1. 相关工具的使用; 2. 相关知识点的掌握; 3. 任务的实施完整	20	能正确使用相关工具;掌握相关的知识点;具有排除异常情况的能力并提交任务实施报告	工具的整理及使用占10分;知识点的应用及任务实施完整性占10分			
方法能力评价		1. 计划能力; 2. 决策能力	10	能够查阅相关资料制订实施计划;能够独立完成任务	查阅相关资料能力占5分;选用方法合理性占5分			
社会能力评价		1. 团结协作; 2. 敬业精神; 3. 责任感	10	具有组内团结协作、协调能力;具有敬业精神及责任感	团结协作、协调能力占5分;敬业精神及责任心占5分			
合计			100					

年　　月　　日

参 考 文 献

[1] 陈冠国. 机械设备维修 [M]. 北京：机械工业出版社，2003.
[2] 唐殿全. 煤矿机械维修安装 [M]. 北京：煤炭工业出版社，2006.
[3] 贾继赏. 机械设备维修工艺 [M]. 北京：机械工业出版社，1996.
[4] 刘延俊. 液压系统使用与维修 [M]. 北京：化学工业出版社，1990.
[5] 张佐清. 矿山设备维修安装 [M]. 北京：机械工业出版社，1996.
[6] 王修斌. 机械修理大全 [M]. 沈阳：辽宁科学出版社，1993.
[7] 朱学敏. 起重机械 [M]. 北京：机械工业出版社，2003.
[8] 陈立群. 液压传动与气动技术 [M]. 北京：中国劳动社会保障出版社，2006.
[9] 王凤喜. 电梯使用和维修问答 [M]. 北京：机械工业出版社，2003.
[10] 杨成刚. 液压与气动技术 [M]. 北京：机械工业出版社，2013.
[11] 李士军. 机械维护修理与安装 [M]. 北京：化学工业出版社，2004.
[12] 吴先文. 机电设备维修技术 [M]. 北京：机械工业出版社，2017.
[13] 何顺江. 电梯安装与维修 [M]. 北京：中国劳动社会保障出版社，2005.
[14] 张翠凤. 机电设备诊断与维修技术 [M]. 北京：机械工业出版社，2016.
[15] 李志江. 机电设备维修技术 [M]. 北京：科学出版社，2012.
[16] 解金柱. 机电设备故障诊断与维修技术 [M]. 北京：化学工业出版社，2010.
[17] 徐建亮. 机电设备装配与维修技术 [M]. 北京：北京理工大学出版社，2015.
[18] 杨兰. 设备机械维修技术 [M]. 北京：机械工业出版社，2016.
[19] 刘庶民. 实用机械维修技术 [M]. 北京：机械工业出版社，2004.
[20] 许琦. 化工机器与维修 [M]. 北京：化学工业出版社，2016.